高等学校电气工程及自动化专业系列教材

电机与电力拖动

主　编　王志勇　史瑞雪

副主编　江　洪　马　丽　和红梅　苏敬芳

主　审　马玉泉

西安电子科技大学出版社

内 容 简 介

本书是在河北省一流课程"电机与电力拖动"建设期间编写的适合电气工程及其自动化、自动化等专业的基础课教材,内容包括电机原理、电力拖动和控制电机等,既满足电气工程及其自动化专业后续专业课对同步电机和变压器等基础知识的需要,又兼顾到自动化专业对电力拖动知识的需求。本书分为8章,分别讲述了直流电机及电力拖动、异步电动机及电力拖动、电动机的选择、同步发电机的原理及特性、交流绕组的结构和原理、典型控制电机的原理和应用等内容。各章节设有内容导学、知识目标、能力目标、小结和思考与练习,便于教师组织教学和学生自学,也便于进行过程化考核;例题讲解视频和课程思政元素通过二维码链接给出;此外,书末还附有两套试卷及答案。

本书可以作为电气类专业学生学习电机与电力拖动的教材,也可以为相关行业的工程技术人员提供参考。

图书在版编目(CIP)数据

电机与电力拖动/王志勇,史瑞雪主编. —西安:西安电子科技大学出版社,2022.4
(2023.11 重印)
ISBN 978 - 7 - 5606 - 6394 - 4

Ⅰ. ①电… Ⅱ. ①王… ②史… Ⅲ. ①电机 ②电力传动 Ⅳ. ①TM32 ②TM921

中国版本图书馆 CIP 数据核字(2022)第 044549 号

策　　划　刘玉芳
责任编辑　刘玉芳
出版发行　西安电子科技大学出版社(西安市太白南路 2 号)
电　　话　(029)88202421　88201467　　邮　编　710071
网　　址　www.xduph.com　　　　　电子邮箱　xdupfxb001@163.com
经　　销　新华书店
印　　刷　陕西天意印务有限责任公司
版　　次　2022 年 4 月第 1 版　2023 年 11 月第 3 次印刷
开　　本　787 毫米×1092 毫米　1/16　印张 19
字　　数　450 千字
印　　数　2501～4500 册
定　　价　49.00 元
ISBN 978 - 7 - 5606 - 6394 - 4/TM

XDUP 6696001 - 3

＊＊＊如有印装问题可调换＊＊＊

前　　言

本书由河北省一流课程"电机与电力拖动"建设团队联合其他兄弟院校教师、企业专家共同编写，通过教材建设，实现和其他高校、企业优势互补，丰富教学内容，促进一流课程建设，同时带动师资队伍建设和教学团队建设，全面提升教师的教学水平。

本书内容涵盖电机原理、电力拖动和控制电机等，介绍了交/直流电机、变压器的基本构造、运行原理，分析了同步发电机的功率调节和静态稳定，讨论了电动机的机械特性及起动、制动和调速的方法，还介绍了几种典型的控制电机的原理和应用。书中配备了丰富的思考与练习、自测题和例题讲解视频等。

本书参考和借鉴了国内外优秀电机教材，并结合编者自身教学经验和学生需求形成了特色鲜明的"学、教、做三维立体化"的结构模式。其特点如下：

- 取"百家"之长

本书内容参考了国内外众多优秀电机教材和手册，并进行了提炼，形成了自己的特色。编写团队成员既有一线教师，也有企业专家，既有教学经验丰富的资深教师，也有年富力强的高学历教师，成员来自不同单位，群策群力，优势互补。

- 内容结构立体化

本书采用"学、教、做三维立体化"的结构模式，内容建立在学生已有知识基础之上，便于学生预习和自学；教材结构经过细化，方便教师组织任务驱动式的教学；其中的工程案例可供教师拓展为案例教学；二维码链接的思政元素则可方便教师进行课程思政教学。本书大部分小节后配备了思考与练习，便于学生巩固知识；书末所附的自测题，便于教师检测教学效果，学生也可以用来自检。另外，二维码链接的例题视频讲解可方便学生预习和复习。

- 采用引导的方式，便于激发学生的学习兴趣

本书内容由电路、物理相关内容导入，每章内容由上一章内容或实际问题导入，每一节也有相应的内容导入。这种方式可让学生带着问题学习，在已有的知识基础上层层递进，便于激发学习兴趣，培养自主学习的学习习惯。

- 便于实现以学生为中心的教学

本书内容选取依照学生的专业岗位需求，结构安排符合学生的认知规律，立体化的结构模式便于教师引导学生进行预习、学习、复习、练习，完成整个学习过程。

- 引入课程思政内容

本书结合课程内容，引入了一些思政案例，便于教学过程中使用，从而实现既教书又育人的教学目标。

- 配备丰富资源

本书配备了课件、实验案例、QQ 交流群等学习资源，线上资源正在建设和完善中。

本书由河北水利电力学院的王志勇副教授任主编，并编写了第 1 章、第 3 章及前言和自测题等内容；沧州师范学院的史瑞雪老师编写了第 5 章；河北水利电力学院的江洪副教授编写了第 6 章；河北水利电力学院的马丽老师编写了第 2 章、第 8 章，和红梅老师编写了第 4 章，苏敬芳老师编写了第 7 章。保定天威集团有限公司的张炳旭高工和秦皇岛科技师范学院的马玉泉教授、崔丽娜老师参加了教材的组稿和实践考察，并提出了许多修改建议。全书由王志勇副教授统稿。

在本书的编写过程中，我们查阅了许多文献资料，得到了很多启发，在此向相关作者表示诚挚的谢意，同时对校系领导的支持、企业专家的指导表示衷心的感谢。

由于编写水平所限，书中难免有不足之处，恳请读者批评指正。

编　者

2021.10

目　　录

第 1 章　电机基础知识

▮▶ 内容导学

　　图 1-1 所示的设备均是电机家族中的重要成员，它们都是通过电磁感应原理来工作的，在电力系统中起着重要作用。那么，电机是如何发展的？有哪些种类？在实际中有哪些应用？学习电机需要具备哪些理论知识呢？本章就来解决这些问题。

(a) 发电机　　　　　　　　　　(b) 变压器　　　　　　　　　(c) 电动机

图 1-1　电机实物

▮▶ 知识目标

▶ 了解电机的发展历史及其应用；

▶ 掌握电机的基本类型和基本电磁定律；

▶ 了解"电机与电力拖动"课程的学习方法。

▮▶ 能力目标

▶ 能辨识常见电机的类型；

▶ 能指出各种电机在系统中的作用；

▶ 能应用基本电磁定律分析电机的一些问题。

1.1　电机的发展历史及其应用

【内容导入】

　　电机的发展历史源远流长。经过科学家们的不懈探索，以及科学技术的不断进步，积淀了丰厚的电机理论，研制出种类繁多的电机，促成了电机在电力系统和控制系统中的广泛应用。

【内容分析】

1. 电机的发展历史与现状

电机的发展历史
与课程思政

1831 年法拉第提出了电磁感应定律，为电机的诞生奠定了理论基础；1888 年，美国的特斯拉发明了两相交流异步电动机；1889 年，俄国电工学家多里沃-多勃罗沃尔斯基提出三相制，并设计和制造了第一台三相变压器和三相鼠笼式异步电动机。从此以后，电机技术不断发展和完善。随着冷却技术、材料性能的不断改进，电机的容量不断增大，性能不断提高，应用日益广泛。20 世纪下半叶，信息技术的发展激发了第三次产业革命，自动化、智能化时代随之到来，电机驱动系统与伺服系统不断发展和完善。

随着改革开放和科技水平的不断进步，我国也涌现出了大批具有先进水平的电机和变压器的生产商。

由于能源危机和环保意识的增强，节能电机的发展备受重视，出现了变频电机、永磁同步电机等。电机和太阳能、风电技术相结合，成为绿色环保系统的重要组成部分。在控制系统中，小型化电机发展非常迅速，伺服电动机、步进电动机和控制变压器的应用日益广泛。

2. 电机的分类

电机在电力系统和自动控制系统中有着广泛的应用，其种类繁多。根据电机的用途和结构特点，可分为以下类型：

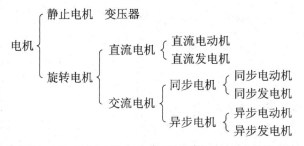

另外，自动控制和测量系统中应用的电机统称为控制电机，它们是上述电机的特殊形式。

3. 电机的应用

电机是电能之间或者和其他形式的能量进行转换的电磁机械装置，用来实现电能的生产、传输、分配和控制。

同步发电机产生交流电，多用于火力发电和水力发电；异步电动机用于机械拖动，如矿山机械、交通机械、农用机械和电动工具等；直流电动机可用于电动汽车、机器人等；变压器主要用在输配电系统中，用来升压或降压；发电机、升压变压器和降压变压器是电力系统的重要组成部分；伺服电动机、电压互感器等用在自动控制、测量系统中。

1.2　学习电机课程应具备的理论知识

【内容导入】

"电机与电力拖动"课程的前导课程是物理、高等数学和电路等，特别是物理和电路课程中的基本电磁学理论是该课程的必备基础知识；电机是电和磁的统一体，电路和磁路并存。该课程涉及的基本电磁学理论主要有欧姆定律、磁场及导磁材料、电磁感应定律、电磁力定律、安培全电流定律、涡流和磁滞等。

【内容分析】

一、磁场及导磁材料

1. 磁场

电机中的磁场多是由电流产生的。磁场常用磁感应强度 **B**（或称磁通密度）及磁通量 **Φ** 等参数表示。

1）磁场方向的判断方法

磁场的分布和形成磁场的电流及周围介质有关。一段载流直导线和载流线圈在空气介质中的磁场分布如图 1-2 所示。磁场的方向可以用右手定则判断。

（1）判断直导线磁场方向：右手握住直导线，大拇指指向电流方向，其余 4 个手指所握的方向为磁场的方向。

（2）判断线圈磁场方向：右手握住线圈，4 个手指的握向为电流的方向，拇指的指向为穿过线圈的磁场的方向。

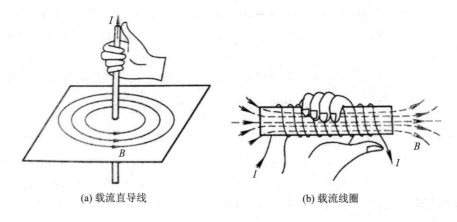

(a) 载流直导线　　　　　　　　　　　(b) 载流线圈

图 1-2　载流导体在空气介质中的磁场分布

2）安培全电流定律

磁场强度矢量在磁场中沿任一闭合路径的线积分，等于经过该闭合路径的所有电流的代数和，这就是安培全电流定律（也称安培环路定律），其公式如下：

$$\oint \boldsymbol{H} \mathrm{d}l = \sum i \tag{1-1}$$

3）磁路的欧姆定律

根据安培全电流定律，一个 N 匝的电机线圈流过电流 I 时，有

$$\sum_{k=1}^{N} H_k l_k = \sum I = NI = F \tag{1-2}$$

式中，F 为磁动势，单位为安匝，$F = NI$；磁路分成 k 段。

磁通和磁动势的关系为

$$\varPhi = \frac{F}{R_{\mathrm{m}}} \qquad\qquad (1-3)$$

其中，R_{m} 为磁路的磁阻，即

$$R_{\mathrm{m}} = \frac{l}{\mu s}$$

式中，l 为磁路的长度；μ 为磁路的磁导率；s 为磁路截面积。

线圈中流过直流电流时，产生恒定不变的磁场；流过交流电流时，产生与电流同频率的交变磁场。

2. 导磁材料

电机的工作原理基于电磁感应，因此在电机里既有磁路，又有电路。磁路要采用导磁性能好的铁磁材料。这些铁磁材料的特点如下：

1）高导磁性

铁磁材料指的是铁、钴、镍以及它们的合金。它们的磁导率 μ_{Fe} 比真空的大几千倍（真空的磁导率 $\mu_0 = 4\pi \times 10^{-7}$ H/m）。在同样大小的励磁电流作用下，铁心线圈产生的磁通比空心线圈的磁通大很多。铁磁材料之所以有高导磁性能，是由于铁磁材料内部存在着很多很小的强烈磁化的自发磁化区域，相当于一块块小磁铁，称为磁畴。磁化前，这些磁畴杂乱地排列着，磁场互相抵消，所以对外界不显示磁性。但在外界磁场的作用下，这些磁畴沿着外界磁场的方向作有规则的排列，顺着外磁场方向的磁畴增加了，逆着外磁场方向的磁畴减少了，结果磁畴间的磁场不能互相抵消，从而形成一个附加磁场叠加在外磁场上，使得总磁场增强。

电机中的铁心还能引导磁场，使磁场按设计好的路径通过，符合电机对磁场的分布要求，提高了电机的效率。

2）磁饱和现象及剩磁

铁磁材料的磁化曲线如图 1-3 所示。在外磁场的不断强化作用下，顺着外磁场方向排列的磁畴不断增加，合成磁场增强，如图 1-3 曲线 bc 段所示，磁场增强较快。当磁场增强到一定的程度后，磁畴都与外磁场的方向一致，这时所产生的磁场达到最强，合成磁场的增强程度减慢，这就是磁路的磁饱和现象，如图 1-3 曲线 cd 段所示。

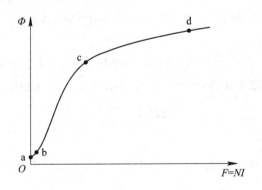

图 1-3　铁磁材料的磁化曲线

在外界磁场消失后，磁畴不能完全恢复到磁化前的状态，而是部分保留了与外磁场方向一致的状态，磁性仍然存在，这就是剩磁现象，如图 1-3 中 a 点的磁通就是剩磁。

3）磁滞损耗和涡流损耗

磁畴排列紧密，磁化过程中会产生摩擦。在交变磁场的作用下，磁畴不断翻转，磁畴之间不停地互相摩擦产生的能量消耗称为磁滞损耗。

在交变磁通的作用下，铁磁材料内的感应电动势产生感应电流，在铁心内部围绕磁通呈旋涡状分布（称为涡流），将导致铁心中的电阻产生涡流损耗。

为了减小涡流损耗，交流线圈的铁心多采用厚度为 $0.35 \sim 0.5$ mm 的硅钢片叠装而成，硅钢片两面刷上绝缘漆，切断了涡流形成的路径，提高了能量传递的效率。

磁滞损耗与涡流损耗合在一起，总称为铁损耗，其大小和磁场强度等因素有关。

二、基本电磁定律

1. 电磁感应定律

电磁感应定律是变压器和发电机的工作原理。

1）感应电动势

由物理知识可知，穿过一个 N 匝线圈的磁通随时间发生变化时，线圈内会产生感应电动势，如图 1-4 所示。

当感应电动势的正方向与磁通的正方向符合右手螺旋关系（即右手的大拇指指向磁通的正方向，其余 4 个手指指向电动势的正方向）时，感应电动势计算式为

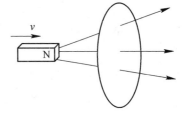

图 1-4　线圈感应电动势的产生

$$e = - N \frac{\mathrm{d}\Phi}{\mathrm{d}t} \qquad (1-4)$$

（1）自感电动势。

线圈中电流随时间变化而在线圈内感应的电动势称为自感电动势。其计算式为

$$e_{\mathrm{L}} = - N \frac{\mathrm{d}\Phi}{\mathrm{d}t} = - \frac{\mathrm{d}\psi}{\mathrm{d}t} \qquad (1-5)$$

其中，$\psi = Li$，则自感电动势为

$$e_{\mathrm{L}} = - \frac{\mathrm{d}\psi}{\mathrm{d}t} = - L \frac{\mathrm{d}i}{\mathrm{d}t} \qquad (1-6)$$

式中，L 为自感系数，单位为 H。

（2）互感电动势。

图 1-5 所示为两个耦合线圈中自感及互感电动势的产生，当线圈 1 内有电流 i_1 流过时，它产生的磁通也穿过线圈 2。如果 i_1 随时间交变，就会产生交变磁通，线圈 2 中就会产生感应电动势。这种由另外一个耦合线圈引起的电动势称为互感电动势，用 e_{M} 表示，有

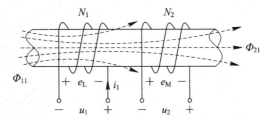

图 1-5　自感及互感电动势的产生

$$e_{\mathrm{M}} = - N_2 \frac{\mathrm{d}\Phi_{21}}{\mathrm{d}t} = - \frac{\mathrm{d}\psi_{21}}{\mathrm{d}t} = - M \frac{\mathrm{d}i_1}{\mathrm{d}t} \qquad (1-7)$$

式中，M 为两线圈的互感系数，简称互感，单位为 H。

变压器的铁心上有两个紧密耦合的线圈 1 和 2，线圈 1 内流过电流 i_1 时，产生的磁通在线圈 2 中引起互感电动势 $e_{\mathrm{M}} = -N_2(\mathrm{d}\Phi/\mathrm{d}t)$。此时，线圈 2 有交流电压 u_2 输出，由于 $N_1 \neq N_2$，线圈 1、2 的感应电动势 e_{L}、e_{M} 的大小不等，线圈电压 u_1、u_2 也不相等，实现了变换电压的作用。

2）切割电动势

切割电动势是发电机的工作原理。由物理知识可知，导体在磁场中运动时，切割磁力线产生感应电动势。其感应电动势 $e = Blv$，其中，l 为导体的有效长度；B 为磁感应强度，v 为导体相对切割速度。用右手定则可判定切割电动势的方向，如图 1-6 所示。

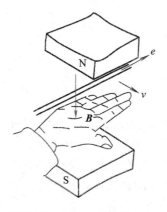

图 1-6　切割电动势的方向

2. 电磁力定律

电磁力定律是电动机的工作原理。载流导体在磁场中会受到力的作用，由于这种力是磁场和电流相互作用产生的，因此称为电磁力。磁场与载流导体互相垂直时，导体的电磁力计算式为 $f = Bli$，其中，l 为导体的有效长度，B 为磁感应强度，i 为导体中的电流。电磁力的方向可用左手定则来确定，如图 1-7 所示。

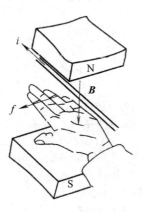

图 1-7　电磁力的方向

1.3　课程特点及学习方法

"电机与电力拖动"是一门专业基础课，主要介绍各种电机的结构、原理和电力拖动，为后续专业课学习奠定必要的基础。该课程具有较强的理论性和实践性。

电机是一个电、磁、机械综合体，学习该课程应具备电路、磁路的基本知识及机械结构的基本识图能力。学习中首先要抓住普遍规律，无论是电机还是变压器，都是在讲完结构和工作原理之后再讨论基本电磁关系，分析出基本方程及对应的等效电路和相量图，然后再研究其运行特性和工作特性；其次还应注意分辨各种电机的不同点，用比较的方法进行总结，以实现对所学知识的融会贯通；另外，通过对比中华人民共和国成立前电机发展举步维艰和成立后电机蓬勃发展，来培养自己对科学的兴趣，激发创新意识和民族自豪感，树立为实现中华民族伟大复兴而奋斗的远大志向。

在该课程的学习过程中，要掌握"课前积极预习、课上认真学习、课后及时复习"的学习方法，坚持独立完成作业；积极动手做试验和实训，提高自己的实践能力，培养团队合作精神；注意理论联系实际，学会用电机理论来分析相关的实际问题。

■ 小结

电机经历了从直流到交流、从低效到高效、从简单控制到智能控制的发展历程。现代电机在国民经济中得到广泛应用。依据不同的分类方法，电机可分为多种类型。

学习电机课程，首先要掌握欧姆定律、基尔霍夫定律、磁场及导磁材料、电磁感应定律、电磁力定律、安培全电流定律、涡流和磁滞等基本理论知识。同时要认识电机课程的特点，运用恰当的学习方法。

■ 思考与练习

一、填空题

1. 发电机的基本工作原理是_____定律；电动机的基本工作原理是_____定律。

2. 电力系统的主要组成部分有_____、_____和_____。

3. 拖动各种生产机械和装备的原动机广泛采用_____。

4. 将机械能转换成电能的电机是_____。

5. 改变电能电压的静止电机是_____。

6. 感应电动势的方向用_____手定则判断，电磁力的方向用_____手定则判断。

二、选择题

1. 交流电机按照转速与电源电压的关系分为异步电机与同步电机。（　　　）

A. 正确 　　　　　　　　　　B. 错误

C. 不完全正确 　　　　　　　D. 无法判断

2. 通电的电机和变压器铁心材料周围空气中（　　　）磁场。

A. 存在 　　　　　　　　　　B. 不存在

C. 大部分区域存在 　　　　　D. 小部分区域存在

3. 铁心叠片越厚，其损耗（　　　）。

A. 越小 　　　B. 越大 　　　C. 不变 　　　D. 不确定

4. 切割电动势的产生是（　　　）的工作原理。

A. 变压器 　　B. 电动机 　　C. 发电机 　　D. 伺服电动机

三、简答题

1. 电机和变压器中的磁场是如何产生的？如何判断磁场的方向？

2. 电机铁心为什么要使用铁磁材料？什么是铁磁材料的磁滞损耗和涡流损耗？

3. 如何解释铁磁材料的磁饱和及剩磁？

4. 电机中的感应电动势是如何产生的？电动势的计算公式有哪些？怎样判定电动势的方向？

5. 简述电磁力定律。电磁力的大小和方向如何确定？

四、计算题

1. 在如图 1-8 所示的变压器模型中，匝数分别为 N_1、N_2 的线圈中通入直流电流 I_1、I_2，试求：

(1) 在图示电流方向时，磁路上的磁动势 $F_{(1)}$；

(2) N_2 线圈中电流 I_2 反向时的总磁动势 $F_{(2)}$；

(3) 切开铁心而形成一段气隙时，图示电流方向下的总磁动势 $F_{(3)}$，并比较 (1)、(3) 两种情况下磁通的大小。

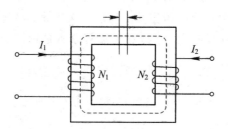

图 1-8　变压器模型

2. 一个铁心线圈的电阻为 3 Ω，通入 220 V 交流电，输入功率为 33 W，电流为 1 A，求铁心线圈的铜损耗、铁损耗和功率因数。

第 2 章　直流电机及电力拖动

　　直流电机的功能是实现直流电能和机械能的互相转换。其中，将直流电能转换为机械能的叫作直流电动机，将机械能转换为直流电能的叫作直流发电机。直流电动机起动性能和调速性能好，过载能力大，因此常用于对起动和调速性能要求较高的场合。例如，军事和航天领域的雷达天线、火炮瞄准、惯性导航、卫星姿态等控制，工业领域的各种加工中心、专用加工设备、数控机床、工业机器人等。

　　本章主要分析直流电机的工作原理、基本结构、励磁方式、电磁转矩、机械特性、电力拖动、故障处理等。

2.1　直流电机基础知识

▶▶ **内容导学**

　　图 2-1 所示为直流电机实物。图 2-1 中的直流电机在生活中哪里会应用到？它有什么特点？查阅资料预先了解设备的工作原理、基本结构和励磁方式。

图 2-1　直流电机实物

▶▶ **知识目标**

　　▶ 掌握直流电机的基本工作原理；
　　▶ 了解直流电机的基本结构与额定值；
　　▶ 了解直流电机的励磁方式；
　　▶ 掌握直流电机的电枢电动势和电磁转矩。

▶▶ **能力目标**

　　▶ 能用直流电机的工作原理分析实际问题；

▶ 能辨识直流电机的各组成部件；
▶ 能辨别直流电机的励磁方式；
▶ 能用直流电机电枢电动势和电磁转矩表达式进行基本计算。

2.1.1 直流电机基本工作原理

【内容导入】

直流电机是如何实现机电能量转换的？如何辨别一台直流电机是直流电动机还是直流发电机？什么叫作可逆原理？

【内容分析】

一、直流发电机的基本工作原理

直流发电机的工作原理是建立在电磁感应定律基础之上的。当原动机拖动转子以转速 n 旋转时，电枢导体切割磁场产生感应电动势 $e=Blv$，其瞬时方向用右手定则判定，此时导体电动势的性质为交流电，经过电刷和换向片的整流作用，才使外电路得到方向不变的直流电。

我国直流电机发展的历史、现状、未来展望与课程思政

图 2-2 所示是直流发电机的工作原理。N 和 S 为一对固定的磁极，磁极之间有一个可以旋转的圆柱体，称为电枢铁心。电枢铁心上嵌有一个线圈 abcd，称为电枢线圈。线圈的两端分别连接到两个弧形铜片上，弧形铜片称为换向片，多个换向片组合在一起称为换向器。在换向器上放置一对电刷 A 和 B，电刷与换向片滑动交替接触，电枢线圈通过换向器及电刷连通外电路。

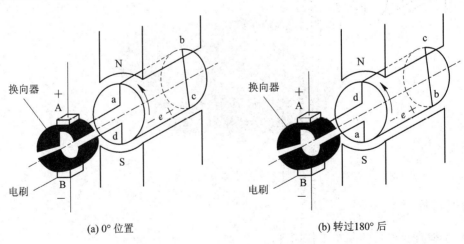

(a) 0° 位置　　　　　　(b) 转过180° 后

图 2-2　直流发电机的工作原理

（1）当转子在原动机的拖动下以逆时针方向旋转时，如图 2-2(a)所示。此时，线圈 ab 边在磁极 N 下，线圈 cd 边在磁极 S 下，电枢线圈在原动机的拖动作用下切割了磁场，线圈 ab 边和 cd 边中将产生感应电动势。根据右手定则，判断线圈 ab 边感应电动势方向为由 b 到 a；线圈 cd 边感应电动势方向为由 d 到 c。由此可见，此时 a 端引出高电位，d 端引出低电位，所以电刷 A 为正极性，电刷 B 为负极性。

（2）当转子旋转 180°后，如图 2－2(b)所示。此时，线圈 cd 边在磁极 N 下，线圈 ab 边在磁极 S 下，电枢线圈在原动机的拖动作用下仍切割磁场，线圈 ab 边和 cd 边中仍将产生感应电动势。根据右手定则，判断线圈 cd 边感应电动势方向为由 c 到 d；线圈 ab 边感应电动势方向为由 a 到 b。由此可见，此时 d 端引出高电位，a 端引出低电位，所以电刷 A 仍为正极性，电刷 B 仍为负极性。

由上述发现，电枢线圈旋转了 180°后，线圈 ab 中的感应电动势由 b 到 a 变为由 a 到 b，线圈 cd 中的感应电动势为由 d 到 c 变为由 c 到 d。可见，直流发电机电枢线圈中的感应电动势的方向是交变的。通过换向器和电刷的作用，在发电机电刷 A 和电刷 B 两端输出的电动势是方向不变的直流电动势。若在电刷 A、B 之间接上负载，发电机就能向负载供给直流电能。

二、直流电动机的基本工作原理

直流电动机的电刷端接入直流电源，电枢线圈内就会有电流流过，载流导体在磁场中受到电磁力 $f = Bil$，其方向可以用左手定则来判定。电磁力作用于转子，就产生了电磁转矩 T，T 使转子旋转，拖动负载工作。线圈中的电流是交变的，但产生的电磁转矩方向是恒定的。

直流电动机的工作
原理与课程思政

图 2－3 所示是直流电动机的工作原理，直流电动机基本结构如图所示，其模型结构与直流发电机结构相同。直流电动机与直流发电机的不同之处在于，直流电动机不再用原动机拖动电枢旋转，而是直接在电刷 A 和 B 之间加上直流电压。

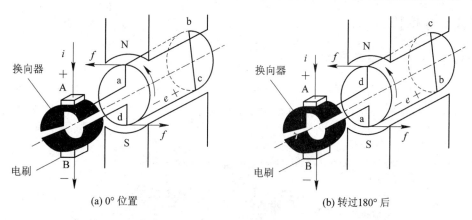

(a) 0° 位置　　　　　　　　　　　(b) 转过180° 后

图 2－3　直流电动机的工作原理

（1）当直流电压直接加在电刷上时，如图 2－3(a)所示。此时，线圈 ab 边在磁极 N 下，线圈 cd 边在磁极 S 下，电枢线圈中有电流流过，电流由电刷 A 经线圈按 a→b→c→d 方向由电刷 B 流出。此时，ab 边电流方向为由 a 到 b，根据左手定则可判定，处在 N 极下的导体 ab 受到一个向左的电磁力；cd 边电流方向为由 c 到 d，处在 S 极下的导体 cd 受到一个向右的电磁力。两个电磁力形成一个使转子按逆对针方向旋转的电磁转矩。当这一电磁转矩足够大时，电动机就按逆时针方向开始旋转。

（2）当转子转过 180°后，如图 2－3(b)所示。此时，线圈 cd 边在磁极 N 下，线圈 ab 边在磁极 S 下，电枢线圈电流由电刷 A 经线圈按 d→c→b→a 方向由电刷 B 流出。此时，cd

边电流方向为由 d 到 c，根据左手定则可判定，处在 N 极下的导体 cd 受到一个向左的电磁力；ab 边电流方向为由 b 到 a，处在 S 极下的导体 ab 受到一个向右的电磁力。两个电磁力形成一个使转子仍然按逆对针方向旋转的电磁转矩。当这一电磁转矩足够大时，电动机依旧按逆时针方向旋转。

由上述发现，电枢线圈旋转了 180°后，线圈 ab 中的电流方向由 a 到 b 变为由 b 到 a，线圈 cd 中的电流方向由 c 到 d 变为由 d 到 c。可见，直流电动机电枢线圈中的电流方向是交变的，但产生的电磁转矩方向是恒定的。

三、可逆原理

直流电机原则上既可以作为电动机运行，也可以作为发电机运行，只是外界条件不同而已。如果用原动机拖动电枢恒速旋转，就可以从电刷端引出直流电动势而作为直流电源对负载供电；如果在电刷端外加直流电压，则电动机就可以带动轴上的机械负载旋转，从而把电能转变成机械能。这种同一台直流电机既能用作直流电动机，也能用作直流发电机的原理，在电机理论中称为可逆原理。

2.1.2　直流电机的基本结构与额定值

【内容导入】

观摩学校实验室的直流电机，它的铭牌上有什么内容？它的结构如何？试拆开一台小型直流电机，详细观察其内部结构。

【内容分析】

一、直流电机的基本结构

直流电机由定子(静止部分)和转子(转动部分)两大部分组成。定子和转子之间因为有相对运动，所以中间必定存在间隙，该间隔称为气隙。直流电机主要部件的基本结构如图 2-4 所示。

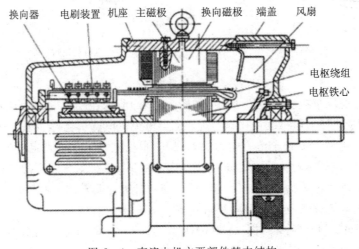

图 2-4　直流电机主要部件基本结构

1. 定子部分

定子部分包括机座、主磁极、换向磁极和电刷装置等。

1) 机座

机座一般用铸钢制成或用厚钢板焊接而成，具有良好的导磁性能和机械强度，既可以固定主磁极、换向极和端盖等，又是电机磁路的一部分。

2) 主磁极

主磁极的作用是建立主磁场，产生主磁通，使电枢绕组在此磁场的作用下感应电动势和产生电磁转矩。

主磁极由铁心和励磁绕组组成，如图 2-5 所示。铁心包括极身和极靴两部分，其中极靴的作用是支撑励磁绕组和改善气隙磁通密度的波形。铁心通常由 0.5～1.5 mm 厚的硅钢片或低碳钢板叠压而成，以减少电机旋转时极靴表面磁通密度变化而产生的涡流损耗。励磁绕组用绝缘铜线绕制而成。励磁绕组绝缘套装在铁心上，当绕组通入电流后，铁心中产生主磁场。

3) 换向磁极

换向磁极又称附加极或间极，用于改善直流电机的换向。它位于相邻主磁极间的几何中心线上，其几何尺寸明显比主磁极小。换向磁极由铁心和套在铁心上的绕组组成，如图 2-6 所示。中小容量直流电机的换向磁极铁心是用整块钢制成的；大容量直流电机和换向要求高的电机的换向磁极铁心用薄钢片叠成。换向磁极的极数一般与主磁极的极数相同。换向磁极与电枢之间的气隙可以调整。

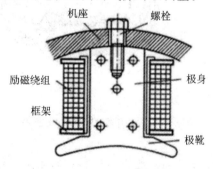

图 2-5　主磁极结构　　　　　　　　图 2-6　换向磁极结构

4) 电刷装置

电刷的作用是把转动的电枢绕组与静止的外电路相连接，并与换向器相配合，将直流电压、电流引出或引入电枢绕组，起到整流或逆变器的作用。电刷装置由碳刷、铜辫、碳刷盒和压紧弹簧等零件组成，如图 2-7 所示。电刷一般采用石墨和铜粉压制焙烧而成，由弹簧将其压在换向器的表面上。

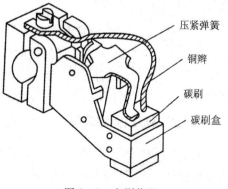

图 2-7　电刷装置

2. 转子部分

转子部分包括电枢铁心、电枢绕组、换向器、风扇、转轴等。其中电枢铁心、电枢绕组和换向器组合在一起称为电枢，如图 2-8 所示。

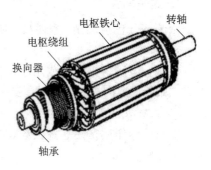

图 2-8　电枢

1）电枢铁心

电枢铁心即磁通的通路，同时嵌放电枢绕组。电枢铁心一般用厚 0.5 mm 的低硅硅钢片或冷轧硅钢片叠压而成，两面涂有绝缘漆，以减小磁滞损耗和涡流损耗，提高效率。在铁心的外圆周上有均匀分布的凹槽，内嵌电枢绕组。整个铁心固定在转子支架或转轴上。

2）电枢绕组

电枢绕组的作用是产生感应电动势和电磁转矩，从而实现机电能量的转换。直流电机的电枢绕组是由许多线圈组成的，这些线圈叫作绕组元件，每个绕组元件的两端分别接在两个换向片上，通过换向片把这些独立的线圈互相连接在一起，形成闭合回路。绕组嵌放在电枢铁心的槽内，线圈与铁心之间需绝缘，槽口用槽楔固定。

3）换向器

换向器是直流电机的重要部件。在直流电动机中将电刷上的直流变为电枢绕组内的交流，起逆变作用；在直流发电机中可将电枢绕组中交变的电流转变为电刷上的直流，起整流作用。

换向器是由许多换向片组成的一个圆筒结构，如图 2-9 所示。其工作表面光滑，便于和电刷滑动接触，带有燕尾的铜片，片间用云母隔开，换向片的燕尾嵌在两端的 V 形套筒内，V 形套筒与换向片之间用 V 形云母

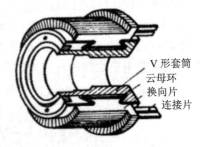

图 2-9　换向器

环进行绝缘。换向器应具有良好的导电性、导热性、耐磨性、耐电弧性和机械强度。

4）转轴和风扇

转轴在转子旋转时起支撑作用，小型电机的电枢铁心一般直接压装在转轴上。大型直流电机转子由于直径较大，一般会在转轴上安装金属支架，以减少硅钢片的消耗和转子重量，电枢铁心压装在套于轴上的转子支架上。此外，在转轴上装有风扇，可起到冷却电机的作用。

3. 气隙

气隙是直流电动机磁路的重要部分，气隙磁阻远大于铁心磁阻。一般小型电动机的气隙为 0.7~5 mm，大型电机的气隙为 5~10 mm。

二、直流电机的额定值

为了使电机安全可靠地工作，且保持优良的运行性能，电机厂家根据国家标准及电机的设计数据，对每台电机在运行中的电压、电流、功率、转速等规定了保证值，这些保证值称为电机的额定值。直流电机的额定值有额定容量（功率）$P_N(kW)$、额定电压 $U_N(V)$、额

定电流 I_N(A)、额定转速 n_N(r/min)、励磁方式和额定励磁电流 I_{fN}(A)。此外，还有额定效率 η_N、额定转矩 T_N、额定温升 τ_N 等。大多额定值及电机其他信息均在直流电机外壳的铭牌上体现。

1. 国产电机型号

设备型号表示设备的用途及结构尺寸，国产电机型号一般采用大写的汉语拼音字母和阿拉伯数字表示，其格式为：第一部分用大写的汉语拼音字母表示产品代号，第二部分用阿拉伯数字表示设计序号，第三部分用阿拉伯数字表示机座代号，第四部分用阿拉伯数字表示电枢铁心长度代号。

2. 额定值

(1) 额定容量 P_N(kW)：额定条件下电动机所允许的输出功率。对于发电机，额定功率是指电刷输出的电功率；对于电动机，额定功率是指转轴输出的机械功率。因此，直流发电机的额定容量应为

$$P_N = U_N I_N \tag{2-1}$$

直流电动机的额定容量应为

$$P_N = U_N I_N \eta_N \tag{2-2}$$

式中，η_N 为额定效率。

(2) 额定电压 U_N(V)：在正常运行时，电动机出线端的电压值。对于发电机，它是指输出额定电压；对于电动机，它是指输入额定电压。

(3) 额定电流 I_N(A)：在额定电压下，运行于额定功率时对应的电流值。对于发电机，它是指输出额定电流；对于电动机，它是指输入额定电流。

(4) 额定转速 n_N(r/min)：在额定电压、额定电流下，运行于额定功率时对应的转速。

还有一些物理量的额定值不一定在铭牌上体现，如额定温升、额定转矩、额定效率等。直流电机运行时，当各物理量均处在额定值时，电机在额定状态运行；若电流超过额定值，则被称为过载运行；电流小于额定值，被称为欠载运行。实际运行中，电机不可能总是工作在额定运行状态，长期的过载或欠载运行都不好。长期过载有可能因过热而损坏电机，长期欠载则运行效率不高，浪费容量。因此，在选择电机时，应根据负载的要求，尽可能让电机工作在额定状态。

【例 2-1】 一台 Z2 型直流电动机，额定功率为 $P_N=160$ kW，额定电压 $U_N=220$ V，额定效率 $\eta_N=90\%$，额定转速 $n_N=1500$ r/min，求该电机的额定电流。

例 2-1

解 额定电流为

$$I_N = \frac{P_N}{U_N \eta_N} = \frac{160 \times 10^3}{220 \times 0.9} = 808\ (\text{A})$$

2.1.3 直流电机的励磁方式

【内容导入】

直流电机的磁场是怎样产生的？直流电机的励磁方式有哪些？不同的连接方式对电机的运行特性有什么影响？

【内容分析】

直流电机的励磁方式是指直流电机的电枢绕组和励磁绕组的连接方式。按励磁绕组和电枢绕组的连接关系，直流电机可分为他励式、并励式、串励式和复励式四种。现以直流电动机为例，简单分析其励磁方式。

一、他励式直流电机

他励式直流电机的接法如图 2 - 10(a)所示。电枢绕组与励磁绕组分别由两个互相独立的直流电源 U 及 U_r 供电，电枢电流 I_a 受端电压 U 影响，励磁电流 I_f 受 U_r 影响，电枢电流与励磁电流相互独立。电机出线端电流等于电枢电流，即 $I = I_a$。

二、并励式直流电机

并励式直流电机的接法如图 2 - 10(b)所示。电枢绕组与励磁绕组由同一电源 U 供电，电枢绕组与励磁绕组并联。此励磁方式满足

$$U_f = U_a \tag{2 - 3}$$

$$I = I_f + I_a \tag{2 - 4}$$

式中，I_a 为电枢电流；I_f 为励磁电流；I 为电网输入电机的电流。

三、串励式直流电机

串励式直流电机的接法如图 2 - 10(c)所示。电枢绕组与励磁绕组由同一电源 U 供电，电枢绕组与励磁绕组串联，满足

$$I = I_a = I_f \tag{2 - 5}$$

四、复励式直流电机

复励式直流电机的接法如图 2 - 10(d)所示。图中有两个励磁绕组，一个励磁绕组与电枢绕组串联，另一个励磁绕组与电枢绕组并联。当串励绕组产生的磁动势和并励绕组产生的磁动势方向相同，两者相加时，称为积复励；当串励绕组产生的磁动势和并励绕组产生

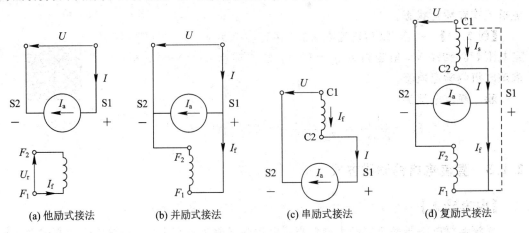

(a) 他励式接法　　　(b) 并励式接法　　　(c) 串励式接法　　　(d) 复励式接法

图 2 - 10　直流电动机的励磁方式

的磁动势方向相反，两者相减时，称为差复励。

对于直流发电机来说，由于串励、并励和复励时的励磁电流是电机自己供给的，所以又可称为自励发电机，直流电动机则不存在自励。有关直流发电机励磁方式可仿照直流电动机励磁方式画出。

2.1.4 直流电机的电枢电动势和电磁转矩

【内容导入】

直流电机的电枢电动势是如何产生的？直流电机的电磁转矩是如何产生的？直流电机的电枢电动势和电磁转矩表达式分别是什么？

【内容分析】

直流电机运行时，无论是发电机还是电动机，电枢中都会产生感应电动势和电磁转矩。电枢导体在磁场中运动，切割磁场产生电枢电动势；同时，电枢导体中有电流通过，在磁场中受到电磁力作用，产生电磁转矩。

一、电枢电动势

电枢电动势是指直流电机正负电刷之间的感应电动势。电枢旋转时，电枢导体"切割"气隙磁场，电枢绕组中就会产生感应电动势。直流电机的电枢电动势的表达式为

$$E_a = C_e \Phi n \tag{2-6}$$

式中，C_e 为电动势常数，$C_e = \dfrac{pN}{60a}$，其中 p 为电机的磁极对数，N 为总导体数，a 为并联支路对数；Φ 为每极磁通，单位为 Wb；n 为转子转速；E_a 单位为 V。

由式(2-6)可知，直流电机的电枢电动势与电机结构、气隙磁通及转子转速有关。对于直流发电机，电枢电动势作为电源电势，与电枢电流同方向；作为电动机，电枢电动势为反电势，与电枢电流反方向。

二、电磁转矩

当电枢绕组内通有电流时，载流导体因与气隙磁场相作用而受到电磁力作用，就会产生电磁转矩。直流电机电磁转矩的表达式为

$$T = \frac{pN}{2\pi a}\Phi I_a = C_T \Phi I_a \tag{2-7}$$

式中，C_T 为转矩常数，$C_T = \dfrac{pN}{2\pi a}$；I_a 为电枢电流；其他符号意义同前，T 的单位为 N·m，I_a 的单位为 A。

由式(2-7)可知，直流电机的电磁转矩与电机结构、气隙磁通及电枢电流有关。对于直流电动机，电磁转矩作为驱动性转矩，驱动电枢旋转；作为发电机，电磁转矩为抑制性转矩，抑制电枢旋转。

式(2-6)和式(2-7)说明，直流电机做好以后，在磁场一定的前提下，只要有电枢转速，就有电枢电动势；只要电枢中有电流，就有电磁转矩。不管是发电机还是电动机，电枢电动势和电磁转矩是同时存在的。

■ 小结

本节阐述了直流电机的直流电能和机械能互相转换的本质，分析介绍了直流电机的基本原理、基本结构、励磁方式以及直流电机的电枢电动势和电磁转矩。

直流电机可分为直流电动机和直流发电机。直流电机由定子和转子两部分组成，定子与转子之间留有一定的气隙。定子主要作用是形成磁场、作为机械支撑和防护。转子的作用是产生感应电动势、形成电流、实现机械能和电能的相互转换；在直流电机的铭牌上标注了电机的属性信息，主要数据有电机型号、额定值、励磁方式等；直流电机的励磁方式分为他励、并励、串励和复励；直流电机的电枢绕组和气隙磁场发生相对运动时产生感应电动势，气隙磁场和电流相互作用产生电磁转矩，两者是机电能量变换的要素。

■ 思考与练习

一、填空题

1. 直流电机是实现直流电能和机械能相互转换的电气设备，将机械能转换为直流电能的是直流_____，将直流电能转换为机械能的是直流_____。

2. 直流电机结构可以分为静止的_____、旋转的_____和_____三部分。

3. 直流发电机电磁转矩的方向和电枢旋转方向_____，直流电动机电磁转矩的方向和电枢旋转方向_____。

4. 直流电机的电磁转矩是由_____和_____共同作用产生的。

5. 直流发电机工作原理用_____定则判断感应电动势的方向；直流电动机工作原理用_____定则判断电磁力的方向。

二、选择题

1. 直流发电机主磁极磁通产生感应电动势存在于（　　　）中。

A. 电枢绕组　　　　B. 励磁绕组　　　　C. 电枢绕组和励磁绕组　　　　D. 气隙

2. 某直流电机的电枢与两个励磁绕组串联和并联，那么该电机为（　　　）电机。

A. 他励　　　　　　B. 并励　　　　　　C. 复励　　　　　　　　　　D. 串励

3. 直流电机电枢铁心是由（　　　）叠压而成的。

A. 厚钢板　　　　　B. 硅钢片　　　　　C. 整块铸铁　　　　　　　　D. 整块铜

三、简答题

1. 什么叫作可逆性原理？

2. 直流电机的励磁方式有哪些？分别有什么特点？

3. 直流电动机和直流发电机的电枢电动势及电磁转矩作用相同吗？

四、计算题

1. 一台直流电动机额定功率 $P_N = 17$ kW，额定电压 $U_N = 220$ V，额定效率 $\eta_N = 83\%$，额定转速 $n_N = 1460$ r/min，求该电动机额定运行状态时的额定电流、额定输入功率。

2. 一台直流发电机额定功率 $P_N = 55$ kW，额定电压 $U_N = 220$ V，额定效率 $\eta_N = 90\%$，额定转速 $n_N = 1500$ r/min，求该发电机额定运行状态时的额定电流、额定输入功率。

2.2　电力拖动系统动力学

▍▶ 内容导学

　　什么叫电力拖动？直流电机如何拖动负载？在生活中，你见过直流电动机拖动负载的实例吗？如何确定电力拖动系统是否稳定？

▍▶ 知识目标

　　▶ 了解电力拖动系统运动方程式；
　　▶ 了解多轴电力拖动系统简化方法；
　　▶ 掌握负载的转矩特性与电力拖动系统稳定运行的条件。

▍▶ 能力目标

　　▶ 能辨识电力拖动系统的组成部分；
　　▶ 能分析负载的转矩特性；
　　▶ 能判定电力拖动系统运行是否稳定。

2.2.1　电力拖动系统运动方程式

【内容导入】

　　电力拖动系统是由哪几部分组成的？其运动状态都有哪些？如何判断其运动状态？

【内容分析】

　　电力拖动是指使用电动机带动生产机械运动，以完成一定的生产任务。电力拖动系统一般由电动机、生产机械、传动机构、控制设备及电源 5 大部分组成。电力拖动系统的组成如图 2-11 所示。图中，电动机的作用是将电能转换为机械能，以此拖动生产机械工作；生产机械是执行某一生产任务的机械设备；控制设备的作用是控制电动机的运动，一般由各种控制电机、电器、自动化元件或工业控制计算机、可编程控制器等组成；电源的作用是为电动机和控制设备供电。在生活中，常见的电力拖动系统有电风扇、洗衣机等；在工业中，常见的电力拖动系统有轧钢机、电梯等。

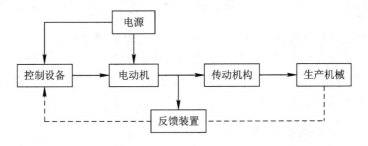

图 2-11　电力拖动系统组成

一、电力拖动系统运动方程式

1. 选定正方向

在电力拖动系统中，由于生产机械负载类型的不同，电动机的运行状态也不同。也就是说，电动机的电磁转矩并不都是驱动转矩，生产机械的负载转矩也并不都是抑制转矩，它们的大小和方向都可能随系统运动状态的变化而发生变化。因此，在分析电力拖动系统运动方程式时，要首先确定各量的正方向。

如图 2-12 所示，电力拖动系统正方向的规定：先规定转子转速 n 的正方向，然后规定电磁转矩 T 的正方向与转子转速 n 的正方向相同，规定负载转矩 T_2 的正方向与 n 的正方向相反。转子转速 n 的正方向一般选实际转向。

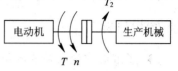

图 2-12　电力拖动系统示意图

2. 运动方程式

对于图 2-12 所示的旋转运动，由物理学中牛顿运动第二定律可知，当物体运动时，其以转矩表示的运动方程式为

$$T - T_Z = J \frac{d\omega}{dt} \tag{2-8}$$

式中，T 为电动机的电磁转矩（N·m）；T_Z 为系统的静阻转矩（N·m），静阻转矩为负载转矩 T_2 与电动机空载转矩 T_0 之和；J 为运动系统的转动惯量（kg·m）；$d\omega/dt$ 为系统的角加速度（rad/s²）；ω 为角速度（rad/s）。

在实际工程计算中，经常用转速 n 代替角速度来表示系统的转动速度；用飞轮矩 GD^2 代替转动惯量 J 表示系统的机械惯性。ω 与 n、J 与 GD^2 的关系为

$$\omega = \frac{2\pi n}{60} \tag{2-9}$$

$$J = m\rho^2 = \frac{G}{g} \cdot \frac{D^2}{4} = \frac{GD^2}{4g} \tag{2-10}$$

式中，n 为转速（r/min）；m 为旋转体的质量（kg）；G 为旋转体的重量（N）；D 为旋转部件的惯性直径（m）；g 为重力加速度，$g = 9.8 \ \text{m/s}^2$。

将式（2-9）、式（2-10）代入式（2-8）中，并忽略电动机的空载转矩（空载转矩占额定负载转矩的百分之几，在工程计算中是允许的），即认为 $T_Z \approx T_2$。经整理，可得出单轴电力拖动系统的运动方程的实用表达式为

$$T - T_2 = \frac{GD^2}{375} \frac{dn}{dt} \tag{2-11}$$

式中，GD^2 为旋转体的飞轮矩（N·m²），是整个系统旋转惯性的整体物理量；375 为具有加速度的量纲；电动机和生产机械的 GD^2 值可从产品样本或有关设计资料中查得。

式（2-11）是常用的运动方程式，反映了电力拖动系统机械运动的普遍规律，是研究电力拖动系统各种运动状态的基础。

二、电力拖动系统运行状态分析

由式（2-11）可将电力拖动系统分为以下 3 种状态：

（1）当 $T > T_2$ 时，即 $dn/dt > 0$，系统处于加速状态；

（2）当 $T<T_2$ 时，即 $\mathrm{d}n/\mathrm{d}t<0$，系统处于减速状态；

（3）当 $T=T_2$ 时，即 $\mathrm{d}n/\mathrm{d}t=0(n=0$ 或 $n=$ 常数$)$，系统处于匀速状态或静止状态。

由此可见，只要 $\mathrm{d}n/\mathrm{d}t\neq0$，系统就处于加速或减速状态，即运动状态；当 $\mathrm{d}n/\mathrm{d}t=0$ 时，系统处于稳定运动状态。

2.2.2　多轴电力拖动系统的简化

【内容导入】

上一小节我们介绍了单轴电力拖动系统的运动方程式，那么，当电动机和被拖动的生产机械不直接连接在同一轴上时，多轴电力拖动系统应如何简化呢？试举出多轴电力拖动系统在生活或者工业中的实例。

【内容分析】

实际的电力拖动系统大多数是电动机通过传动机构与生产机械相连的。因为在实际应用中，许多生产机械为满足其工艺过程的要求，需要较低速度，而电动机大多都具有较高的速度。此时，生产机械和电动机之间必须装设减速机构，如减速齿轮箱、蜗轮蜗杆或皮带等传动装置，从而构成所谓的多轴电力拖动系统。

为了简化多轴系统的计算，用该系统中的某一根轴的运动来代替整个拖动系统的运动，即把实际多轴系统等效为单轴系统。这样只要研究电动机轴即可解决整个拖动系统的问题，使研究工作大大简化，但这时电机轴上的参数已不再是其本身的参数，而是代表整个系统的参数。在分析和计算这类传动时，应将多轴系统折算为等效的单轴系统，通常将所有的转矩都折算到电动机轴上，再利用电力拖动运动方程式进行分析。

一、转矩的折算

多轴传动系统如图 2-13 所示，设 T_2 为从动轴上的负载转矩，T_2' 为折算到主动轴（电动机轴）上的负载转矩，Ω_d、Ω_L 分别为主、从动轴旋转机械角速度。在图 2-13(b) 中，R 为卷筒半径，G_L、m 分别为升降重物的重量和质量，且 $G_\mathrm{L}=mg$。根据能量守恒定律，折算到电动机轴上的负载功率等于工作机构的负载功率加上传动机构中的损耗，即折算的负载功率等于实际负载功率除以传动效率 η。

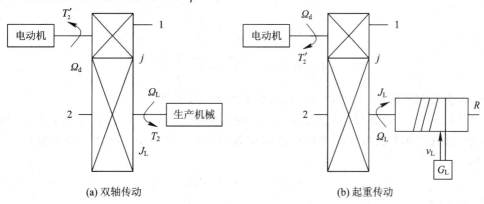

(a) 双轴传动　　　　　　　　　　　　(b) 起重传动

图 2-13　多轴传动系统

双轴传动转矩关系(旋转运动)为

$$T_2'\Omega_d = \frac{T_2\Omega_L}{\eta}$$

起重传动转矩关系(直线运动)为

$$T_2'\Omega_d = \frac{G_LR\Omega_L}{\eta}$$

折算到电动机轴上的转矩分别为

$$T_2' = \frac{T_2}{j\eta} \qquad (2-12)$$

$$T_2' = \frac{G_LR}{j\eta} = \frac{G_Lv_L}{\eta\Omega_d} \qquad (2-13)$$

式中,j 为主动轴与从动轴的转速比,$j=\Omega_d/\Omega_L=n_d/n_L$;$v_L$ 为重物上升速度,$v_L=\Omega_LR=2\pi Rn_L/60$。

二、飞轮矩的折算

设电动机的转动惯量为 J_d(飞轮矩为 GD_d^2),负载轴的转动惯量为 J_L(飞轮矩为 GD_L^2),电动机轴上等效的转动惯量为 J(飞轮矩为 GD^2)。根据动能守恒定律可知,折算后等效系统存储的动能应该等于实际系统的动能。因此,对于双轴传动系统有

$$\frac{1}{2}J\Omega_d^2 = \frac{1}{2}J_d\Omega_d^2 + \frac{1}{2}J_L\Omega_L^2 \qquad (2-14)$$

所以

$$J = J_d + \frac{J_L}{j^2} \qquad (2-15)$$

同理,

$$GD^2 = GD_d^2 + \frac{GD_L^2}{j^2} \qquad (2-16)$$

对于起重传动系统有

$$\frac{1}{2}J\Omega_d^2 = \frac{1}{2}J_d\Omega_d^2 + \frac{1}{2}J_L\Omega_L^2 + \frac{1}{2}mv_L^2 \qquad (2-17)$$

所以

$$J = J_d + \frac{J_L}{j^2} + \frac{mv_L^2}{\Omega_d^2} \qquad (2-18)$$

$$GD^2 = GD_d^2 + \frac{GD_L^2}{j^2} + \frac{365G_Lv_L^2}{n_d^2} \qquad (2-19)$$

式中,n_d 为电机的转速(r/min);G_L 为直线运动部分的重量。

由式(2-18)可以看出,减速传动 $j>1$,电动机轴上转动惯量 J_d 是总转动惯量中的主要部分,而其他轴上的惯性折算值在总转动惯量中占次要成分,因此工程上常用近似计算,即

$$GD^2 = (1+\delta)GD_d^2 \qquad (2-20)$$

式中,$\delta=0.2\sim0.3$。

对于两级以上的多级传动,应按上述原理将转矩和飞轮矩折算到同一轴上(电动机轴)。

2.2.3　负载的转矩特性与电力拖动系统稳定运行的条件

【内容导入】

单轴电力拖动系统的运动方程式定量地描述了电动机的电磁转矩与生产机械的负载转矩和系统转速之间的关系。要对运动方程式求解，除了要知道电动机的机械特性之外，还必须知道负载的机械特性。除此之外，如何判断电力拖动系统是否稳定运行也是非常重要的。

【内容分析】

一、负载的转矩特性

负载的转矩特性表示同一转轴上转速与负载转矩之间的函数关系，即 $n=f(T_2)$。大多数生产机械的负载特性可分为 3 类，即恒转矩负载特性、恒功率负载特性和通风机类负载特性。

1. 恒转矩负载特性

恒转矩负载比较多见，它的机械特性是负载转矩 T_2 的大小与转速 n 无关，即负载转矩恒保持常数，不随转速变化而变化。常见的恒转矩负载有起重机、皮带运输机及金属切削车床等。恒转矩负载根据其方向是否与转向有关又可分为反抗性恒转矩负载和位能性恒转矩负载。

1）反抗性恒转矩负载

反抗性恒转矩负载的转矩大小恒定不变，转矩的方向总是与转速的方向相反。这类负载是由摩擦力产生的转矩，不管运动方向是怎样的，其负载转矩始终阻碍运动。属于这一类的生产机械有起重机的行走机构、皮带运输机等。如图 2-14(a)所示为桥式起重机行走机构的行走车轮，它在轨道上的摩擦力总是与其运动方向相反；如图 2-14(b)所示为对应的机械特性曲线，显然反抗性恒转矩负载特性位于第 Ⅰ 象限和第 Ⅲ 象限内。转速 n 为正，负载转矩 T_2 为正，反抗性恒转矩负载特性位于第 Ⅰ 象限；转速 n 为负，负载转矩 T_2 为负，反抗性恒转矩负载特性位于第 Ⅲ 象限。

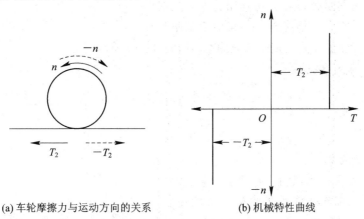

(a) 车轮摩擦力与运动方向的关系　　　　(b) 机械特性曲线

图 2-14　反抗性恒转矩负载

2）位能性恒转矩负载

位能性恒转矩负载的转矩大小恒定不变，而且负载转矩的方向也恒定不变，其方向不会随着转速方向的改变而改变。这类负载是由物体的重力、弹性物体的压缩力、张力和扭力所产生的转矩，它们的作用力并不随运动方向的改变而改变。属于这一类的生产机械如起重机的提升机构。

图 2-15(a)所示为起重机提升机构，无论是提升或下放重物，重力作用方向恒定不变。在提升时，载荷的重力作用与运动方向相反，是阻碍运动的抑制转矩；在下放时，载荷的重力方向与运动方向相同，为促进运动的驱动转矩。如图 2-15(b)所示为机械特性曲线，位能性恒转矩负载特性位于第Ⅰ与第Ⅳ象限内。

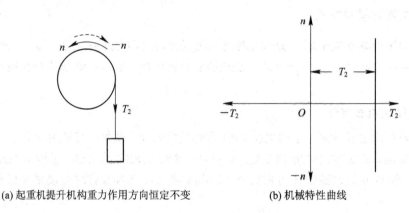

(a)起重机提升机构重力作用方向恒定不变　　　　(b)机械特性曲线

图 2-15　位能性恒转矩负载

2. 恒功率负载特性

恒功率负载的转矩与转速的乘积为常数，负载功率 $P_2 = T_2\omega = 2\pi n T_2/60 =$ 常数，由此可见，负载转矩 T_2 与转速 n 成反比，$T_2 = K/n$。属于这一类的生产机械有车床、刨床等。在机械加工中，车床在粗加工时，切削阻力大，此时低速运行；在精加工时，切削量比较小，切削阻力小，此时高速运行。在不同运行情况下，负载功率基本保持不变。它的机械特性曲线是一条双曲线，如图 2-16 所示。

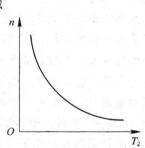

图 2-16　恒功率负载机械特性曲线

3. 通风机类负载特性

通风机类负载的转矩与转速的平方成正比，即

$$T_2 = Kn^2 \tag{2-21}$$

式中，K 是比例常数。

通风机类负载有通风机、水泵、油泵、螺旋桨等。这类机械的负载特性曲线是一条抛物线，通风机类负载的机械特性曲线如图 2-17 所示。

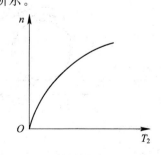

图 2-17　通风机类负载机械特性曲线

二、电力拖动系统稳定运行的条件

系统在运行中总是受到外界干扰作用,如果在外界干扰作用下,系统虽然偏离了原来的平衡状态,但能达到新的平衡状态,或者在外界干扰作用消失后,系统又重新回到原来的平衡状态,称系统能稳定运行,对应运行点为稳定运行点。

假设给某一个电力拖动系统一个外界非人为的短暂扰动,如电网电压的波动,此时,电动机离开了原平衡状态,使得转速发生突变。若此系统在突变后的环境下能达到新的平衡,或者当外界的扰动消失后,系统能恢复到原来的转速,则称该系统能稳定运行;若此系统在突变后的环境下不能达到新的平衡,或者即使外界的扰动已经消失,系统速度也会无限制地上升或者下降,直到停止运行,则称该系统不能稳定运行。

1. 电力拖动系统稳定运行分析

由电力拖动系统运动方程式 $T - T_2 = (GD^2/375)(\mathrm{d}n/\mathrm{d}t)$ 可知,当 $\mathrm{d}n/\mathrm{d}t = 0$,$T = T_2$ 时,系统处于稳定运行状态。为使电力拖动系统能稳定运行,电动机机械特性和生产机械的负载特性应符合一定要求。

如图 2-18 所示,设某电力拖动系统在 A 点稳定转动,突然电网电压降低,随之电动机的机械特性曲线由直线 a 变为直线 b。电网变化瞬间,由于惯性作用,转速 n_A 来不及变化,从 A 点瞬间平移过渡到 B 点。此时 $T_B < T_2$,原来的平衡状态被破坏,电动机的转速将沿线段 BDC 减速运动。随着转速的降低,电磁转矩随之增大,一直到 C 点为止,电动机的电磁转矩又与负载转矩相交平衡,系统在 C 点重新稳定运行;当电网电压恢复原来的数值时,电力系统机械特性曲线由直线 b 恢复到原来的直线 a。此时电动机的运行点瞬间由 C 点平移过渡到 E 点,由于 $T_E > T_2$,电动机的转速沿线段 EA 加速运动。随着转速上升,电磁转矩随之减小,一直恢复到 A 点为止,重新达到平衡。通过以上分析可知,该电力拖动系统在交点 A 上具有抗干扰能力,此系统是稳定的。

如图 2-19 所示,设某电力拖动系统在 A 点运行,突然电网电压降低,随之电动机的机械特性曲线由直线 a 变为直线 b。电网变化瞬间,由于惯性作用,转速 n_A 来不及变化,从 A 点瞬间平移过渡到 B 点。此时 $T_B > T_2$,电动机的转速将沿线段 BD 加速运动。随着转速的增加,电磁转矩也随之增大,使电动机进一步加速,直至"飞车",达不到新的平衡状态;反之,若转速上升的过程中,电网电压恢复,电力系统机械特性曲线由直线 b 恢复到原来的直线 a。电网变化瞬间,由于惯性作用,转速 n_D 来不及变化,从 D 点瞬间平移过渡到 E 点。此时 $T_E > T_2$,电动机的转速将继续加速运动,不能恢复原来的平衡状态。通过以上分析可知,该电力拖动系统是不稳定的。

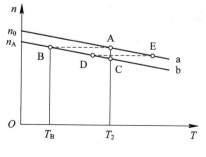

图 2-18　稳定系统

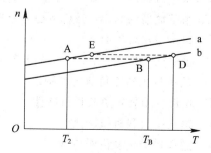

图 2-19　不稳定系统

2. 电力拖动系统稳定运行条件

通过以上分析,可得出电力拖动系统稳定运行的必要和充分条件是:

(1)电动机的机械特性与生产机械的负载特性有交点,即存在 $T=T_2$;

(2)在交点所对应的转速之上($\Delta n > 0$),应保证 $T < T_2$(使电动机减速),在这一转速之下($\Delta n < 0$),则要求 $T > T_2$(使电动机加速)。多数情况下,只要电动机具有下降的机械特性,就能满足稳定运行条件(个别情况除外,如通风机类负载)。上述电力拖动系统的稳定运行条件,无论对直流电动机还是交流电动机都是适用的,具有普遍的意义。

■ 小结

本小节介绍了直流电机电力拖动系统的组成及表达方程式,并通过分析转矩特性,进而分析了电力系统的稳定运行条件。

电力拖动系统一般由电动机、生产机械、传动机构、控制设备及电源 5 大部分组成。电力拖动系统的运动方程的实用表达式为 $T - T_2 = (GD^2/375)(dn/dt)$,根据运动方程式可判断系统所处的运动状态;生产机械的负载特性可分恒转矩负载特性、恒功率负载特性和通风机类负载特性;通过判断电机机械特性与负载特性的关系,可以判断出该系统是否为稳定系统。

■ 思考与练习

一、填空题

1. 电力拖动系统一般由＿＿＿＿、＿＿＿＿、＿＿＿＿、＿＿＿＿及＿＿＿＿5 大部分组成。

2. 单轴电力拖动系统的运动方程的实用表达式为＿＿＿＿。

3. 根据电力拖动运动方程式,可将电力拖动系统分为＿＿＿＿、＿＿＿＿、＿＿＿＿3种状态。

4. 反抗性恒转矩负载的转矩大小＿＿＿＿,转矩的方向总是与转速的方向＿＿＿＿。

5. 负载的转矩特性表示同一转轴上＿＿＿＿和＿＿＿＿之间的函数关系。

二、选择题

1. 电力拖动系统运动方程式中的 GD^2 反映了(　　)。

A. 旋转体的重量与旋转体直径平方的乘积,它没有任何物理量

B. 系统机械惯性的大小,它是一个整体物理量

C. 系统储能的大小,但它不是一个整体物理量

D. 以上说法都不对

2. 起重机提升机构是(　　)类型的机械负载。

A. 反抗性恒转矩负载机械特性

B. 位能性恒转矩负载机械特性

C. 恒功率负载机械特性

D. 通风机类负载机械特性

3. 电力拖动系统稳定运行条件是(　　)。

A. $T = T_2$ 和 $\dfrac{\mathrm{d}T}{\mathrm{d}n} > \dfrac{\mathrm{d}T_2}{\mathrm{d}n}$ 　　　　　　　　B. $T = T_2$ 和 $\dfrac{\mathrm{d}T}{\mathrm{d}n} < \dfrac{\mathrm{d}T_2}{\mathrm{d}n}$

C. $T = T_2$ 或 $\dfrac{\mathrm{d}T}{\mathrm{d}n} > \dfrac{\mathrm{d}T_2}{\mathrm{d}n}$ 　　　　　　　　D. $T = T_2$ 或 $\dfrac{\mathrm{d}T}{\mathrm{d}n} < \dfrac{\mathrm{d}T_2}{\mathrm{d}n}$

三、简答题

1. 怎样从运动方程式看出系统处于加速、减速、稳定、静止各种工作状态?
2. 负载机械特性与电动机机械特性的交点的物理意义是什么?

四、分析题

图 2-20 所示为 3 类电力拖动系统的机械特性图,试分析判断哪些系统是稳定的,哪些系统是不稳定的。

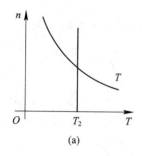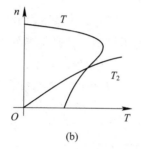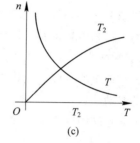

图 2-20　电力拖动系统

2.3　直流电动机

▶ **内容导学**

　　直流电动机稳态运行时遵循哪些基本方程式?它又具有什么样的机械特性?在生活中你有没有观察过电动机的起动、转向、调速、制动过程?直流电动机是如何起动,如何改变转向,如何调速,如何制动的呢?

▶ **知识目标**

▶ 掌握直流电动机的基本方程式;
▶ 了解直流电动机的机械特性;
▶ 掌握直流电动机的起动和改变转向的方法;
▶ 了解直流电动机的调速与制动。

▶ **能力目标**

▶ 能用直流电动机的基本方程式分析实际问题;
▶ 能正确操作直流电动机的起动和改变转向。

2.3.1　直流电动机的基本方程式

【内容导入】

直流电动机稳态运行时，电动势、功率、转矩分别遵循哪些基本方程式？这些方程式反映了直流电动机的什么特点？

【内容分析】

直流电动机的基本方程式指电动势平衡方程式、转矩平衡方程式和功率平衡方程式。这 3 个方程式表达了直流电动机运行时的电磁关系和能量传递关系，可用它们来分析电动机的运行特性。下面以并励直流电动机为例，分别对各基本方程式进行讨论。

一、规定正方向

并励直流电动机原理如图 2-21 所示。U 是电源的输入电压，I 是输入电流，E_a 是感应电动势，I_a 是电枢电流，I_f 是励磁电流，T 是电磁转矩，T_2 是负载转矩，T_0 是空载转矩。正方向的规定如下：

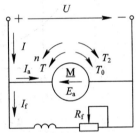

(1) 电动机的感应电动势 E_a 的正方向与电枢电流 I_a 相反，为反电动势；

(2) 电磁转矩 T 与 n 同方向，是驱动性转矩；

(3) 轴上机械负载转矩 T_2 及空载转矩 T_0 与 n 相反，是制动性转矩。

根据给定的参考方向可列出电动势平衡方程式。

图 2-21　并励直流电动机原理

二、电动势平衡方程式

直流电动机电枢回路的电动势平衡方程式为

$$U = E_a + I_a R_a \tag{2-22}$$

式中，R_a 为电枢回路的总电阻，包括电枢绕组、换向器、补偿绕组的电阻，以及电刷与换向器间的接触电阻等。

由式(2-22)可知，在直流电动机中 $E_a < U$，而在直流发电机中 $E_a > U$，因此可通过 E_a 和 U 的大小关系判定直流电机的运行状态。电机的运行是可逆的，同一台电机既可作发电机运行也可作电动机运行。

电源电压 U 决定了电枢电流 I_a 的方向。对于并励直流电动机，电枢电流满足：

$$I_a = I - I_f \tag{2-23}$$

式中，I 为输入电动机的电流；I_f 为励磁电流，R_f 是励磁回路的电阻，$I_f = U/R_f$。

直流电动机励磁回路满足：

$$U = I_f \cdot R_f \tag{2-24}$$

三、功率平衡方程式

并励直流电动机从电源输入的电功率为

$$P_1 = U \cdot I = U(I_a + I_f) = (E_a + I_a \cdot R_a) \cdot I_a + U \cdot I_f$$
$$= E_a I_a + I_a^2 R_a + U I_f = P_M + p_{Cua} + p_{Cuf} \tag{2-25}$$

由式 (2-25) 可知，从电源输入的电动率 $P_1 = UI$；输入的电功率 P_1 扣除在励磁回路的铜损耗 p_{Cuf} 和电枢回路铜损耗 P_{Cua}，得到电磁功率 P_M，$P_M = E_a I_a$；电磁功率全部转换为机械功率，此机械功率扣除机械损耗 p_{mec}、铁损耗 p_{Fe} 和附加损耗 p_{ad} 后，即为电动机转轴上输出的机械功率 P_2。其中

$$P_M = E_a I_a = T \cdot \Omega = (T_2 + T_0) \cdot \Omega = P_2 + P_0 \tag{2-26}$$
$$p_0 = p_{Fe} + p_{mec} + p_{ad} \tag{2-27}$$

式中，p_0 为空载损耗；p_{Fe} 为铁心损耗；p_{mec} 为机械损耗；p_{ad} 为附加损耗。

并励电动机的功率平衡方程式为

$$P_1 = P_2 + p_{Cuf} + p_{Cua} + p_{Fe} + p_{mec} + p_{ad} = P_2 + \sum p \tag{2-28}$$

总损耗为

$$\sum p = p_{Cuf} + p_{Cua} + p_{Fe} + p_{mec} + p_{ad} \tag{2-29}$$

并励直流电动机的功率流程如图 2-22 所示。

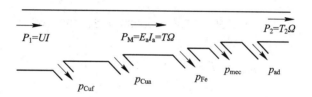

图 2-22　并励直流电动机的功率流程

直流电动机的效率为

$$\eta = \frac{P_2}{P_1} \times 100\% = \left(1 - \frac{\sum p}{P_2 + \sum p}\right) \times 100\% \tag{2-30}$$

四、转矩平衡方程式

在直流电动机的拖动系统中，任何瞬间都必须保持转矩平衡。由直流电动机的工作原理可知，电磁转矩 T 是由电枢电流 I_a 与气隙磁场相互作用产生的。电动机的电磁转矩 T 是驱动转矩，它必须与轴上负载制动转矩 T_2 和空载制动转矩 T_0 相平衡。因此，转矩平衡方程为

$$T = T_2 + T_0 \tag{2-31}$$

功率除以角速度可得转矩，由此可得

$$T_2 = \frac{P_2}{\Omega} = \frac{P_2}{2\pi n/60} = 9.55 \frac{P_2}{n} \tag{2-32}$$

$$T_N = 9.55 \frac{P_N}{n} \tag{2-33}$$

【例 2-2】　一台并励直流电动机，额定电压 $U_N = 220 \text{ V}$，$I_N = 80 \text{ A}$，电枢回路总电阻 $R_a = 0.036 \ \Omega$，励磁回路总电阻 $R_f = 110 \ \Omega$，附加损耗 $p_{ad} = 0.01 P_N$，$\eta_N = 0.85$。试求：

(1) 额定输入功率；

（2）额定输出功率；

（3）总损耗；

（4）空载损耗。

解　（1）额定输入功率为

$$P_1 = U_N \cdot I_N = 220 \times 80 = 17\ 600\ (\text{W})$$

例 2-2

（2）额定输出功率为

$$P_N = P_1 \cdot \eta_N = 17\ 600 \times 0.85 = 14\ 960\ (\text{W})$$

（3）总损耗为

$$\sum p = P_1 - P_N = 17\ 600 - 14\ 960 = 2640\ (\text{W})$$

（4）空载损耗为

$$p_0 = p_{mec} + p_{Fe} + p_{ad} = \sum p - p_{Cua} - p_{Cuf}$$

$$I_f = \frac{U_N}{R_f} = \frac{220}{110} = 2\ (\text{A})$$

$$I_a = I_N - I_f = 80 - 2 = 78\ (\text{A})$$

电枢铜损耗为

$$p_{Cua} = I_a^2 R_a = 78^2 \times 0.036 = 219.02\ (\text{W})$$

励磁损耗为

$$p_{Cuf} = I_f^2 R_f = 2^2 \times 110 = 440\ (\text{W})$$

空载损耗为

$$p_0 = \sum p - p_{Cua} - p_{Cuf} = 2640 - 219.02 - 440 = 1980.98\ (\text{W})$$

2.3.2　直流电动机的机械特性

【内容导入】

什么是直流电动机的机械特性？直流电动机的机械特性如何表示？具有什么样的特点？

【内容分析】

$n = f(T)$ 称为电动机的机械特性，即当电动机的电枢电压 U、励磁电流 I_f、电枢回路电阻 R_a 为恒定值时，电动机的转速 n 与电磁转矩 T 之间的关系曲线是电动机机械性能的主要表现，是电动机最重要的特性。

一、机械特性的一般表达式

以他励直流电动机为例，其原理如图 2-23 所示。在他励直流电动机上加上一定的电压 U 及励磁电流，此时电磁转矩与转速之间的关系可表示为 $n = f(T)$。

由电磁转矩公式(2-7)、感应电动势公式(2-6)、电枢回路电动势平衡方程式(2-22)可知

$$T = \frac{pN}{2\pi a} \Phi I_a = C_T \Phi I_a$$

$$E_a = C_e \Phi n$$

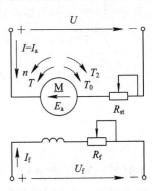

图 2-23　他励直流电动机原理

$$U = E_{\mathrm{a}} + I_{\mathrm{a}} R_{\mathrm{a}}$$

可得他励直流电动机机械特性的一般表达式为

$$n = \frac{U}{C_{\mathrm{e}} \Phi} - \frac{R_{\mathrm{a}}}{C_{\mathrm{e}} C_{\mathrm{T}} \Phi^2} T = n_0 - \beta T \qquad (2-34)$$

式中，$n_0 = \dfrac{U}{C_{\mathrm{e}} \Phi}$，称为理想空载转速；$\beta = \dfrac{R_{\mathrm{a}}}{C_{\mathrm{e}} C_{\mathrm{T}} \Phi^2}$，为机械特性斜率；$R_{\mathrm{a}}$ 为电枢回路总电阻。

当电源电压、电枢回路总电阻、励磁电流为常数时，电动机的机械特性曲线 $n = f(T)$ 是一条以 β 为斜率、向下倾斜的直线。电动机的机械特性分为固有机械特性和人为机械特性。

二、固有机械特性

他励直流电动机的固有机械特性是指当 $U = U_{\mathrm{N}}$、$\Phi = \Phi_{\mathrm{N}}$、$R = R_{\mathrm{a}}$ 时，电动机转速与电磁转矩的关系。此时得到固有机械特性为

$$n = \frac{U_{\mathrm{N}}}{C_{\mathrm{e}} \Phi_{\mathrm{N}}} - \frac{R_{\mathrm{a}}}{C_{\mathrm{e}} C_{\mathrm{T}} \Phi_{\mathrm{N}}^2} T \qquad (2-35)$$

如图 2-24 所示，因为电枢电阻很小，特性斜率很小，故他励直流电动机的固有机械特性属硬特性。机械特性中有 4 个特殊点，A 为理想空载点，B 为实际空载点，C 为额定转速点，D 为堵转点或起动点。

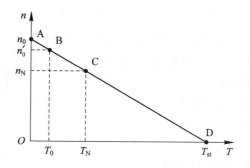

图 2-24　他励直流电动机固有机械特性

三、人为机械特性

根据机械特性一般表达式 $n = \dfrac{U}{C_{\mathrm{e}} \Phi} - \dfrac{R_{\mathrm{a}}}{C_{\mathrm{e}} C_{\mathrm{T}} \Phi^2} T$，人为地改变电动机参数 U、R_{a} 或者 Φ，得到的机械特性称为人为机械特性。

1. 电枢回路串电阻时的人为机械特性

保持 $U = U_{\mathrm{N}}$、$\Phi = \Phi_{\mathrm{N}}$ 不变，在电枢回路中串入电阻 R_{st} 时的人为机械特性方程为

$$n = \frac{U_{\mathrm{N}}}{C_{\mathrm{e}} \Phi_{\mathrm{N}}} - \frac{R_{\mathrm{a}} + R_{\mathrm{st}}}{C_{\mathrm{e}} C_{\mathrm{T}} \Phi_{\mathrm{N}}^2} T \qquad (2-36)$$

电枢回路串电阻时的人为机械特性曲线如图 2-25 所示。

如图 2-25 所示，与固有特性相比，电枢回路串电阻的人为机械特性特点如下：

（1）理想空载转速 n_0 不变，机械特性为经过理想空载点的一组直线；

（2）机械特性的斜率 β 随 $R_{\mathrm{a}} + R_{\mathrm{st}}$ 的增大而增大；

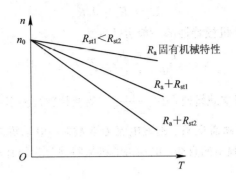

图 2 - 25　电枢回路串电阻时的人为机械特性

（3）电枢串电阻越大，即电枢回路总电阻越大，机械特性越软；

（4）对于相同的电磁转矩，转速 n 随 R_{st} 的增大而减小。

2. 降低电枢电源电压时的人为机械特性

在实际运用中，电动机只能采用降压而不能采用升压，以免损坏电动机。保持 $\Phi = \Phi_N$、$R = R_a$（电枢绕组不外接电阻）不变，降低电枢电源电压时的人为机械特性方程为

$$n = \frac{U}{C_e \Phi_N} - \frac{R_a}{C_e C_T \Phi_N^2} T \qquad (2-37)$$

降低电枢电源电压时的人为机械特性曲线如图 2 - 26 所示。与固有机械特性相比，降低电枢电源电压的人为机械特性特点如下：

（1）斜率 β 不变，即机械特性硬度不变；

（2）理想空载转速 n_0 与电枢电压 U 成正比，n_0 随着 U 减小而减小；

（3）对应不同电枢电压时的人为特性是一簇低于固有特性的平行线；

（4）对于相同的电磁转矩，转速 n 随 U 的减小而减小。

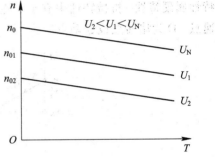

图 2 - 26　降低电枢电源电压时的
人为机械特性

3. 减弱电动机气隙磁通时的人为机械特性

一般电动机在额定磁通下运行时，磁路已接近饱和，只能减弱磁通。保持 $U = U_N$、$R = R_a$（电枢绕组不外接电阻）不变，减弱磁通时的人为机械特性方程为

$$n = \frac{U_N}{C_e \Phi_N} - \frac{R_a}{C_e C_T \Phi^2} T \qquad (2-38)$$

减弱电动机气隙磁通时的人为机械特性曲线如图 2 - 27 所示。

如图 2 - 27 所示，与固有机械特性相比，减弱电动机气隙磁通时的人为机械特性特点如下：

（1）特性曲线不是平行直线，也不是放射性

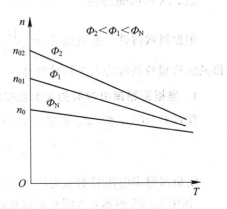

图 2 - 27　减弱电动机气隙磁通时的
人为机械特性

直线；

　　（2）弱磁后 n_0 增大（起点升高）；

　　（3）弱磁后 β 增大（机械特性变软）；

　　（4）对于相同的电磁转矩，转速 n 随着 Φ 的减小而增大；

　　（5）磁通不可太小，否则理想空载转速太高，电动机的换向能力和机械强度承受不了。

2.3.3　直流电动机的起动和改变转向的方法

【内容导入】

　　直流电动机是如何起动的？都有什么起动方法？直流电动机又是如何转换运行方向的？根据学习过的知识点试着分析一下。

【内容分析】

一、直流电动机的起动

　　直流电动机接通电源后，转速从静止达到稳定转速的过程称为起动过程，它是一个动态过程。电动机在起动瞬间的电枢电流称为起动电流，用 I_{st} 表示；起动瞬间产生的电磁转矩称为起动转矩，用 T_{st} 表示。直流电动机起动的基本要求如下：

　　（1）起动转矩要足够大，要能克服起动时的摩擦转矩和负载转矩，否则电机起动不起来（$T_{st} > T_2$）。

　　（2）起动电流不要太大，避免对电机和电源产生危害。一般限制在允许范围内，为 $(1.5 \sim 2)I_N$。

　　（3）起动时间短，符合生产机械的要求。

　　（4）起动设备简单、经济、可靠、操作简便。

　　直流电动机常用的起动方法有 3 种，分别为直接起动、电枢回路串电阻起动、降压起动。

1. 直接起动

　　一些小容量的直流电动机可以采用直接起动。一般直流电动机是不允许直接接到额定电压的电源上起动的，这是因为在刚起动的一瞬间，$n=0$，反电动势 $E_a = 0$，而电枢电阻 R_a 是一个很小的数值，则可判断出起动电流很大，将达到额定电流的 $10 \sim 20$ 倍。这样大的起动电流将损坏电机绕组，同时引起电机换向困难，使供电线路上产生很大的压降等诸多问题。

　　直接起动的优点：操作简单，不需要起动设备，起动转矩大（磁通一定时，起动转矩与起动电流成正比）。

　　直接起动的缺点：

　　（1）出现换向困难，产生强烈火花或环火，以至烧坏换向器；

　　（2）产生过大的起动转矩，对传动机构产生强烈冲击，导致损坏；

　　（3）起动电流过大，会损坏电枢绕组，同时引起绕组发热，导致绝缘损坏；

　　（4）过大的起动电流会造成电网电压波动，影响其他设备的正常运行。

　　故一般大容量直流电动机不允许直接起动，必须采用一些适当的方法来代替直接起动方式，即电枢回路串电阻起动或降压起动。

2. 电枢回路串电阻起动

电枢回路串电阻起动，即当电动机起动时在电枢回路串入起动电阻，待转速上升后，再逐级将起动电阻切除。起动电路如图 2-28(a)所示。

如果在电枢回路中串入电阻 R_{st}，电动机接到电源后，起动电流为

$$I_{st} = \frac{U}{R_a + R_{st}} \tag{2-39}$$

由式(2-39)可知，串入的电阻越大，起动电流越小。只要 R_{st} 选择适当，能将起动电流限制在允许范围内。当电机开始转动后，随着转速升高，反电动势不断增大，起动电流逐步减小，起动转矩也随之减小。为了在整个起动过程中保持一定的起动转矩，加速电动机起动过程，可将起动电阻一级一级逐步切除，最后电动机进入稳态运行状态。其机械特性曲线如图 2-28(b)所示。

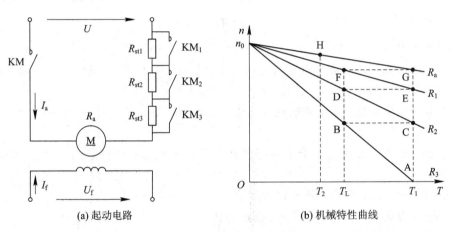

(a) 起动电路　　　　　　　　　　(b) 机械特性曲线

图 2-28　直流电动机三级电阻起动

起动开始时，接触器的触点 KM 闭合，而 KM_1、KM_2、KM_3 断开，额定电压加在电枢回路总电阻 R_3($R_3 = R_a + R_{st1} + R_{st2} + R_{st3}$)上，起动电流为 $I_{st} = U_N/R_3$，此时起动电流和起动转矩均为最大值。全部起动电阻 R_3 接入时，起动瞬间对应于 A 点，起动转矩 T_1 大于负载转矩 T_2，电动机开始加速，电动势 E_a 逐渐增大，电枢电流和电磁转矩逐渐减小，工作点由 A 向 B 方向移动。当转速升到 B，转矩减至 T_L(B 点)时，触点 KM_3 闭合，切除电阻 R_{st3}，电枢回路电阻减小为 R_2($R_2 = R_a + R_{st1} + R_{st2}$)，在切除电阻瞬间，由于机械惯性，转速不突变，所以电动机的工作点由 B 点沿水平方向跃变到 C 点。起动转矩 T_1 大于负载转矩 T_2，电动机继续加速，工作点由 C 向 D 方向移动。当到达 D 点时，触点 KM_2 闭合，切除电阻 R_{st2}，电枢回路电阻减小为 R_1($R_1 = R_a + R_{st1}$)，在切除电阻瞬间，由于机械惯性，转速不突变，所以电动机的工作点由 D 点沿水平方向跃变到 E 点。起动转矩 T_1 大于负载转矩 T_2，电动机继续加速，工作点由 E 向 F 方向移动。最后触点 KM_1 闭合，切除电阻 R_{st1}，电枢回路电阻减小为 R_a，电动机的工作点由 F 点沿水平方向跃变到 G 点。起动转矩 T_1 大于负载转矩 T_2，电动机继续加速，工作点由 G 向 H 方向移动，直到达到稳定运行点，电动机稳定运行，起动过程完成。

电枢回路串电阻起动的优点：能有效地限制起动电流，起动设备简单及操作简便，广

泛应用于各种中、小型直流电动机。

电枢回路串电阻起动的缺点：在起动过程中能量消耗大，不适用经常起动的大、中型直流电动机。

3. 降压起动

由式 $I_{st}=U/R_a$ 可知，降低电压可有效地减小起动电流。当直流电源的电压能调节时，可以对电动机进行降压起动。刚起动时，起动电流较小。随着电机转速的升高，反电动势逐渐加大，这就需要逐渐升高电源电压，保持起动电流和起动转矩的数值基本不变，使电动机转速按需要的加速度上升，满足起动时间的需要。降压起动机械特性曲线如图 2-29 所示。

起动开始时加入低电压 U_1，电机工作在机械特性曲线 1 上，此时的起动转矩大于负载转矩，因此电动机加速旋

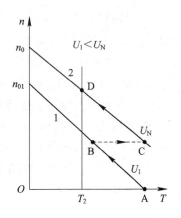

图 2-29 降压起动机械特性曲线

转。当升速到 B 时，切换电源电压到 U_N，电动机瞬间切换到机械特性曲线 2 上，但是转速不突变，则工作点由 B 平移至 C，此时的电磁转矩仍大于负载转矩，电动机继续加速运行，直到运行于稳定工作点 D，起动过程完成。

降压起动的优点：起动平稳，能量损耗小。

降压起动的缺点：系统复杂，需要一套可以调节电压的直流电源，增加设备投资。

二、改变转向

在电力拖动装置工作过程中，由于生产的要求，电动机作正、反转运行，如起重机的提升和下放重物、轧钢机对工件的来回碾压、直流电动机拖动龙门刨床的工作台往复运动、矿井卷扬机的上下运动等。要改变直流电动机的旋转方向，就需要改变电动机的电磁转矩方向。由电动机电磁转矩的表达式 $T=C_T\Phi I_a$ 可知，电磁转矩由主极磁通和电枢电流相互作用产生。所以，改变电动机转矩方向有以下两种方法：

（1）改变电枢电流方向，即改变电枢电压极性；

（2）改变励磁电流（主极磁场）方向，即改变励磁电压的极性。

如果同时改变励磁电流和电枢电流的方向，电动机的转向不会改变。改变电动机转向中应用较多的是改变电枢电流的方向，即采用电枢反接法。原因有两方面，一方面，并励直流电动机励磁绕组匝数多，电感较大，切换励磁绕组时会产生较大的自感电压，危及励磁绕组的绝缘；另一方面，励磁电流的反向过程比电枢电流反向要慢得多，影响系统速度。改变励磁电流方向只用于正、反转不太频繁的大容量系统。

2.3.4 直流电动机的调速与制动

【内容导入】

直流电动机是如何调速的？调速有哪些指标？什么是制动？制动就只是制止电动机运动吗？

【内容分析】

一、直流电动机的调速

为了提高生产效率和保证产品质量，并符合生产工艺，要求生产
机械在不同的情况下有不同的工作速度，这种人为地改变和控制机组
转速的方法叫作调速。例如，车床在工作时，低转速用来粗加工工件，　　直流电动机的调速
高转速用来进行精加工；又如电车进出站时的速度要慢，正常行驶时的速度要快。值得注
意的是，由负载变化引起的转速变化和调速是两个不同的概念。负载变化引起的转速变化
是自然进行的，直流电动机工作点只在一条机械特性曲线上变化。而调速是人为地改变电
气参数，使电机的运行点由一条机械特性转变到另一条机械特性上，从而在某一负载下得
到不同的转速，以满足生产需要。所以，调速方法就是改变电动机机械特性的方法。由电
动机的机械特性方程

$$n = \frac{U}{C_e\Phi} - \frac{R}{C_e C_T \Phi^2}T$$

可知，在负载转矩不变的前提下，只要改变 R、U、Φ 中的任意一个参数，就能改变转速。
因此，电动机的调速方法有 3 种：电枢回路串电阻调速、降低电源电压调速和弱磁调速。

1. 调速的评价指标

1）调速范围

调速范围是指电动机在额定负载下可能运行的最高转速 n_{max} 与最低转速 n_{min} 之比，通
常用 D 表示，即

$$D = \frac{n_{max}}{n_{min}} \tag{2-40}$$

不同的生产机械对电动机的调速范围有不同的要求。电动机的最高转速受电动机换向
及机械强度的限制，而最低转速则受低速运行时转速的相对稳定性的限制。要扩大调速范
围，必须尽可能地提高电动机的最高转速和降低电动机的最低转速。

2）静差率

当系统在某一转速下运行时，电动机由理想空载增加到额定负载时的转速变化率，称
作静差率，用 δ 表示，即

$$\delta = \frac{n_0 - n_N}{n_0} \times 100\% = \frac{\Delta n_N}{n_0} \times 100\% \tag{2-41}$$

静差率是用来衡量调速系统在负载变化时转速的相对稳定度的。如图 2-30 所示，图
中有 3 条机械特性曲线，1 为固有机械特性曲线，2 可看作串电阻时的人为机械特性曲线，
3 为降电压时的人为机械特性曲线。当 n_0 不变时，比较 1 和 2，由于 $\Delta n_{N1} < \Delta n_{N2}$，则 $\delta_1 < \delta_2$；
当 n_0 不同时，比较 1 和 3，此时 $\Delta n_{N1} = \Delta n_{N3}$，则 $\delta_1 < \delta_3$。由此可知，当机械特性硬度相同
时，n_0 越低，δ 越大；当 n_0 相同时，机械特性越硬，δ 越小，转速的相对稳定度越高。

调速范围与静差率这两项指标是相互制约的，二者之间关系如下：

$$D = \frac{n_{max}}{n_{min}} = \frac{n_{max}}{n_0{}' - \Delta n_N} = \frac{n_{max}}{n_0{}'\left(1 - \frac{\Delta n_N}{n_0{}'}\right)} = \frac{n_{max}}{\frac{\Delta n_N}{\delta}(1-\delta)} = \frac{n_{max}\delta}{\Delta n_N(1-\delta)} \tag{2-42}$$

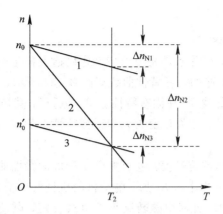

图 2 - 30 电动机的机械特性曲线

由式(2 - 42)可知,对于同一个调速系统,Δn_N 值一定,对静差率要求越严,即要求 δ 值越小时,系统能够允许的调速范围 D 也越小;反之,若要求调速范围 D 越大,则静差率 δ 值也越大,转速的相对稳定性越差。在保证一定静差率指标的前提下,要扩大调速范围,就必须减小转速降落 Δn_N,也就是必须提高机械特性的硬度。调速范围 D 只有在对 δ 有一定要求的前提下才有意义。

【例 2 - 3】 某直流调速系统电动机额定转速为 $n_N = 1430$ r/min,额定速降 $\Delta n_N = 115$ r/min,求:

(1) 当要求静差率为 30%时,允许多大的调速范围?

(2) 如果要求静差率为 20%,则调速范围是多少?

(3) 如果希望调速范围达到 10,所能满足的静差率是多少?

例 2 - 3

解 (1) 要求静差率为 30%时,调速范围为

$$D = \frac{n_N \delta}{\Delta n_N (1 - \delta)} = \frac{1430 \times 0.3}{115 \times (1 - 0.3)} = 5.3$$

(2) 要求静差率为 20%时,调速范围为

$$D = \frac{n_N \delta}{\Delta n_N (1 - \delta)} = \frac{1430 \times 0.2}{115 \times (1 - 0.2)} = 3.1$$

(3) 调速范围达到 10,则静差率为

$$\delta = \frac{D \Delta n_N}{n_N + D \Delta n_N} = \frac{10 \times 115}{1430 + 10 \times 115} = 0.446 = 44.6\%$$

3)调速的平滑性

在一定的调速范围内,调速的级数越多,调速越平滑,平滑程度用平滑系数 φ 来衡量。φ 的定义是相邻两级转速之比,即

$$\varphi = \frac{n_i}{n_{i-1}} \tag{2 - 43}$$

显然,φ 越接近于 1,调速平滑性越好。当 $\varphi = 1$ 时,称为无级调速,平滑性最好。

4)调速的经济指标

调速的经济指标主要指调速设备初投资的大小、运行过程中能量损耗的多少及维护费用的高低。

2. 调速的方法

1) 电枢回路串电阻调速

电枢回路串电阻调速的工作条件是要保持额定励磁及额定电压,通过调节电枢绕组实现调速。电枢回路串电阻调速的机械特性曲线如图 2-31 所示。

设电动机拖动恒转矩负载 T_2 在固有特性上 A 点运行,其转速为 n_N。若电枢回路串入电阻 R_s,则达到新的稳态后,工作点变为人为机械特性上的 C 点,转速下降。串入的电阻越大,稳态转速越低。

电枢回路串电阻调速的调速过程:电动机在固有机械特性曲线 1 上,工作于稳定运行点 A,此时 $T=T_2$,$n=n_N$,当串入 R_s 后,电动机的机械特性变为直线 2。因转速瞬间不突变,故工作点由 A 平移至 B,此时电磁转矩小于负载转矩,电动机开始减速,随着转速的减小,电动势减小,电枢电流及电磁转矩增大,即工作点由 B 向 C 方向移动,直到达到 C,$T=T_2$,达到了新的平衡,电动机便在此转速下稳定运行。可见此调速方法可使转速下降,机械特性变软。

电枢回路串电阻调速的优点:电枢串电阻调速设备简单,操作方便。

电枢回路串电阻调速的缺点:

(1) 由于电阻只能分段调节,所以调速的平滑性差;

(2) 低速时特性曲线斜率大,静差率大,所以转速的相对稳定性差;

(3) 轻载时调速范围小,额定负载时调速范围一般为 $D<2$;

(4) 损耗大,效率低,不经济。对恒转矩负载,调速前、后因磁通不变而使 T 和 I_a 不变,输入功率不变,输出功率却随转速的下降而下降,减少的部分被串联电阻消耗了。

电枢回路串电阻调速适用于要求调速性能不高的生产机械,如起重机、矿井下使用的机车等。

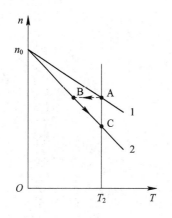

图 2-31　电枢回路串电阻调速的机械特性曲线

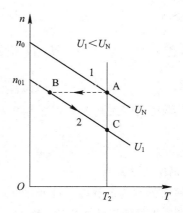

图 2-32　降低电源电压调速的机械特性曲线

2) 降低电源电压调速

降低电源电压调速的工作条件是要保持额定励磁及电枢电阻不变,通过调节电源电压实现调速。降低电源电压调速的机械特性曲线如图 2-32 所示。

设电动机拖动恒转矩负载在固有特性上 A 点运行,其转速为 n_N。若电源电压由 U_N 下降至 U_1,则达到新的稳态后,工作点变为人为机械特性上的 C 点,转速下降。电压越低,稳态转速越低。

降低电源电压调速的调速过程：电动机在固有机械特性曲线 1 上，工作于稳定运行点 A，此时 $T=T_2$，$n=n_N$，当电压降低后，电动机的机械特性变为直线 2。因转速瞬间不突变，故工作点由 A 平移至 B，此时电磁转矩小于负载转矩，电动机开始减速，随着转速的减小，电动势减小，电枢电流及电磁转矩增大，即工作点由 B 向 C 方向移动，直到达到 C，$T=T_2$，达到了新的平衡，电动机便在此转速下稳定运行。可见此调速方法可使转速下降，机械特性平行下移。

降低电源电压调速的缺点：需要一套电压可连续调节的直流电源，设备复杂，投资大。

降低电源电压调速的优点：

（1）电源电压能够平滑调节，可以实现无级调速；

（2）调速前后机械特性的斜率不变，硬度不变，负载变化时转速的稳定性好；

（3）无论轻载或是重载，调速范围相同，一般可达 $D=2.5\sim12$；

（4）电源内阻小，电能损耗小，效率高；

（5）可兼作起动装置。

3）弱磁调速

额定运行的电动机，其磁路已基本饱和，即使励磁电流增加很多，磁通增加得也很少，从电动机的性能考虑也不允许磁路过饱和。因此，改变磁通只能从额定值往下调，调节磁通调速即是弱磁调速。

弱磁调速的工作条件是要保持额定电压及电枢电阻不变，通过调节励磁电流（磁通）实现调速。弱磁调速的机械特性曲线如图 2-33 所示。

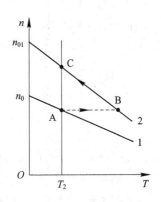

图 2-33　弱磁调速的机械
特性曲线

设电动机拖动恒转矩负载 T_2 在固有特性上的 A 点运行，其转速为 n_N。若减弱磁通，达到新的稳态后，工作点变为人为机械特性上的 C 点，转速上升。

弱磁调速的调速过程：电动机在固有机械特性 1 上，工作于稳定运行点 A，此时 $T=T_2$，$n=n_N$，当减弱磁通后，电动机的机械特性变为直线 2。因转速瞬间不突变，故工作点由 A 平移至 B，此时电磁转矩大于负载转矩，电动机开始加速，随着转速的增大，电磁转矩减小，即工作点由 B 向 C 方向移动，直到达到 C，$T=T_2$，达到了新的平衡，电动机便在此转速下稳定运行。可见此调速方法可使转速上升，机械特性变软。

弱磁调速的优点：

（1）在电流较小的励磁回路中进行调节，因而控制方便、能量损耗小、设备简单，而且调速平滑性好；

（2）调速前后效率基本不变，所以也比较经济。

弱磁调速的缺点：

（1）机械特性的斜率变大，特性变软；

（2）转速的升高受到电机换向能力和机械强度的限制，因此升速范围不可能很大，一般 $D<2$。

【例 2 - 4】 一台他励直流电动机的额定值为 $U_N = 220$ V，$I_N = $ 56 A。电枢电阻 $R_a = 0.45$ Ω。求：

(1) 电动机直接起动时，起动电流的值。

(2) 如采用串电阻起动，起动电流为 1.5 倍的额定电流，应在电枢回路串入多大的电阻？

例 2 - 4

解 (1) 直接起动时的起动电流为

$$I_{st} = \frac{U_N}{R_a} = \frac{220}{0.45} = 488.89 \text{ (A)}$$

(2) 起动电流为

$$1.5I_N = 1.5 \times 56 = 84 \text{ (A)}$$

电枢回路总电阻为

$$R_a + R_s = \frac{U_N}{1.5I_N} = \frac{220}{84} = 2.62 \text{ (Ω)}$$

串入的电阻

$$R_s = 2.62 - R_a = 2.62 - 0.45 = 2.17 \text{ (Ω)}$$

二、直流电动机的制动

在电力拖动系统中，电动机经常需要工作在制动状态，电动机的制动运行也是十分重要的。例如，许多生产机械工作时，往往需要快速停车或由高速运行迅速转为低速运行，起重机等位能性负载的工作机构，为了获得稳定的下放速度，都要求电动机必须工作在制动状态。电气制动包括能耗制动、反接制动和回馈制动。

1. 能耗制动

1) 能耗制动方法

他励直流电动机拖动反抗性恒转矩负载运行时，其能耗制动的接线如图 2 - 34 所示。当接触器触点 KM_1 闭合，KM_2 断开，电动机处于正向电动运行状态。制动时将触点 KM_1 断开，KM_2 闭合，励磁电流 I_f 不变，所以主磁通 Φ 不变，电枢回路从电源断开，与电阻 R_B 构成一个回路。此时电动机的转动部分由于惯性继续旋转，因此感应电动势 $E_a = C_e \Phi n$，方向不变。电动势 E_a 将在电枢和电阻 R_B 的回路中产生电流 I_{aB}，其方向与 E_a 一致，即与原来电动机运行时的电枢电流 I_a 方

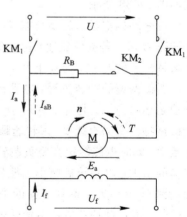

图 2 - 34　能耗制动接线

向相反，所以电磁转矩 $T = C_T \Phi I_{aB}$ 与转向相反，是制动转矩，使得转速迅速下降。这时电机实际处于发电机运行状态，将转动部分的动能转换成电能消耗在电阻 R_B 和电枢回路的电阻 R_a 上，所以称为能耗制动。

2) 能耗制动机械特性

能耗制动时的机械特性为 $U = 0$、$\Phi = \Phi_N$、$R = R_a + R_B$ 条件下的一条人为机械特性，即

$$n = -\frac{R_a + R_B}{C_e C_T \Phi_N^2} T \tag{2-44}$$

可见，电动机能耗制动的机械特性曲线是一条必然经过原点的直线，如图 2-35 所示，根据负载的不同，存在以下两种情况：

（1）拖动反抗性恒转矩负载。当电动机拖动反抗性恒转矩负载时，当切除电源瞬间，电动机从运行点 A 过渡到能耗制动时的机械特性运行点 B，B 点的电磁转矩 T_B 为制动转矩，使系统减速。在减速过程中，随着动能的消耗，转速下降，E_a 逐渐下降，I_a 及 T 逐渐增大（绝对值逐渐减小），电动机运行点沿着能耗制动时的机械特性下降直到原点 O，电磁转矩和转速都为 0，系统停止转动。

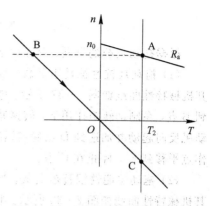

图 2-35　能耗制动机械特性曲线

制动时回路中串入的电阻 R_B 越小，能耗制动开始瞬间的制动转矩和电枢电流越大。但电枢电流过大，则会导致换向困难。因此能耗制动过程中电枢电流有上限，即电动机允许的最大电流 I_{max}。由 I_{max} 可以计算出能耗制动过程中电枢回路串入制动电阻的最小值为

$$R_{min} = \frac{E_a}{I_{max}} - R_a \qquad\qquad (2-45)$$

式中，E_a 为能耗制动开始瞬间的电枢电动势。

（2）拖动位能性恒转矩负载。当电动机拖动位能性恒转矩负载时（如起重机吊起重物），如果采用能耗制动，系统就进入能耗制动过程，转速逐步降到零，即运行点由 A 变到 B 再到 O，此刻电磁转矩为 0，若不采取其他措施，其后由于负载转矩的作用，系统将开始反转。反转后电动机的感应电动势 E_a 将反向，I_a 及 T 也反向（与第一象限电动运行时相同，均为正，但转速为负），对下降的重物起制动作用。随着转速的升高，E_a、I_a 及 T 也均逐渐增大，最后达到稳定运行点 C，系统以 n_c 的速度匀速下放重物。

3）能耗制动的功率关系分析

能耗制动过程中，电源输入的电功率 $P_1 = UI_a = 0$，电动机转速 $n > 0$，$\Omega > 0$，电磁转矩 $T < 0$，则电磁功率 $P_M = T\Omega < 0$，说明没有电源向电动机输入电功率，机械能靠的是系统转速从高到低制动时所释放出来的动能；电功率没有输出，而是将机械能转换成电能，消耗在电枢回路的总电阻（$R_a + R_B$）上。

2. 反接制动

反接制动分为电压反接制动和倒拉反转反接制动两种。

1）电压反接制动

当接触器触点 KM₁ 闭合，KM₂ 断开，电动机处于正向电动运行状态。制动时将触点 KM₁ 断开，KM₂ 闭合，电压反接，电压反接制动接线如图 2-36 所示。

电压反接制动时的机械特性为 $U = -U_N$、$\Phi = \Phi_N$、$R = R_a + R_B$ 条件下的一条人为机械特性，即

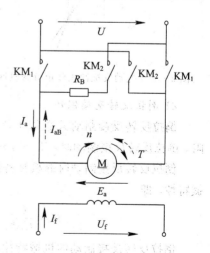

图 2-36　电压反接制动接线

$$n = -\frac{U_N}{C_e\Phi_N} - \frac{R_a + R_B}{C_e C_T \Phi_N^2} T \qquad (2-46)$$

根据拖动负载的不同，存在以下两种情况：

（1）拖动反抗性恒转矩负载。当电动机拖动反抗性恒转矩负载进行电压反接制动时，其机械特性曲线如图 2-37 所示。电动机原来工作在 A 点，反接制动时，工作点水平移动到 B 点，在制动转矩作用下，转速减小到 $n=0$（C 点），此时电磁转矩大于负载转矩，则电动机反向起动并加速到 D 点稳定运行；若反接制动时电磁转矩小于负载转矩，则电动机工作点平移到 B′，停止在 C′ 点。

（2）拖动位能性恒转矩负载。当电动机拖动位能性恒转矩负载进行电压反接制动时，其机械特性曲线如图 2-38 所示。电动机原来工作在 A 点，反接制动时，工作点水平移动到 B 点，在制动转矩作用下，转速减小，直到 C 点（$n=0$），过 C 点以后电动机将反向加速，一直到达 E 点，即电动机最终进入回馈制动状态下稳定运行。电压反接制动时，电枢电流的大小由 U 与 E_a 之和决定，因此，反接制动时的电枢电流是非常大的。为了限制过大的电枢电流，反接制动时必须在电枢回路中串接制动电阻 R_B。R_B 的大小应使反接制动时电枢电流不超过电动机的最大允许电流 $I_{max}=(2\sim2.5)I_N$。串入的制动电阻值为

$$R_B > \frac{U_N + E_a}{(2\sim2.5)I_N} - R_a \qquad (2-47)$$

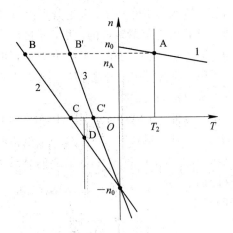
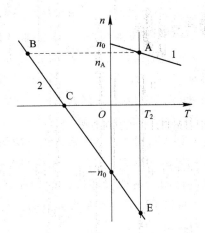

图 2-37　拖动反抗性恒转矩负载机械特性曲线　　图 2-38　拖动位能性恒转矩负载机械特性曲线

2）倒拉反转反接制动

倒拉反转反接制动只适用于位能性恒转矩负载，同时，电枢回路需串接足够大的电阻。倒拉反转反接制动时，$T>0$，$n<0$，T 与 n 方向相反，即进入制动运行。

倒拉反转反接制动时的机械特性为 $U=U_N$、$\Phi=\Phi_N$、$R=R_a+R_B$ 条件下的一条人为机械特性，即

$$n = \frac{U_N}{C_e\Phi_N} - \frac{R_a + R_B}{C_e C_T \Phi_N^2} T = n_0 - \frac{R_a + R_B}{C_e C_T \Phi_N^2} T \qquad (2-48)$$

倒拉反转反接制动的机械特性曲线如图 2-39 所示。

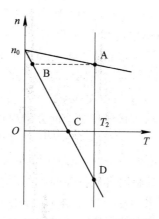

图 2 - 39　倒拉反转反接制动机械特性曲线

倒拉反转反接制动时，电动机工作点的变化情况如图 2 - 39 所示。电动机原来工作在 A 点，倒拉反转反接制动时，串电阻瞬间，工作点由 A 移动到 B，由于电磁转矩小于负载转矩，系统减速，工作点由 B 移动到 C，此时，$n=0$，$T<T_2$，所以在重物的重力作用下电机将反向旋转。由于励磁不变，所以 E_a 随 n 的反向而改变方向，而 I_a 和 T 的方向不变。这样，电动机反转后，电磁转矩为制动转矩，电动机处于制动状态，在图中 CD 段，随着电动机反向转速的增加，E_a 增大，电枢电流 I_a 和制动转矩 T 也相应增大，当到达 D 点时，$T=T_2$，电动机稳定匀速下放重物。

3. 回馈制动

1）回馈制动方法

电动状态下运行的电动机，在某种条件下，电机的电枢电流和电枢电压的乘积为负数，从能量传递方向看，电机处于发电状态，向电源输送能量，这种状态称为回馈制动。

由于外界原因，电动机的转速大于理想空载转速，即 $n>n_0$。

由电动机电压平衡方程式得出

$$I_a = \frac{U-E_a}{R_a}$$

且

$$E_a = C_e \Phi n$$

电动机电动运行时，$n<n_0$，$E_a<U$，$I_a>0$，$T>0$；当 $n=n_0$ 时，$I_a=0$，$T=0$，$E_a=U$；当 $n>n_0$ 时，$E_a>U$，$I_a<0$，$T<0$，电磁转矩由拖动转矩变成制动转矩。

2）回馈制动机械特性

回馈制动时的机械特性为 $U=U_N$、$\Phi=\Phi_N$、$R=R_a$ 条件下的一条机械特性，与固有机械特性一样，即

$$n = \frac{U_N}{C_e \Phi_N} - \frac{R_a}{C_e C_T \Phi_N^2} T \tag{2-49}$$

（1）正向回馈制动。正向回馈制动机械特性曲线如图 2 - 40 所示。他励直流电动机拖动负载额定电压为 U_N，稳定运行在 A 点，如果采用降压调速，在电压刚降低瞬间，电动机的运行点从 A 过渡到 B，主磁通不变，感应电动势也不变，将有 $E_a>U_1$，则电枢电流反

向，电磁转矩将变为负值，成为制动转矩，使电动机转速下降，运行点将由 B 点降到 C 点。在转速 $n = n_{01}$ 点，有 $E_a = U_1$，电枢电流和电磁转矩均为零，制动状态结束。此段制动过程中，由于电枢电流反向，且 $E_a > U_1$，电机实际上是将系统具有的动能转换为电能反馈回电网。因为电机仍为正向转动，所以称为正向回馈制动。此后在负载转矩的作用下，电动机继续减速，进入正向电动运行状态，电枢电流和电磁转矩均变为正值，最后稳定在 C 点运行。

电力机车在下坡时，直流电动机接成他励，也会出现正向回馈制动作用，使得原正向电动运行的电动机的转速高于理想空载转速，感应电动势增大，使 $E_a > U_1$，电枢电流变为负值，向电网反馈能量，电磁转矩也为负值，成为制动转矩，限制了电动机转速上升。

（2）反向回馈制动。反向回馈制动机械特性曲线如图 2-41 所示。他励直流电动机拖动位能性恒转矩负载运行，如果采用电压反接制动，会出现反向回馈制动。电压反接后，B 点到 C 点一直到 E 点，电动机转矩和负载转矩的方向相同，使得电动机反向加速。到达 E 点以后，电动机的转速高于反向的理想空载转速，因此感应电动势 $|E_a| > U$，电枢电流反向，电磁转矩也反向，成为制动转矩，在 D 点电动机转矩和负载转矩平衡，最后稳定在 D 点运行。和正向回馈制动一样，由于 I_a 和 U_1 反向，电机将系统具有的动能转换为电能反馈回电网，电机为反向转动，因此称为反向回馈制动。

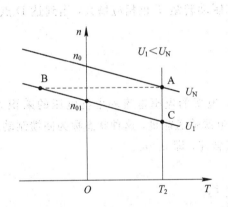

图 2-40 正向回馈制动机械特性曲线

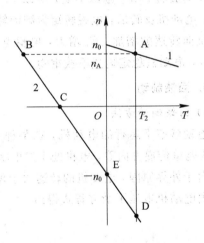

图 2-41 反向回馈制动机械特性曲线

他励直流电动机的电气制动方法已逐一介绍，在实际的电力拖动系统中，生产机械的生产工艺要求电动机一般都要在两种以上的状态下运行。总之，电气制动是电动机本身产生一制动性质的转矩，使电机快速停车。

■ 小结

电机运行是可逆的，同一台电机既可作发电机运行也可作电动机运行，其差别是能量转换方向不同。判断直流电机运行状态的准则为：发电机运行时 $E_a > U$，因而 I 与 E_a 同方向，T 起制动作用，将机械能变成电能；电动机运行时 $E_a < U$，因而 I 与 E_a 反向，T 起拖动作用，将电能变成机械能。由基本方程式可分析直流电机的特性及进行定量计算。

机械特性反映了电动机转速和转矩之间的关系，由此可以了解电动机与已知负载的机

直流电动机章节
总结与课程思政

械特性是否匹配、整个机组能否稳定运行。当 $U=U_N$、$\Phi=\Phi_N$、$R=R_a$ 时的机械特性称为固有机械特性。改变上面 3 个量中的任意一个所得的机械特性，称人为机械特性。

起动、调速、制动是直流电动机使用中必要的过程。为了保证起动电流不超过允许值和起动转矩不低于所需值，一般采用在电枢回路串变阻器起动或降压起动的方法。由于改变电动机的端电压、在电枢回路串电阻和改变励磁电流均可改变电动机的机械特性，所以常用的调速方法有电枢回路串电阻调速、改变电枢端电压调速和改变励磁电流调速。电气制动包括能耗制动、反接制动和回馈制动。

■ 思考与练习

一、填空题

1. 可用下列关系来判断直流电机的运行状态，当_____时为电动机状态，当_____时为发电机状态。

2. 他励直流电动机的固有机械特性是指在_____条件下，_____和_____的关系。

3. 直流电动机的起动方法有_____、_____和_____。

4. 当电动机的转速超过_____时，出现回馈制动。

5. 拖动恒转矩负载进行调速时，应采用_____调速方法，而拖动恒功率负载时应采用_____调速方法。

二、选择题

1. 直流电动机采用降低电源电压的方法起动，其目的是（　　）。

A. 使起动过程平稳　　　　　　B. 减小起动电流

C. 减小起动转矩　　　　　　　D. 提高工作效率

2. 他励直流电动机的人为机械特性与固有机械特性相比，其理想空载转速和斜率均发生了变化，那么这条人为特性一定是（　　）。

A. 串电阻的人为特性　　　　　B. 降压的人为特性

C. 弱磁的人为特性　　　　　　D. 都不是

3. 当电动机的电枢回路铜损耗比电磁功率或轴机械功率都大时，这时电动机处于（　　）状态。

A. 能耗制动　　　　　　　　　B. 反接制动

C. 回馈制动　　　　　　　　　D. 均不是

4. 他励直流电动机拖动恒转矩负载进行串电阻调速，设调速前、后的电枢电流分别为 I_1 和 I_2，二者之间的关系为（　　）。

A. $I_1 < I_2$　　　　　　　　　B. $I_1 > I_2$

C. $I_1 = I_2$　　　　　　　　　D. 无法对比

三、简答题

1. 简述直流电动机输入功率 P_1、电磁功率 P_M、输出功率 P_2 的含义，以及这 3 个物理量之间的关系。

2. 常见的生产机械的负载特性有哪几种？位能性恒转矩负载与反抗性恒转矩负载有

什么区别？

　　3. 简述他励直流电动机 3 种人为机械特性的特点。

　　4. 对于同一个调速系统，静差率与调速范围之间有何关系？

　　5. 直流电动机的制动方法有哪些？各自的功率关系如何？

四、计算题

　　1. 一台并励直流电动机，铭牌数据如下：$I_N = 26$ A，$U_N = 230$ V，$n_N = 1450$ r/min，$R_a = 0.57$ Ω（包括电刷接触电阻），励磁回路总电阻 $R_f = 177$ Ω，额定负载时的电枢铁损 $p_{Fe} = 234$ W，机械损耗为 $p_{mec} = 61$ W。求：（1）额定负载时的电磁功率和电磁转矩。（2）额定负载时的效率。

　　2. 一台他励直流电动机数据为 $P_N = 7.5$ kW，$U_N = 100$ V，$I_N = 79.84$ A，$n_N = 1500$ r/min，电枢回路电阻 $R_a = 0.1014$ Ω，求：（1）$U = U_N$，$\Phi = \Phi_N$ 条件下，电枢电流 $I_a = 62$ A 时转速是多少？（2）$U = U_N$ 条件下，主磁通减少 15%，负载转矩为 T_N 不变时，电动机电枢电流与转速分别是多少？（3）$U = U_N$，$\Phi = \Phi_N$ 条件下，负载转矩为 $0.8T_N$，转速为 -800 r/min，电枢回路应串入多大电阻？

　　3. 一台直流他励电动机，$P_N = 21$ kW，$U_N = 220$ V，$n_N = 980$ r/min，$I_N = 115$ A，电枢电阻 $R_a = 0.1$ Ω。计算：（1）全压起动时电流 I_{st}；（2）若限制起动电流不超过 200 A，采用电枢串电阻起动的最小起动电阻为多少？采用降压起动的最低电压为多少？

　　4. 他励直流电动机，$P_N = 18$ kW，$U_N = 220$ V，$I_N = 94$ A，$n_N = 1000$ r/min，$R_a = 0.202$ Ω，求在额定负载下：设降速至 800 r/min 稳定运行，应外串多大电阻？采用降压方法，电源电压应降至多少伏？

第3章 变 压 器

　　变压器是一种静止的电机。它基于电磁感应原理,把一种电压等级的交流电能变换成同频率的另一种电压等级的交流电能,并改变电流的大小。

　　变压器在电力系统、通信系统和自动控制系统中有广泛应用。本章着重讨论电力变压器,介绍变压器的基本工作原理和结构,分析变压器的空载运行、负载运行,通过试验法测量变压器的基本参数,分析三相变压器和其他变压器。

3.1 变压器的基础知识

▐▶ 内容导学

　　现代人的生活离不开电,供电系统离不开变压器,所以在发电厂、道路边、小区中、工厂里都可以见到电力变压器。如图3-1所示为油浸式电力变压器。

图3-1 油浸式电力变压器

　　结合实际中见过的变压器,仔细观察图中变压器的结构。思考一下变压器是怎样工作的?它在电力系统中的作用是什么?

▐▶ 知识目标

　　▶ 理解变压器的基本工作原理;
　　▶ 熟悉变压器的类型及其基本结构;
　　▶ 掌握变压器的铭牌数据。

▶ 能力目标

▶ 能根据变压器的工作原理解释一些实际问题；

▶ 能分辨变压器的类型，能辨识变压器的基本部件；

▶ 能读懂变压器的铭牌内容，熟练计算变压器额定参数。

3.1.1 变压器的基本工作原理

【内容导入】

变压器能够升压、降压，还能改变电流的大小，如图 3-2 所示，这些功能是怎样实现的呢？

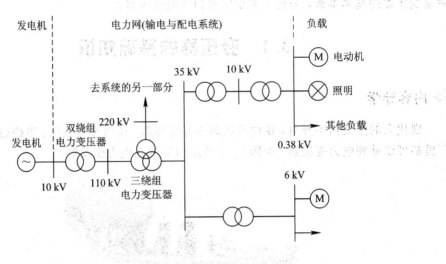

图 3-2 变压器

【内容分析】

变压器改变电压和电流的原理在于电磁感应，如图 3-3 所示是单相变压器的工作原理示意图。绕组套在闭合的铁心上，接电源的绕组称为原绕组或一次绕组，它的各参数下标"1"；接负载的绕组称为副绕组或二次绕组，它的各参数下标"2"。这两个绕组通常具有不同的匝数且互相绝缘，两绕组间没有电路的联系，只有磁路的耦合。

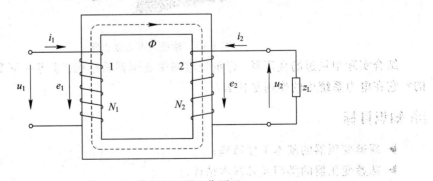

图 3-3 单相变压器工作原理

当一次绕组接交流电源时，便有交流电流 i_1 流过，绕组产生交变磁场在铁心中闭合，用磁通 Φ 来表示，它穿过两个绕组，分别感应出同频率的电动势 e_1 和 e_2。其计算式如下：

$$\begin{cases} e_1 = -N_1 \dfrac{\mathrm{d}\Phi}{\mathrm{d}t} \\ e_2 = -N_2 \dfrac{\mathrm{d}\Phi}{\mathrm{d}t} \end{cases} \qquad (3-1)$$

式中，N_1 为一次绕组匝数；N_2 为二次绕组匝数。

二次绕组有了感应电动势，就可以对外输出电压了，如果外接负载，就可以输出电流。一、二次绕组感应电动势的大小和绕组的匝数成正比，而绕组的感应电动势又近似等于各自的电压，因此，只要一次和二次绕组的匝数不相等，就能达到改变电压和电流的目的，此为变压器的基本工作原理。

3.1.2 变压器的类型及其基本结构

【内容导入】

为什么我们看到的电力变压器有大有小，外形也各不相同呢？变压器的各组成部分如何命名，变压器内部是什么样子的呢？

【内容分析】

一、变压器的类型

为适应不同的使用目的和工作条件，变压器有多种类型。

（1）按用途可分为电力变压器（又可分为升压变压器、降压变压器、配电变压器等）、仪用变压器（电流、电压互感器等）、试验用变压器、整流变压器等。

（2）按绕组数目可分为单绕组（自耦）变压器、双绕组变压器、三绕组变压器和多绕组变压器。

（3）按相数可分为单相变压器、三相变压器和多相变压器。

（4）按铁心结构可分为心式变压器和壳式变压器。

（5）按调压方式可分为无励磁调压变压器和有载调压变压器。

（6）按冷却介质和冷却方式可分为干式变压器、油浸变压器（包括油浸自冷式、油浸风冷式、油浸强迫油循环式和强迫油循环导向冷却式）和充气式冷却变压器。

二、变压器的基本结构

变压器的基本部件有铁心、绕组、油箱、冷却装置、绝缘套管和保护装置等，如图 3-4 所示为油浸变压器的结构。

1. 铁心

铁心用作变压器的主磁路，是绕组的支撑骨架。铁心分为铁心柱和铁轭两部分，铁心柱用来固定绕组，铁轭连接铁心柱使整个磁路闭合。铁心一般用 0.35～0.5 mm 厚的表面涂有绝缘漆的硅钢片叠成，目的是提高导磁性能和减少铁心中的磁滞及涡流损耗。

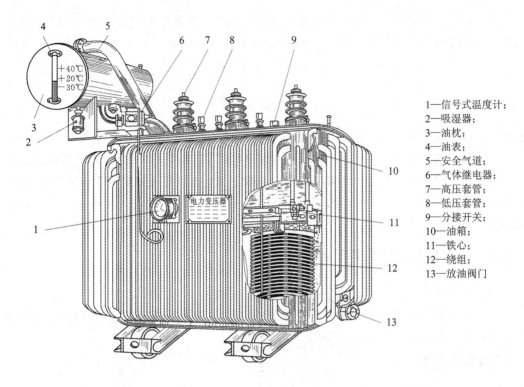

1—信号式温度计；
2—吸湿器；
3—油枕；
4—油表；
5—安全气道；
6—气体继电器；
7—高压套管；
8—低压套管；
9—分接开关；
10—油箱；
11—铁心；
12—绕组；
13—放油阀门

图 3-4 油浸变压器结构

铁心的结构分为心式和壳式两种。心式铁心的特点是绕组包围着铁心，如图 3-5 所示，它结构简单，绕组的装配及绝缘比较方便，国产电力变压器主要用心式铁心；壳式铁心的特点是铁心包围绕组，如图 3-6 所示，壳式铁心变压器的机械强度比心式的好，但制造较复杂，用料多，成本高，只用于有特殊需要的变压器。

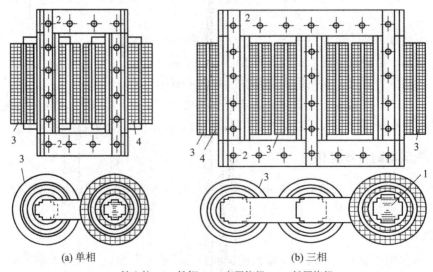

(a) 单相   (b) 三相

1—铁心柱；2—铁轭；3—高压绕组；4—低压绕组

图 3-5 心式铁心结构

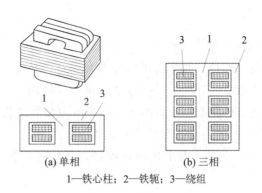

(a) 单相　　　　　　　　(b) 三相

1—铁心柱；2—铁轭；3—绕组

图 3-6　壳式铁心结构

变压器的铁心组装一般采用交错式叠装法或斜接缝叠装法。交错式叠装法采用热轧硅钢片，叠片顺序如图 3-7 所示。斜接缝叠装法采用冷轧硅钢片，如图 3-8 所示。为了减小励磁电流，相邻层的接缝要错开，避免形成大的气隙。

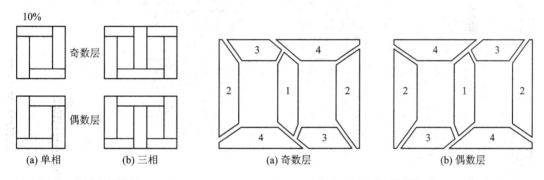

10%

奇数层

偶数层

(a) 单相　　　(b) 三相　　　　　　(a) 奇数层　　　　　　(b) 偶数层

图 3-7　交错式叠装法　　　　　　　图 3-8　斜接缝叠装法

叠装好的铁心要进行固定。为了充分利用绕组内圆空间，小容量变压器中铁心柱的截面通常做成矩形，大型变压器常采用阶梯形截面，如图 3-9 所示。必要时，还设有冷却油道。铁轭的截面通常有矩形和阶梯形，为了减少空载电流和损耗，其截面积通常比铁心柱大 5%～10%。

为了节约电能，变压器铁心的材料和结构形式不断改进。例如，S11 和 S13 型节能变压器采用了由晶粒取向冷轧硅钢片制成的卷铁心，减小了接缝间隙，提高了磁路的导磁能力；又如图 3-10 所示的三角形立体卷铁心电力变压器，其三相铁心完全对称相等，缩短了铁轭，进一步减小了损耗。

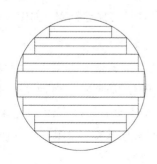

图 3-9　阶梯形铁心柱截面

图 3-10　三角形立体卷铁心电力变压器

2. 绕组

绕组一般用绝缘铜线或铝线绕制而成，是变压器的电路部分。变压器的绕组可分为同心式和交叠式两种。同心式的高、低压绕组同心地套在铁心柱上，通常低压绕组在里面，高压绕组放在外面，方便绝缘。如图 3-5 所示即为同心式绕组，这种绕组结构简单，制造方便，国产电力变压器均采用同心式。如图 3-11 所示为交叠式绕组，高、低压绕组交替地套在铁心柱上，靠近铁轭的为低压绕组。高、低压绕组之间的间隙较多，绝缘比较复杂，但这种绕组漏电抗小，引线方便，机械强度好，主要用在电炉和电焊机等特种变压器中。

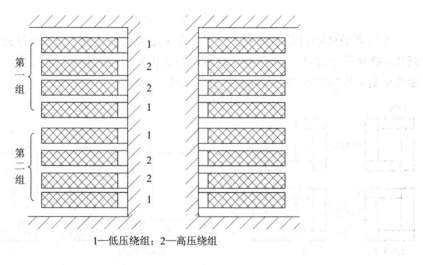

1—低压绕组；2—高压绕组

图 3-11　交叠式绕组

3. 油箱和冷却装置

油箱是变压器的外壳，由钢板焊接而成，充满变压器油。绕组和铁心浸在油中。变压器油起着绝缘和散热的作用，小容量变压器采用平板式油箱；容量稍大的变压器采用排管式油箱，在油箱侧壁上焊接许多冷却用的管子，以增大油箱散热面积。当装设排管不能满足散热需要时，则先将排管做成散热器，再把它安装在油箱上，这种油箱称为散热器式油箱。此外，大型变压器还采用强迫油循环冷却等方式，以增强冷却效果。强迫油循环的冷却装置称为冷却器，不强迫油循环的冷却装置称为散热器。较小容量变压器采用箱式结构，器身重量大于 15 t 时，通常采用钟罩式油箱，检修时只需提起钟罩，如图 3-12 所示。

4. 绝缘套管

变压器绕组的引出线通过绝缘套管和外壳绝缘，套管通常装在箱盖上，中间穿有导电杆，下端与绕组引线相连，上端与外电路连接。套管的结构形式主要取决于电压等级。1 kV 以下采用纯瓷套管，10～35 kV 采用空心充气或充油套管，110 kV 以上采用电容式套管。高压绝缘套管外部呈多级伞形，目的是增加表面放电距离。如图 3-13 所示为绝缘套管的外观和结构。

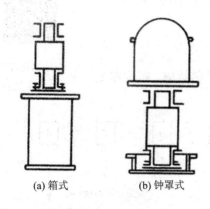
(a) 箱式　　　　　(b) 钟罩式

图 3 - 12　变压器的油箱

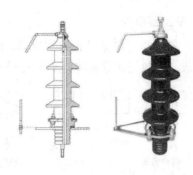

图 3 - 13　绝缘套管外观和结构

5. 分接开关

变压器在运行的过程中，输出电压会发生波动。变压器可通过分接开关改变高压绕组匝数的方法来进行调压。分接开关的操作部分装于变压器顶部，经传杆伸入变压器油箱内，以改变接头位置。分接开关可在±5%范围内调整高压绕组的匝数。分接开关可分为无载调压分接开关和有载调压分接开关。后者可以在不切断负载电流的情况下调节。

6. 储油柜

储油柜(又称油枕)是一种保护装置，水平地安装在变压器油箱盖上，通过管道和油箱相通，变压器油可以进入油枕或退回油箱内。这样就能保证变压器油箱内始终充满油，减弱变压器油受潮或老化的程度。

7. 吸湿器

吸湿器(又称呼吸器)装有硅胶或活性氧化铝等干燥剂，大气通过它进入油枕，干燥剂吸收空气的水分，防止了变压器油受潮，从而保持良好的绝缘性能。

8. 安全气道

安全气道(又称防爆筒)装于油箱顶部，如图 3 - 4 所示。它的下端口和油箱连通，上端口装有一定厚度的玻璃板或酚醛纸板。当变压器内部因发生故障而油压太大时，油气流可以压破玻璃板或酚醛纸板喷出，防止油箱爆裂。现代变压器的安全气道多用压力释放阀实现这种功能。

9. 气体继电器

气体继电器(又称瓦斯继电器)装在油枕和油箱的连通管上(见图 3 - 4)。当变压器因为故障产生大量气体时，会冲击气体继电器，发出信号警示维护人员来处理故障。当发生严重事故时，可通过断路器切断电源，防止故障扩大。

此外，变压器还有测温计等其他附属结构。

3.1.3　变压器的铭牌

【内容导入】

变压器的正面醒目位置通常装有铭牌，上面标明了变压器的型号、额定值、器身重量、生产编号和生产厂家等信息，我们怎样理解和应用这些信息呢？

变压器的型号
与课程思政

【内容分析】

1. 变压器型号

变压器的型号由字母和数字组成，代表变压器的结构、额定容量、电压等级、冷却方式等内容，如图 3-14 所示。

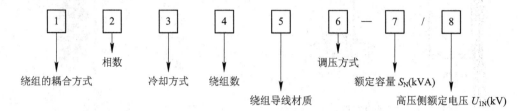

图 3-14　变压器型号含义

注：1、2、3、4、5、6 位置为字母，7、8 位置为数字。

例如，SL-1000/10 为三相油浸自冷双绕组铝线、额定容量 1000 kVA、高压侧额定电压为 10 kV 级的电力变压器。

2. 额定值

额定值是制造厂根据设计或试验数据，对变压器正常运行状态所作的规定值，主要有：

(1) 额定容量 S_N (kVA)：指变压器在额定工况下所能输出的视在功率，三相变压器的额定容量为三相容量之和。由于变压器效率非常高，双绕组变压器一、二次的额定容量近似相等。

(2) 额定电压 U_{1N}/U_{2N} (kV 或 V)：指变压器在额定工况时所能承受的工作电压。一次额定电压 U_{1N} 是指额定条件下加到一次侧的工作电压；二次额定电压 U_{2N} 是指变压器一次侧加额定电压，二次侧开路的端电压。三相变压器的额定电压指的是线电压。

(3) 额定电流 I_{1N}/I_{2N} (A)：指变压器在额定工况下，长期运行允许的电流。三相变压器的额定电流指的是线电流。

上述参数之间的关系是：

单相变压器

$$S_N = U_{1N} I_{1N} = U_{2N} I_{2N} \qquad (3-2)$$

三相变压器

$$S_N = \sqrt{3} U_{1N} I_{1N} = \sqrt{3} U_{2N} I_{2N} \qquad (3-3)$$

(4) 额定频率 f_N (Hz)：我国交流电的标准工频为 50 Hz。

此外，变压器的铭牌上还标有变压器的效率、温升、相数、连接组别、阻抗电压等参数。

【例 3-1】　一台 S11 型三相变压器，$S_N = 315$ kVA，$U_{1N}/U_{2N} = 10/0.4$ kV，Y，y_n 接线。求：

(1) 变压器原、副边的额定电流；

(2) 变压器、副绕组的额定电压和额定电流。

例 3-1

解 （1）变压器原、副边的额定电流为

$$I_{1N} = \frac{S_N}{\sqrt{3}U_{1N}} = \frac{315 \times 10^3}{\sqrt{3} \times 10 \times 10^3} = 18.19 \text{（A）}$$

$$I_{2N} = \frac{S_N}{\sqrt{3}U_{2N}} = \frac{315 \times 10^3}{\sqrt{3} \times 0.4 \times 10^3} = 454.66 \text{（A）}$$

（2）由于变压器两侧均为星形接线，所以有

原边绕组的额定电压 $U_{1N\varphi} = \dfrac{U_{1N}}{\sqrt{3}} = \dfrac{10}{\sqrt{3}} = 5.77$ （kV）；

原边绕组的额定电流 $I_{1N\varphi} = I_{1N} = 18.19$ （A）；

副边绕组的额定电压 $U_{2N\varphi} = \dfrac{0.4}{\sqrt{3}} = 0.23$ （kV）；

副边绕组的额定电流 $I_{2N\varphi} = I_{2N} = 454.66$ （A）。

■ 小结

变压器是一种静止的电机，当一、二次绕组的匝数不等时，利用电磁感应原理，可改变交流电的电压、电流大小，但不改变频率。

变压器的核心部件为铁心和绕组，另外还有油箱、冷却装置、绝缘套管和保护装置等。

变压器的铭牌通常装在变压器较醒目的位置，上面标示了变压器的型号、额定值、器身重量、生产编号和生产厂家等信息。

■ 思考与练习

一、填空题

1. 变压器是利用_____原理工作的。

2. 变压器按相数分有_____、_____和_____。

3. 变压器改变电压和电流的大小，但不改变_____。

4. 铁心是变压器的主磁路，由_____和_____两部分组成。

5. 变压器铁心硅钢片的厚度为_____mm，两面涂以_____。

6. 变压器铁心的结构有心式和_____式两类。

7. 变压器铁心硅钢片的叠装方式通常有_____叠装法和_____叠装法。

8. 变压器铁心柱的截面一般做成_____形，为的是_____。

9. 变压器铁轭的截面积一般比铁心柱截面积_____，以减少空载电流和空载损耗。

10. 变压器绕组可分为_____式和_____式两种形式。

11. 变压器油的作用一是_____，二是散热。

12. 变压器的保护装置有_____、_____、_____等。

13. 变压器的额定容量是指额定运行时的_____功率。

14. 三相变压器的额定电压和额定电流是指_____电压和_____电流。

二、选择题

1. 变压器型号 SL - 1000/10 的 1000 表示是（　　）。

A. 1000 V　　　　　B. 1000 kVA　　　　C. 1000 A　　　　D. 1000 W

2. 三相变压器二次侧的额定电压是指原边加额定电压时二次侧的（　　）电压。

A. 空载线　　　　　　　　　　　　B. 空载相

C. 额定负载时的线　　　　　　　　D. 额定负载时的相

3. 变压器可以变压、变流，但不能改变（　　）。

A. 功率　　　　B. 电动势　　　　C. 频率　　　　D. 阻抗

4. 变压器的核心结构为（　　）。

A. 油箱　　　　B. 绝缘套管　　　　C. 安全气道　　　　D. 铁心和绕组

5. 接电源的绕组和接负载的绕组依次称为（　　）。

A. 一次绕组、二次绕组　　　　　　B. 二次绕组、一次绕组

C. 一次绕组、低压绕组　　　　　　D. 二次绕组、高压绕组

三、简答题

1. 变压器一次绕组若接在直流电源上，二次绕组会输出稳定的直流电压吗，为什么？

2. 变压器有哪些部件，其作用是什么？

3. 变压器铁心的作用是什么？为什么要用 0.35mm 厚、表面涂有绝缘漆的硅钢片叠成？

四、计算题

1. 有一台单相变压器，$S_N = 100$ kVA，$U_{1N}/U_{2N} = 10\,500/230$ V，试求：一、二次绕组的额定电流。

2. 有一台 $S_N = 2150$ kVA，$U_{1N}/U_{2N} = 10/6.3$ kV，Y，d 连接的三相变压器，试求：（1）变压器的额定电压和额定电流；（2）变压器一、二次绕组的额定电压和额定电流。

3.2　单相变压器的运行

▮▶ 内容导学

单相变压器比三相变压器结构简单，便于分析。本节以双绕组变压器为例分析单相变压器的运行原理。如图 3-15 所示是一台单相变压器。

结合生活经验回忆一下在哪里见过这种变压器？仔细观察图片中变压器的结构，思考如何给变压器接线？变压器如何进行电压的变换和能量的传递？

▮▶ 知识目标

▶ 了解单相变压器空载运行、负载运行的电磁关系；

▶ 了解单相变压器运行时电流变化和损耗情况；

▶ 掌握单相变压器运行时的电动势方程式、等效电路和相量图。

图 3-15　单相变压器

▮▶ 能力目标

▶ 能比较变压器空载、负载运行时各参数的变化情况；

▶ 能应用方程式、等效电路和相量图分析变压器的运行状况;

▶ 能用变压器的运行原理解释一些实际问题。

3.2.1 单相变压器的空载运行

变压器的基本电磁
关系与课程思政

【内容导入】

在下班后或休息日,有些车间变压器都将处于空载运行状态。但完全空载一般只有在倒闸操作过程中出现。例如,投运变压器时;合上高压开关后,低压负荷开关还没有合闸以前;在变压器退出运行时,断开低压开关,高压开关拉开之前,都为空载运行。

【内容分析】

一、单相变压器空载运行的物理过程

变压器空载运行时,也存在电磁感应,此时的物理过程是怎样的呢?

变压器空载运行是指一次侧接额定频率、额定电压的电源,二次侧不接负载,处于开路的运行状态。单相变压器空载运行时的参数如图 3 - 16 所示。一、二次侧物理参数用下标"1"和"2"区别。

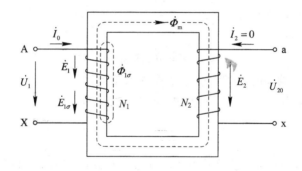

图 3 - 16 单相变压器空载运行时的参数

变压器空载运行时,一次绕组中流过的电流称为空载电流,用 $\dot{I}_0$ 表示。$\dot{I}_0$ 流过一次绕组产生的磁通有两种,一种沿铁心闭合,同时交链一、二次绕组,称为主磁通 $\dot{\Phi}_m$;另一种只交链一次绕组,称为一次绕组的漏磁通 $\dot{\Phi}_{1\sigma}$。通过电磁感应,主磁通 $\dot{\Phi}_m$ 将在一、二次绕组中分别产生感应电动势 $\dot{E}_1$、$\dot{E}_2$,漏磁通 $\dot{\Phi}_{1\sigma}$ 将在一次绕组中感应漏磁电动势 $\dot{E}_{1\sigma}$。空载电流 $\dot{I}_0$ 流过一次绕组内阻产生压降 $R_1 \dot{I}_0$。

主磁通和漏磁通有以下区别:

(1)和空载电流的关系不同。主磁通磁路由具有饱和特性的铁磁材料组成,$\dot{\Phi}_m$ 与 $\dot{I}_0$ 呈非线性关系,而漏磁通的大部分磁路不饱和,$\dot{\Phi}_{1\sigma}$ 与 $\dot{I}_0$ 呈线性关系。

(2)所占百分比不同。一般主磁通占总磁通的 99% 以上,而漏磁通仅占 1% 以下。

(3)作用不同。主磁通在一、二次绕组中均产生感应电动势,当二次绕组接上负载后便向负载输出电能,所以主磁通起传递能量的媒介作用。而漏磁通仅在一次绕组中感应电动势,不传递能量,只起漏抗压降的作用。

二、空载电流和空载损耗

变压器空载运行时，电源输入电流和功率，输出端没有接负载，这些电能去向如何呢？

1. 空载电流

空载电流 $\dot{I}_0$ 由无功分量 $\dot{I}_{0R}$ 和有功分量 $\dot{I}_{0a}$ 组成。$\dot{I}_{0R}$ 产生主磁通 $\dot{\Phi}_m$ 和一次侧漏磁通 $\dot{\Phi}_{1\sigma m}$，形成空载时的磁场，称为励磁分量，它和主磁通 $\dot{\Phi}_m$ 同相。$\dot{I}_{0a}$ 提供空载时变压器内部的铁耗和铜耗这两部分有功损耗，绕组电阻的铜损耗很小可以忽略。

变压器的 $\dot{I}_{0R}$ 远远大于 $\dot{I}_{0a}$，可以认为 $\dot{I}_0 = \dot{I}_{0R}$。变压器空载电流主要是用来建立磁场的，称其为励磁电流。电力变压器空载电流约为额定电流的 $2\% \sim 10\%$，大容量变压器的空载电流所占的百分值更小。

2. 空载损耗

变压器空载运行时的有功损耗 p_0 主要是铁损耗 p_{Fe}，另外还有少量的绕组铜损耗 $R_1 I_0^2$，空载损耗近似等于铁损耗。电力变压器空载损耗为额定容量的 $0.2\% \sim 1\%$。

三、空载时的电动势方程式、等效电路和相量图

变压器空载运行时，怎样用电路的方法进行计算和分析呢？

1. 感应电动势与对应磁通的关系

假设主磁通按正弦规律变化，即

$$\varphi = \Phi_m \sin\omega t \tag{3-4}$$

式中，Φ_m 为主磁通的最大值；$\omega = 2\pi f$ 为主磁通的角频率。

根据电磁感应定律，一、二次侧感应电动势表达式为

$$e_1 = -N_1 \frac{d\varphi}{dt} = -N_1 \Phi_m \omega \cos\omega t = \sqrt{2} E_1 \sin(\omega t - 90°) \tag{3-5}$$

$$e_2 = -N_2 \frac{d\varphi}{dt} = -N_2 \Phi_m \omega \cos\omega t = \sqrt{2} E_2 \sin(\omega t - 90°) \tag{3-6}$$

有效值为

$$E_1 = \frac{N_1 \Phi_m \omega}{\sqrt{2}} = 4.44 f N_1 \Phi_m \tag{3-7}$$

$$E_2 = \frac{N_2 \Phi_m \omega}{\sqrt{2}} = 4.44 f N_2 \Phi_m \tag{3-8}$$

同样的方法，可得出一次绕组漏电动势的瞬时值与有效值分别为

$$e_{1\sigma} = -N_1 \frac{d\varphi_{1\sigma}}{dt} = -N_1 \Phi_{1\sigma m} \omega \cos\omega t = \sqrt{2} E_{1\sigma} \sin(\omega t - 90°) \tag{3-9}$$

$$E_{1\sigma} = \frac{N_1 \Phi_{1\sigma m} \omega}{\sqrt{2}} = 4.44 f N_1 \varphi_{1\sigma m} \tag{3-10}$$

式中，$\Phi_{1\sigma m}$ 为一次侧漏磁通的最大值。

感应电动势的相量表达式为

$$\dot{E}_1 = -j4.44 f N_1 \dot{\Phi}_m \tag{3-11}$$

$$\dot{E}_2 = -j4.44 f N_2 \dot{\Phi}_m \tag{3-12}$$

$$\dot{E}_{1\sigma} = -j4.44fN_1\dot{\Phi}_{1\sigma m} \qquad (3-13)$$

2. 电动势平衡方程式

根据基尔霍夫电压定律，变压器空载时一次绕组的电动势平衡方程式为

$$\dot{U}_1 = -\dot{E}_1 - \dot{E}_{1\sigma} + R_1\dot{I}_0 \qquad (3-14)$$

令

$$\dot{E}_{1\sigma} = -j\omega L_{1\sigma}\dot{I}_0 = -jX_1\dot{I}_0 \qquad (3-15)$$

式中，$L_{1\sigma} = N_1\Phi_{1\sigma m}/(\sqrt{2}I_0)$ 为一次侧的漏电感；$X_1 = \omega L_{1\sigma}$ 为一次侧的漏电抗。

漏电抗 $X_1 = E_{1\sigma}/I_0$ 的大小等于单位电流产生的漏磁电动势的大小。漏电抗体现了变压器一次侧漏磁通对电路的影响程度，这就是漏电抗的物理意义。漏电抗可视为一个电感元件。漏电抗 X_1 越大，代表单位电流流过一次绕组产生的漏磁通越多，漏磁场对一次绕组电路的影响越大。

将式(3-15)代入式(3-14)可得

$$\dot{U}_1 = -\dot{E}_1 + R_1\dot{I}_0 + jX_1\dot{I}_0 = -\dot{E}_1 + Z_1\dot{I}_0 \qquad (3-16)$$

式中，$Z_1 = R_1 + jX_1$ 为一次侧的漏阻抗。

电力变压器空载时的 $Z_1\dot{I}_0$ 很小，约为 U_1 的 0.002 倍，忽略后有

$$\dot{U}_1 = -\dot{E}_1 \qquad (3-17)$$

可以看出，$\dot{E}_1$ 是个反电动势，它与 $\dot{U}_1$ 大小相等、方向相反，外加电压基本由它平衡。另外，由于 $U_1 = E_1 = 4.44fN_1\Phi_m$，所以，当频率和绕组匝数一定时，变压器主磁通最大值取决于电源电压。需要注意的是，在变压器负载运行时也存在这样的对应关系。

对应二次绕组，空载时的感应电动势 $\dot{E}_2$ 全部输出为 $\dot{U}_{20}$，有

$$\dot{U}_{20} = \dot{E}_2 \qquad (3-18)$$

3. 电力变压器的变比

变压器的变比用 k 表示，指一、二次侧的感应电动势 E_1 和 E_2 之比。对单相变压器有

$$k = \frac{E_1}{E_2} = \frac{4.44fN_1\Phi_m}{4.44fN_2\Phi_m} = \frac{N_1}{N_2} \qquad (3-19)$$

代入 $U_1 = E_1$，$U_{20} = E_2$，有

$$k = \frac{U_1}{U_{20}} = \frac{U_{1N}}{U_{2N}} \qquad (3-20)$$

可以看出，变压器的变比等于一、二次侧电动势有效值、电压有效值、匝数之比。

需要注意的是，三相变压器的变比是指一、二次侧相电动势之比，或者是相电压额定值之比。如果用三相变压器额定电压(线电压)表示，当高、低压绕组连接方式不同时有

Y, d 连接

$$k = \frac{U_{1N\varphi}}{U_{2N\varphi}} = \frac{U_{1N}}{\sqrt{3}U_{2N}} \qquad (3-21)$$

D, y 连接

$$k = \frac{U_{1N\varphi}}{U_{2N\varphi}} = \frac{\sqrt{3}U_{1N}}{U_{2N}} \qquad (3-22)$$

当高、低压绕组连接方式相同时，可以使用单相变压器的变比计算公式。

4. 变压器空载等效电路

为了把磁路对电路的影响转换成纯电路的关系，可以把主磁通在一次绕组中的感应电动势 $\dot{E}_1$ 表示成阻抗压降。即

$$-\dot{E}_1 = Z_m \dot{I}_0 = (R_m + jX_m)\dot{I}_0 \tag{3-23}$$

式中，$Z_m = R_m + jX_m$ 为变压器的励磁阻抗；R_m 为励磁电阻，是对应于铁心损耗的等效电阻，$R_m I_0^2$ 等于铁耗；X_m 为励磁电抗，其数值随铁心饱和程度不同而改变。

需要注意的是，主磁通会产生铁耗，所以除了引入电抗外还要引入电阻，即 Z_m 把 $\dot{E}_1$ 和 $\dot{I}_0$ 通过电路联系起来。由于 X_m 远远大于 R_m，所以 Z_m 和 X_m 的值比较接近。

由式(3-23)和式(3-16)可得

$$\dot{U}_1 = -\dot{E}_0 + \dot{I}_0 Z_1 = \dot{I}_0 (Z_m + Z_1) \tag{3-24}$$

结合电路知识和式(3-24)可以得出如图 3-17 所示的变压器空载等效电路。

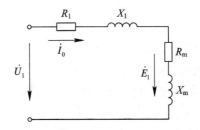

图 3-17　变压器空载等效电路

可见，变压器空载运行的等效电路可看作一次侧的漏阻抗 $Z_1 = R_1 + jX_1$ 和励磁阻抗 $Z_m = R_m + jX_m$ 的串联。后续课程中要用到此等效电路进行计算和分析。

通常 R_1、X_1 是恒定的，而 R_m、X_m 随铁心饱和程度而变化，如果电源电压稳定，主磁通的变化较小，可以认为 Z_m 的值也是恒定的。

5. 变压器空载相量图

空载时的相量图便于比较变压器各物理量之间的相位关系；根据电动势平衡方程式可作出变压器空载运行时的相量图，如图 3-18 所示。作图步骤如下：

（1）在水平位置作出参考相量 $\dot{\Phi}_m$，$\dot{E}_1$、$\dot{E}_2$ 滞后 $\dot{\Phi}_m 90°$。

（2）空载电流的无功分量 $\dot{I}_{0R}$ 与 $\dot{\Phi}_m$ 同相位，有功分量 $\dot{I}_{0a}$ 超前 $\dot{\Phi}_m 90°$，$\dot{I}_0$ 为 $\dot{I}_{0R}$ 与 $\dot{I}_{0a}$ 的相量和。

（3）根据电动势平衡方程式在 $(-\dot{E}_1)$ 末端作出与 $\dot{I}_0$ 平行的 $R_1 \dot{I}_0$ 和与 $\dot{I}_0$ 垂直的 $j\dot{I}_0 X_1$，连接后得到相量 $\dot{U}_1$。

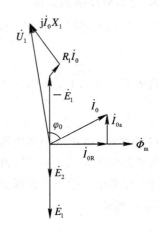

图 3-18　变压器空载运行时的相量图

在图 3-18 中，$\dot{U}_1$ 与 $\dot{I}_0$ 之间的夹角 φ_0 为变压器空载运行一次侧的功率因数角。可以看出 $\varphi_0 \approx 90°$，$\cos\varphi_0$ 是很小的，通常为 0.1～0.2。因此变压器空载运行是不经济的。

电动势平衡方程式、等效电路和相量图是计算、分析变压器的重要依据。

3.2.2 单相变压器的负载运行

【内容导入】

变压器负载运行时对外输出电能，二次绕组中有电流流过，会产生磁场，其电磁关系比空载时要复杂。在前面课程的基础上对变压器的负载运行进行分析。变压器负载运行的定义是什么？变压器负载运行和空载运行的电磁关系有什么不同呢？

【内容分析】

一、单相变压器负载运行时的物理过程

变压器一次绕组接交流电源，二次绕组接负载的运行方式就是变压器的负载运行，如图 3-19 所示。此时二次绕组流过电流 $\dot{I}_2$ 后也会产生磁场，使得电磁关系比空载时更为复杂。

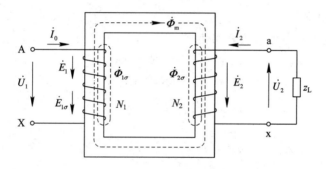

图 3-19 单相变压器负载运行

当变压器空载运行时，$\dot{I}_2 = 0$，二次绕组不产生磁场。一次绕组空载电流 $\dot{I}_0$ 产生主磁通 $\dot{\Phi}_m$，分别在一、二次绕组中感应电动势。电源电压和反电动势以及漏阻抗压降达到平衡，保持空载电流在一次绕组中流过，维持稳定的电磁关系。

当变压器负载运行时，二次绕组中的电流 $\dot{I}_2$ 产生磁通，通过变压器的主磁路，影响主磁通 $\dot{\Phi}_m$ 和感应电动势 $\dot{E}_1$，使一次绕组的电流由 $\dot{I}_0$ 升高为 $\dot{I}_1$。由于实际变压器的 Z_1 很小，漏阻抗压降 $Z_1 \dot{I}_1$ 很小，额定运行时 $Z_1 \dot{I}_{1N} = (2 \sim 6) \% U_{1N}$，所以负载运行时 $U_1 \approx E_1$。和空载运行一样，变压器负载运行时，如果电源电压和频率都不变，主磁通 $\dot{\Phi}_m$ 基本不变。合成磁动势 $\dot{F}_1 + \dot{F}_2 = \dot{F}_0$，则有

$$\dot{I}_1 = \dot{I}_0 + \left(-\frac{N_2}{N_1}\right)\dot{I}_2 = \dot{I}_0 + \left(-\frac{\dot{I}_2}{k}\right) \tag{3-25}$$

可见，变压器负载运行时变压器一次侧的电流 $\dot{I}_1$ 由两个分量组成。一个是励磁分量 $\dot{I}_0$，用来产生主磁通 $\dot{\Phi}_m$；另一个是负载分量 $\left(-\dfrac{\dot{I}_2}{k}\right)$，用来平衡二次侧的电流 $\dot{I}_2$ 对主磁通的影响。

由于 I_0 远远小于 I_1，不计 I_0，则有

$$\dot{I}_1 \approx \left(-\frac{N_2}{N_1}\right)\dot{I}_2 = -\frac{\dot{I}_2}{k} \tag{3-26}$$

式(3-26)表明，变压器一、二次绕组电流和匝数成反比。一次侧电流 I_1 将随着二次侧负载电流 I_2 的增大而增大，即输出功率增大时，输入功率随之增大。所以变压器能够完成能量传递。

二、负载运行时的基本方程式

变压器负载运行时，有多个电压和电动势产生，它们之间存在什么样的平衡关系？

变压器负载运行时，如图3-19所示，电动势平衡方程式为

$$\dot{U}_1 = -\dot{E}_1 + (R_1 + jX_1)\dot{I}_1 = -\dot{E}_1 + Z_1\dot{I}_1 \tag{3-27}$$

$$\dot{U}_2 = \dot{E}_2 - (R_2 + jX_2)\dot{I}_2 = \dot{E}_2 - Z_2\dot{I}_2 \tag{3-28}$$

式中，$Z_2 = R_2 + jX_2$ 为二次侧的漏阻抗；R_2、X_2 分别为二次侧的电阻和漏电抗；$X_2 = \omega L_{2\sigma}$ 为二次侧的漏电抗，为常数。

变压器输出电压为

$$\dot{U}_2 = Z_L\dot{I}_2 \tag{3-29}$$

式中，Z_L 为负载阻抗。

变压器负载运行时的基本方程组为

$$\left.\begin{aligned} \dot{U}_1 &= -\dot{E}_1 + (R_1 + jX_1)\dot{I}_1 \\ \dot{U}_2 &= \dot{E}_2 - (R_2 + jX_2)\dot{I}_2 \\ \dot{I}_1 &= \dot{I}_0 + \left(-\frac{\dot{I}_2}{k}\right) \\ \frac{\dot{E}_1}{\dot{E}_2} &= k \\ \dot{E}_1 &= -Z_m\dot{I}_0 \\ \dot{U}_2 &= Z_L\dot{I}_2 \end{aligned}\right\} \tag{3-30}$$

基本方程组(3-30)把变压器内部的电磁关系转换成了纯电路关系，便于对变压器进行分析和计算。

根据基本方程组可绘出变压器的等效电路，如图3-20所示。这种等效电路的一、二次绕组没有电路连接，不便于工程计算，需要进一步转换。

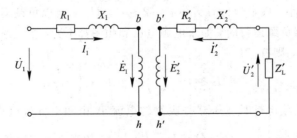

图3-20　单相变压器一、二次侧的等效电路

三、变压器的等效电路及相量图

变压器负载运行时，一、二次绕组电路各自独立，不能连接的原因是一、二次的感应电动势 $\dot{E}_1 \neq \dot{E}_2$。如果能找到一种方法，使两个电动势相等，就可以等效成一个电路。折算

法(绕组折算)就能解决这一问题。一、二次绕组电路能等效成一个什么样的电路？其相量图是什么样子的呢？下面进行详细分析。

1. 变压器绕组折算

绕组的折算是得到变压器等效电路的一种方法。折算就是用一台一、二次绕组匝数相等($N_2' = N_1$)的假想变压器，来等效地代替一、二次绕组匝数不相等的实际变压器的计算方法。等效是指折算前后变压器内部的电磁关系不变，折算前后磁动势平衡、功率传递、有功功率损耗和漏磁场储能等均保持不变。折算可以是由二次侧向一次侧折算，即把二次侧匝数变换成一次侧匝数；也可以由一次侧向二次侧折算。

折算后的参数加 "'" 以便和折算前的相区分。下面介绍由二次侧向一次侧折算的方法。

(1) 二次绕组电流的折算值 $\dot{I}_2'$。

折算后二次绕组的匝数 $N_2' = N_1$，其电流为 $\dot{I}_2'$，折算前后二次侧磁动势不变，$N_1\dot{I}_2' = N_2\dot{I}_2$，可知

$$\dot{I}_2' = \frac{N_2}{N_1}\dot{I}_2 = \frac{\dot{I}_2}{k} \tag{3-31}$$

(2) 二次绕组电动势的折算值 $\dot{E}_2'$ 和 $\dot{E}_{2\sigma}'$。

折算前后主磁通和漏磁通不改变，由电动势与匝数成正比可知

$$\dot{E}_2' = \frac{N_1}{N_2}\dot{E}_2 = k\dot{E}_2 = \dot{E}_1 \tag{3-32}$$

$$\dot{E}_{2\sigma}' = k\dot{E}_{2\sigma} \tag{3-33}$$

(3) 二次绕组漏阻抗的折算值 Z_2'。

折算前后二次侧的铜损耗不变，即 $R_2'I_2'^2 = R_2 I_2'^2$，可得

$$R_2' = \left(\frac{I_2}{I_2'}\right)^2 R_2 = k^2 R_2 \tag{3-34}$$

折算前后二次侧漏磁无功损耗不变，即 $X_2'I_2'^2 = X_2 I_2'^2$，可得

$$X_2' = \left(\frac{I_2}{I_2'}\right)^2 X_2 = k^2 X_2 \tag{3-35}$$

漏阻抗的折算值为

$$Z_2' = R_2' + jX_2' = k^2(R_2 + jX_2) = k^2 Z_2 \tag{3-36}$$

负载的电压和阻抗也要进行折算，折算倍数和上面相同，即 $\dot{U}_2' = k\dot{U}_2$，$Z_L' = k^2 Z_L$。

变压器折算后的基本方程组为

$$\left.\begin{array}{l} \dot{U}_1 = -\dot{E}_1 + (R_1 + jX_1)\dot{I}_1 \\ \dot{U}_2' = \dot{E}_2' - (R_2' + jX_2')\dot{I}_2' \\ \dot{I}_1 = \dot{I}_0 + (-\dot{I}_2') \\ \dot{E}_1 = \dot{E}_2' \\ \dot{E}_1 = -Z_m\dot{I}_0 \\ \dot{U}_2' = Z_L'\dot{I}_2' \end{array}\right\} \tag{3-37}$$

折算后的等效电路如图 3-21 (a)所示。

2. 变压器负载运行时的等效电路

根据电路原理可以构成如图 3-21(b)所示的电路。由于其形状像字母"T"，故称为

"T"形等效电路。

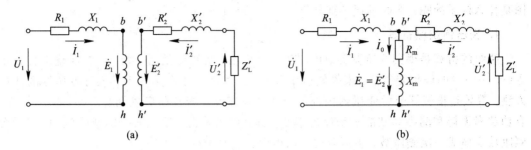

图 3-21　变压器的"T"形等效电路

"T"形等效电路为混联电路，不方便工程计算。依据 Z_m 远远大于 Z_1，I_{1N} 远远大于 I_0，可以忽略 $\dot{I}_0 Z_1$；同时，当电源电压稳定时 $\dot{I}_0$ 基本不变。所以可把"T"形等效电路中的励磁支路前移，得到近似"Γ"形等效电路，如图 3-22 所示，误差不会太大。

由于 $\dot{I}_0$ 很小，在某些工程计算时可去掉励磁支路，用如图 3-23 所示的简化等效电路计算也是可以的。

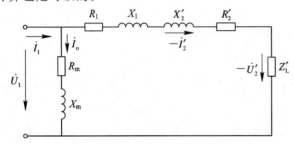

图 3-22　变压器的近似"Γ"形等效电路

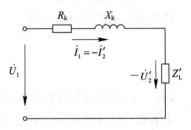

图 3-23　变压器的简化等效电路

在简化等效电路中有

$$\left.\begin{array}{l} R_k = R_1 + R_2{}' \\ X_k = X_1 + X_2{}' \\ Z_k = R_k + jX_k \end{array}\right\} \tag{3-38}$$

式中，R_k 为变压器的短路电阻；X_k 为变压器的短路电抗；Z_k 为变压器的短路阻抗。

简化等效电路对应的方程组为

$$\left.\begin{array}{l} \dot{U}_1 = -\dot{U}_2{}' + \dot{I}_1 Z_k \\ \dot{I}_1 = -\dot{I}_2{}' \end{array}\right\} \tag{3-39}$$

本节后面的短路试验就是依据简化等效电路进行的。在工程上，简化等效电路及其方程式应用很广泛。

3. 变压器负载运行时的相量图

变压器负载运行时的相量图表示出各参数的大小和相位关系。一般给定 U_2、I_2、$\cos\varphi_2$ 及变压器的各个参数，以 $\dot{U}_2{}'$ 作为参考相量，根据负载性质确定 φ_2 角，绘出 $\dot{I}_2{}'$。然后根据电动势平衡方程式及各参数间的相位关系绘出相应相量。如图 3-24 所示为变压器带阻感性负载时的相量图。根据变压器的简化等效电路，可以画出带阻感性负载时的简化相量图，如图 3-25 所示。

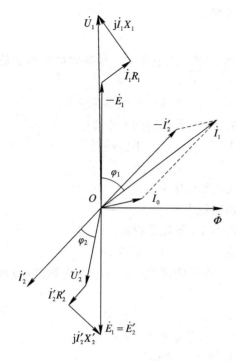 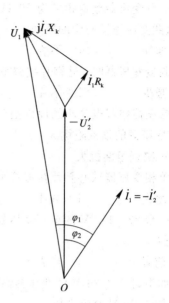

图 3 - 24　变压器带阻感性负载时的相量图　　图 3 - 25　变压器带阻感性负载时的简化相量图

■ 小结

变压器空载运行时没有输出电流，输入电流用来建立磁场和提供空载损耗，主磁通起着传递能量的媒介作用。变压器空载运行可以通过电动势平衡方程式、等效电路和相量图来分析和计算。

变压器负载运行时，二次绕组中有电流流过，和一次绕组电流共同建立主磁通，当负载变化时，一次绕组电流也随着变化，最后建立平衡关系。变压器负载运行时，可通过电动势、电流平衡方程式、等效电路及相量图进行分析。

基本方程式、等效电路和相量图，是电机分析、计算的重要方法。

■ 思考与练习

一、填空题

1. 变压器的主磁通起_____作用，而漏磁通不能传递能量，仅起_____压降的作用。

2. 变压器的空载电流约为额定电流的_____，通常又称其为_____。

3. 变压器一次侧电压主要由_____来平衡。

4. 空载运行的变压器可看成阻抗_____的串联组合。

5. 变压器空载运行的功率因数是很低的，一般在_____之间。

6. 变压器负载运行时一次侧的电流由两个分量组成，一个是_____，一个是_____。

7. 变压器负载运行时的等效电路称为_____形等效电路。

8. 变压器的简化等效电路去掉了_____支路。

二、选择题

1. 一台变压器额定频率为 50 Hz，如果接到 60 Hz 的电源上，且额定电压的数值相等，那么此变压器铁心中的磁通（　　）。

A. 增加　　　　　B. 不变　　　　　C. 减小　　　　　D. 先减小后增大

2. 制造变压器时，硅钢片接缝变大，那么此台变压器的励磁电流将（　　）。

A. 减少　　　　　B. 不变　　　　　C. 增大　　　　　D. 不能确定

3. 变压器空载电流小的原因是（　　）。

A. 变压器的励磁阻抗大　　　　　　B. 一次绕组电阻大

C. 一次绕组漏抗大　　　　　　　　D. 短路阻抗大

4. 单相变压器铁心叠片接缝增大，其他条件不变，则磁路磁阻（　　）。

A. 增大　　　　　B. 减小　　　　　C. 不变　　　　　D. 基本不变

5. 一台 220/110 V 的单相变压器，分别在高、低压侧接 220 V、110 V 电源时，变压器的主磁通（　　）。

A. 前者大　　　　　B. 后者大　　　　　C. 不变　　　　　D. 不确定

6. 如果将 220/36 V 的变压器高压侧接 220 V 的直流电源，则（　　）。

A. 输出 36 V 交流电压　　　　　　B. 输出 36 V 直流电压

C. 输出电压低于 36 V　　　　　　D. 没有输出电压，原绕组过热烧毁

7. 变压器负载运行时与空载运行时相比，变比 k（　　）。

A. 变大　　　　　B. 变小　　　　　C. 相等　　　　　D. 都有可能

8. 变压器一次侧接额定电压维持不变，由空载转为负载运行时，主磁通（　　）。

A. 增大　　　　　B. 减小　　　　　C. 基本不变　　　　　D. 无法确定

9. 变压器负载运行时，负载阻抗增加时，主磁通（　　）。

A. 增大　　　　　B. 减小　　　　　C. 基本不变　　　　　D. 无法确定

10. 小区供电变压器负载运行时，主磁通在两次侧绕组中感应的电动势大小（　　）。

A. 相等　　　　　B. 一次侧的大　　　　　C. 二次侧的大　　　　　D. 不能确定

三、简答题

1. 工厂下班后，变压器可视为空载运行，此时一次侧电压还是不是额定电压？为什么空载电流很小？

2. 为什么变压器空载运行时功率因数低？

3. 一台 380/220 V 的单相变压器，如不慎将 380 V 加在二次线圈上，会产生什么现象？

4. 变压器的相电压比与变压器的匝数比有什么关系？相电压比与变压器的额定电压比有什么不同？

5. 变压器的折算原则是什么？

6. 为什么变压器一次侧电流随输出电流的变化而变化？

7. 变压器空载时，一次侧加额定电压，虽然一次侧电阻 R_1 很小，但电流并不大，为什么？Z_m 代表什么物理意义？电力变压器不用铁心而用空气心行不行？

四、画图题

试绘出变压器"T"形、近似和简化等效电路,并说明各参数的意义。

五、计算题

1. 一台三相变压器,$S_N = 320$ kVA,$U_{1N}/U_{2N} = 10/0.4$ kV,Y,y0 连接,试求:(1) 变比 k;(2) 若高压侧每相有 2500 匝,则低压侧每相匝数为多少?

2. 某单相变压器,一次电压为 220 V,二次电压为 20 V,二次线圈为 100 匝,求该变压器的变压比及一次线圈的匝数?

3. 额定容量为 50 kVA 的单相变压器一台,一次侧额定电压为 10 kV,二次侧电压为 220 V,二次侧接有 3 台 220V、10 kW 的电阻炉,忽略变压器的漏阻抗和损耗,试求变比及一、二次侧电流各为多少?

3.3 变压器参数的测定及标幺值

▶ 内容导学

设计变压器时根据材料及结构计算出参数,对已经制造好的变压器要通过空载试验和短路(或称为负载)试验来测定这些参数,还可以通过试验判断变压器的故障或确定其质量。

▶ 知识目标

- ▶ 掌握变压器空载参数的计算方法;
- ▶ 掌握变压器短路参数的计算方法;
- ▶ 熟悉标幺值的计算方法。

▶ 能力目标

- ▶ 能进行变压器的空载试验;
- ▶ 能进行变压器的短路试验;
- ▶ 能用标幺值分析、解决实际问题。

3.3.1 变压器参数的测定

【内容导入】

通过空载试验测定参数可以验证变压器铁心的设计计算和工艺制造是否满足标准要求,可以检查铁心是否存在缺陷。变压器的空载试验怎么进行呢?

通过短路试验测定参数可以确定变压器有无可能与其他变压器并联运行,验证其动稳定和热稳定,计算变压器的效率等。变压器的短路试验怎么进行呢?

【内容分析】

一、空载试验

变压器的空载试验的目的是求出变比 k、空载电流 $\dot{I}_0$、空载损耗 p_0 及励磁参数 Z_m 等。

试验的接线如图 3-26 所示。通常在低压侧接电源，把高压侧开路，是为了便于测量和保障安全。试验电压达到额定电压 U_{1N}，分别测出它所对应的 U_{20}、I_0 及 p_0 值，由所测数据可求得：

$$k = \frac{U_{AX}(高压)}{U_{ax}(低压)}$$

$$I_0\% = \frac{I_0(低压)}{I_{1N}(低压)} \times 100\% \tag{3-40}$$

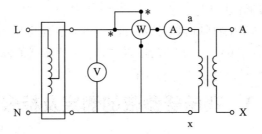

图 3-26　单相变压器空载试验接线

空载试验中，变压器的输入有功功率全部提供给空载损耗 p_0，包括电路铜损耗 $R_1 I_0^2$ 和磁路铁损耗 $p_{Fe} = R_m I_0^2$ 两部分。此时的空载电流 I_0 很小，一次绕组内阻 R_1 远远小于励磁电阻 R_m，所以绕组铜损耗可以忽略，有 $p_0 \approx p_{Fe}$。

根据空载等效电路（由低压侧输入），忽略 R_1、X_1 可得

$$\left.\begin{aligned} Z_m &= \frac{U_0}{I_0} \\ R_m &= \frac{p_0}{I_0^2} \\ X_m &= \sqrt{Z_m^2 - R_m^2} \end{aligned}\right\} \tag{3-41}$$

因为 Z_m 随磁路的饱和程度变化而变化，所以要以额定电压下测出的数据来计算励磁阻抗。如果是三相变压器，必须将每相值代入上述公式来计算。

上面空载试验是在低压侧进行的，测得的励磁参数是折算至低压侧的数值。当需要高压侧的参数时，要取测得参数的 k^2 倍。

二、短路试验

短路试验相当于变压器的负载试验。试验目的是求出变压器的铜损耗 p_{Cu} 和短路阻抗 Z_k 等参数。单相变压器的短路试验接线如图 3-27 所示。高压侧接可调电源，低压侧短路。

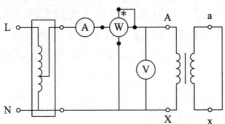

图 3-27　单相变压器短路试验接线

由于短路时外加电压全部降在变压器的漏阻抗上，短路电流较大，电源电压从零开始上调，达到额定电流时记录数据。短路试验时，一次侧所加电压约为额定电压的 $5\% \sim 10\%$，所以铁心中主磁通很小，铁耗 p_{Fe} 可略去不计，则短路损耗 $p_k \approx p_{Cu}$。根据简化等效电路计算阻抗等短路参数如下：

$$\left.\begin{aligned} Z_k &= \frac{U_k}{I_k} = \frac{U_{kN}}{I_N} \\ R_k &= \frac{p_k}{I_k^2} = \frac{p_{kN}}{I_{1N}^2} \\ X_k &= \sqrt{Z_k^2 - R_k^2} \end{aligned}\right\} \tag{3-42}$$

求"T"形等效电路参数时，可取：$R_1 \approx R_2' = R_k/2$，$X_1 \approx X_2' = X_k/2$。

由于试验环境温度和变压器的实际工作温度不同，电阻值受温度影响大，应进行温度折算，以减小试验误差。折算公式如下：

对于铜线变压器

$$R_{k75℃} = \frac{234.5 + 75}{234.5 + \theta} R_k \tag{3-43}$$

对于铝线变压器

$$R_{k75℃} = \frac{228 + 75}{228 + \theta} R_k \tag{3-44}$$

$$Z_{k75℃} = \sqrt{R_{k75℃}^2 + X_k^2} \tag{3-45}$$

短路损耗和短路电压也应换算到 75℃ 时的值，即

$$p_{k75℃} = R_{k75℃} I_{1N}^2 \tag{3-46}$$

$$U_{k75℃} = Z_{k75℃} I_{1N} \tag{3-47}$$

必须注意，在计算三相变压器短路参数时，U_k、I_k 和 p_k 应采用同一相值来计算。短路试验多在高压侧进行，短路参数都是折算至高压侧的数值，当需要折算到低压侧时，应取测得参数的 $1/k^2$ 倍。

短路电压是表示变压器性能的重要参数之一。短路试验时，当短路电流达到额定值时，一次侧所加的电压称为短路电压 U_{kN}。

$$U_{kN} = I_{1N} \cdot Z_{k75℃} \tag{3-48}$$

短路电压常用百分值来表示，即

$$u_k = \frac{I_{1N} Z_{k75℃}}{U_{1N}} \times 100\% \tag{3-49}$$

$$u_{ka} = \frac{I_{1N} R_{k75℃}}{U_{1N}} \times 100\% \tag{3-50}$$

$$u_{kr} = \frac{I_{1N} X_k}{U_{1N}} \times 100\% \tag{3-51}$$

式中，u_k 为短路电压百分值；u_{ka} 为短路电压电阻（或有功）分量百分值；u_{kr} 为短路电压电抗（或无功）分量百分值。

短路电压通常标在变压器的铭牌上，它能反映变压器带额定负载时漏阻抗压降的大小。短路电压的取值应该综合考虑，从运行角度来看，短路电压小的变压器输出电压更稳定，但短路时电流太大，可能损坏变压器。通常小型变压器的短路电压为 $4\% \sim 10.5\%$，大

型变压器的为 12.5%～17.5%。

3.3.2　标幺值

【内容导入】

标幺值是一个比值，用它代替实际值可为工程计算和电力系统分析带来很大的方便。

【内容分析】

在工程计算和电力系统分析中，一些物理量往往不用实际值表示，而用实际值与该物理量的基准值之比来表示，称为该物理量的标幺值（或相对值），即

$$标幺值 = \frac{实际值}{基准值}$$

通常在各物理量实际值符号上标"＊"来代表其标幺值，如 U_1^*、I_1^* 等。

在变压器和电机的相关计算中，常取各量的额定值作为基准值。常用的基准值如下：

(1) 变压器一、二次侧额定电压 U_{1N}、U_{2N} 作为变压器一、二次侧实际线电压的基准值；实际相电压的基准值应选择相应的额定相电压。

(2) 变压器一、二次侧额定电流 I_{1N}、I_{2N} 作为一、二次侧实际线电流的基准值；实际相电流的基准值应选择相应的额定相电流。

(3) 单相变压器一、二次侧阻抗的基准值分别为 $Z_{1B}=U_{1N}/I_{1N}$、$Z_{2B}=U_{2N}/I_{2N}$。对三相变压器取额定相电压和额定相电流的比值。

(4) 有功功率、无功功率和视在功率的基准值都为额定容量 S_N。单相功率的基准值取单相额定容量。例如，$U_1^*=U_1/U_{1N}$，$I_1^*=I_1/I_{1N}$，$Z_1^*=Z_1/Z_{1B}=Z_1I_{1N}/U_{1N}$ 等。

标幺值有以下特点：

(1) 额定值的标幺值为 1，实际值的标幺值能体现设备的运行情况。例如，$I_2^*=0.8$，表明该变压器带 80% 额定负载。

(2) 变压器一、二次侧各参数的标幺值折算前后相等。例如，$U_2'^*=\dfrac{U_2'}{U_{1N}}=\dfrac{kU_2}{kU_{2N}}=\dfrac{U_2}{U_{2N}}=U_2^*$。

(3) 不同物理量的标幺值相等。例如：

$$Z_k^* = \frac{Z_k}{Z_{1B}} = \frac{Z_kI_{1N}}{U_{1N}} = \frac{U_{kN}}{U_{1N}} = U_{kN}^* \tag{3-52}$$

$$x_k^* = \frac{X_k}{Z_{1B}} = \frac{X_kI_{1N}}{U_{1N}} = \frac{U_{kr}}{U_{1N}} = U_{kr}^* \tag{3-53}$$

(4) 标幺值的变化范围固定。例如，短路阻抗 $Z_k^*=0.04～0.175$，空载电流 $I_0^*=0.02～0.10$。

【例 3-2】　一台三相电力变压器为 Y，y 接线，$S_N=200\ kVA$，$U_{1N}/U_{2N}=10/0.4\ kV$。在低压侧做空载试验，测得数据为 $I_0=5.4\ A$，$p_0=500\ W$。在高压侧做短路试验，测得数据为 $U_k=0.4\ kV$，$I_k=12.1\ A$，$p_k=3490\ W$，室温 20℃。求：

例 3-2

(1) 变压器的"T"形等效电路参数的实际值和标幺值（折算到高压

侧,设 $R_1 = R_2'$,$X_1 = X_2'$,铝线绕组);

(2)短路电压百分值及其电阻分量和电抗分量的百分值。

解 (1)由空载试验数据求励磁参数。

励磁阻抗

$$Z_m = \frac{U_{0\varphi}}{I_{0\varphi}} = \frac{400}{5.4\sqrt{3}} = 42.77 \ (\Omega)$$

励磁电阻

$$R_m = \frac{p_0/3}{I_{0\varphi}^2} = \frac{500/3}{5.4^2} = 5.72 \ (\Omega)$$

励磁电抗

$$X_m = \sqrt{Z_m^2 - R_m^2} = \sqrt{42.77^2 - 5.72^2} = 42.39 \ (\Omega)$$

折算到高压侧的值:

变比
$$k = \frac{U_{1N}}{U_{2N}} = \frac{10}{0.4} = 25$$

$$Z_m' = k^2 Z_m = 25^2 \times 42.77 = 26731.25 \ (\Omega)$$

$$R_m' = k^2 R_m = 25^2 \times 5.72 = 3575 \ (\Omega)$$

$$X_m' = k^2 X_m = 25^2 \times 42.39 = 26493.75 \ (\Omega)$$

励磁参数标幺值:

$$I_{2N} = \frac{S_N}{\sqrt{3}U_{2N}} = \frac{200}{\sqrt{3} \times 0.4} = 288.68 \ (A)$$

$$Z_{2B} = \frac{U_{2N\varphi}}{I_{2N\varphi}} = \frac{400}{288.68\sqrt{3}} = 0.8 \ (\Omega)$$

$$Z_m^* = \frac{Z_m}{Z_{2B}} = \frac{42.77}{0.8} = 53.46$$

$$R_m^* = \frac{R_m}{Z_{2B}} = \frac{5.72}{0.8} = 7.15$$

$$X_m^* = \frac{X_m}{Z_{2B}} = \frac{42.39}{0.8} = 52.99$$

(2)由短路试验数据求短路参数。

短路阻抗

$$Z_k = \frac{U_k\sqrt{3}}{I_k} = \frac{400\sqrt{3}}{12.1} = 19.09 \ (\Omega)$$

短路电阻

$$R_k = \frac{p_k/3}{I_k^2} = \frac{3490/3}{12.1^2} = 7.95 \ (\Omega)$$

短路电抗

$$X_k = \sqrt{Z_k^2 - R_k^2} = \sqrt{19.09^2 - 7.95^2} = 17.36 \ (\Omega)$$

换算到 75℃时的短路参数:

$$R_{k75℃} = \frac{228+75}{228+20} \times 7.95 = 9.71 \ (\Omega)$$

$$Z_{k75℃} = \sqrt{R_{k75℃}^2 + X_k^2} = \sqrt{9.71^2 + 17.36^2} = 19.89 \ (\Omega)$$

则

$$R_1 = R_2' = \frac{1}{2}R_{k75℃} = \frac{1}{2} \times 9.71 = 4.855 \ (\Omega)$$

$$X_1 = X_2' = \frac{1}{2}X_k = \frac{1}{2} \times 17.36 = 8.68 \ (\Omega)$$

短路参数标幺值：

$$I_{1N} = \frac{S_N}{\sqrt{3}U_{1N}} = \frac{200}{\sqrt{3} \times 10} = 11.55 \ (A)$$

$$Z_{1B} = \frac{U_{1N\varphi}}{I_{1N\varphi}} = \frac{10000/\sqrt{3}}{11.55} = 499.87 \ (\Omega)$$

$$Z_k^* = \frac{Z_{k75℃}}{Z_{1B}} = \frac{19.89}{499.87} = 0.0398$$

$$R_k^* = \frac{R_{k75℃}}{Z_{1B}} = \frac{9.71}{499.87} = 0.0194$$

$$X_k^* = \frac{X_k}{Z_{1B}} = \frac{17.36}{499.87} = 0.0347$$

短路电压百分值及其电阻分量和电抗分量的百分值

$$u_k = \frac{Z_{k75℃} I_{1N}}{U_{1N}/\sqrt{3}} \times 100\% = \frac{19.89 \times 11.55}{10000/\sqrt{3}} \times 100\% = 3.98\%$$

$$u_{ka} = \frac{R_{k75℃} I_{1N}}{U_{1N}/\sqrt{3}} \times 100\% = \frac{9.71 \times 11.55}{10000/\sqrt{3}} \times 100\% = 1.94\%$$

$$u_{kr} = \frac{X_{k75℃} I_{1N}}{U_{1N}/\sqrt{3}} \times 100\% = \frac{17.36 \times 11.55}{10000/\sqrt{3}} \times 100\% = 3.47\%$$

■ 小结

变压器中的励磁参数 Z_m、R_m、X_m 和短路参数 Z_k、R_k、X_k 是变压器中的重要参数，且每种电抗对应着一种磁通，反映了磁路对电路的影响。变压器的这些参数可以通过空载试验和短路试验获得。

■ 思考与练习

一、填空题

1. 变压器的空载损耗可近似为＿＿＿＿，短路损耗可近似为＿＿＿＿，空载试验通常在＿＿＿＿压侧进行，短路试验通常在＿＿＿＿压侧进行。

2. 励磁参数需要通过变压器的＿＿＿＿试验测得，绕组内阻通过变压器的＿＿＿＿试验测得。

二、选择题

1. 在一台变压器的高压侧做空载试验求得的励磁参数是低压侧做空载试验求得的励

磁参数的（　　）。

A. k^2 倍　　　　　　B. k 倍　　　　　　C. 相同　　　　　　D. $2k$ 倍

2. 变压器空载试验测得损耗主要为（　　），短路试验测得损耗主要为（　　）。

A. 铁损耗，铁损耗　　　　　　　　　B. 铜损耗，铁损耗

C. 铁损耗，铜损耗　　　　　　　　　D. 铜损耗，铜损耗

3. 变压器空载试验测得数值可用于计算（　　）。

A. 原边漏电抗　　　　　　　　　　　B. 副边漏电抗

C. 副边电阻　　　　　　　　　　　　D. 励磁阻抗

三、简答题

1. 为什么可以把变压器的空载损耗看作变压器的铁耗，短路损耗看作额定负载时的铜耗？

2. 变压器做空载和短路试验时，从电源输入的有功功率主要消耗在哪里？在一、二次侧分别做同一试验，测得的输入功率相同吗？为什么？

四、计算题

1. 一台单相电力变压器，$S_N = 1000$ kVA，$U_{1N}/U_{2N} = 66/6.6$ kV。在低压侧做空载试验，数据为 $U_{20} = 6.6$ kV，$I_{20} = 19.1$ A，$p_0 = 7.49$ kW；在高压侧做短路试验，数据为 $U_k = 3.24$ kV，$I_k = 15.15$ A，$p_{kN} = 9.3$ kW。试求变压器

（1）折算到高压侧的励磁参数 Z_m、R_m、X_m；

（2）折算到低压侧的短路参数 Z_k'、R_k'、X_k'。

2. 某变电站有一台三相电力变压器，Y，y_n 接线，额定容量 $S_N = 750$ kVA，$U_{1N} = 10$ kV，$U_{2N} = 400$ V。在低压侧做空载试验，测得数据为 $U_0 = 400$ V，$I_0 = 60$ A，$p_0 = 3.8$ kW。在高压侧做短路试验，测得数据为 $U_k = 440$ V，$I_k = 43.3$ A，$p_k = 10.9$ kW，室温 18℃。求：

（1）变压器折算到高压侧的励磁参数和短路参数的实际值和标幺值（设 $R_1 = R_2'$，$X_1 = X_2'$，铝线绕组）。

（2）短路电压百分值及其电阻分量和电抗分量的百分值。

3.4　变压器的运行特性

▶▶ **内容导学**

变压器在运行过程中，要求输出电压稳定在一定范围内，保障负载电压基本不变，并且变压器的效率要高，以便把更多的电能传递给用户。那么通过哪些指标体现电压稳定和效率大小呢？怎么控制这些参数呢？这就需要学习变压器的运行特性。变压器的运行特性主要有外特性与效率特性，而表征变压器运行性能的主要指标为电压调整率和效率。

▶▶ **知识目标**

▶ 认识变压器的外特性，理解电压调整率的定义和计算公式。

▶ 掌握变压器的效率特性和相关公式。

⫸ 能力目标

▶ 能根据变压器的外特性分析一些实际问题，会计算电压调整率。

▶ 能用效率公式分析实际问题，会计算变压器的实际效率及最大效率。

3.4.1 变压器的外特性

【内容导入】

变压器的外特性就是外部电路即负载部分的特性，是用来反应变压器的输出性质的，分析它的目的是保证输出电压的稳定。如何来保证呢？

【内容分析】

一、外特性

变压器的外特性是指一次绕组接额定电压，当负载功率因数 $\cos\varphi_2$ 一定时，二次绕组端电压随负载电流变化的关系，即 $U_2 = f(I_2)$，用标幺值表示为如图 3-28 所示曲线。

变压器空载运行时，二次侧电压等于额定电压。变压器负载运行时，由于内部存在阻抗压降，使其二次侧输出电压随负载的变化而变化，不同负载时的变化规律也不相同。变压器带纯电阻或感性负载时，外特性曲线是下降的，而带容性负载时，外特性曲线可能上升。

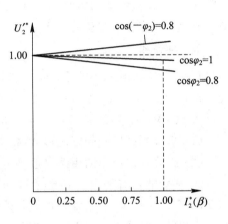

图 3-28　变压器的外特性曲线

二、电压调整率

电压调整率是用来表示变压器二次绕组端电压随负载变化的程度。其定义为，变压器一次绕组接额定电源，二次绕组的空载电压与一定负载功率因数下二次绕组端电压的差值与二次绕组额定电压的比值，即

$$\Delta U\% = \frac{U_{20} - U_2}{U_{2N}} \times 100\% = \frac{U_{2N} - U_2}{U_{2N}} \times 100\%$$

$$= \frac{U_{1N} - U_2'}{U_{1N}} \times 100\% = (1 - U_2'^*) \times 100\% \tag{3-54}$$

变压器的电压调整率大小体现了电网电压的稳定性，代表了电网供电质量，所以它是衡量变压器性能的一个重要指标。

可由变压器的简化相量图来求得 $\Delta U\%$ 的计算公式为

$$\Delta U\% = \beta(R_k^* \cos\varphi_2 + X_k^* \sin\varphi_2) \times 100\% \tag{3-55}$$

式中，β 为变压器的负载系数，$\beta = I_1^* = I_2^*$；φ_2 为负载的功率因数角，当负载为感性时，φ_2 取正值，当负载为容性时，φ_2 取负值；R_k^* 为短路电压标幺值；X_k^* 为短路电抗标幺值。

可以看出，电压调整率与负载的大小和性质、短路阻抗的标幺值有关。电压调整率和负载的大小成正比，随短路电阻和短路电抗标幺值的增加而增加。在一定的负载系数下，当负载为感性时，φ_2 为正值，$\Delta U\%$ 为正值，说明二次侧电压比空载电压低；当负载为容性时，φ_2 为负值，$\sin\varphi_2$ 为负值，$\Delta U\%$ 有可能为负值，则此时的外特性曲线可能上升。

一般的电力变压器，当 $\cos\varphi_2=0.8$(滞后)时，额定负载时的电压调整率 $\Delta U\%=6\%$ 左右。变压器运行时，如果输出电压大小不符合要求，可以通过高压绕组的分接开关进行调整，使输出电压不超出允许范围。

【例 3 - 3】 一台三相电力变压器，已知 $R_k^*=0.032$，$X_k^*=0.048$。试计算额定负载时下列情况变压器的电压调整率 $\Delta U\%$：

(1) $\cos\varphi_2=0.85$(滞后)；

(2) $\cos\varphi_2=1.0$(纯电阻负载)；

(3) $\cos\varphi_2=0.85$(超前)。

例 3 - 3

解 (1) $\beta=1$，$\cos\varphi_2=0.85$，$\sin\varphi_2=0.53$

$$\begin{aligned}\Delta U\% &= \beta(R_k^*\cos\varphi_2 + X_k^*\sin\varphi_2)\times 100\% \\ &= (0.032\times 0.85 + 0.048\times 0.53)\times 100\% \\ &= 5.26\%\end{aligned}$$

(2) $\beta=1$，$\cos\varphi_2=1.0$，$\sin\varphi_2=0$

$$\begin{aligned}\Delta U\% &= \beta(R_k^*\cos\varphi_2 + X_k^*\sin\varphi_2)\times 100\% \\ &= (0.032\times 1.0 + 0.048\times 0)\times 100\% \\ &= 3.2\%\end{aligned}$$

(3) $\beta=1$，$\cos\varphi_2=0.85$，$\sin\varphi_2=-0.53$

$$\begin{aligned}\Delta U\% &= \beta(R_k^*\cos\varphi_2 + X_k^*\sin\varphi_2)\times 100\% \\ &= (0.032\times 0.85 - 0.048\times 0.53)\times 100\% \\ &= -0.176\%\end{aligned}$$

3.4.2 变压器的效率特性

【内容导入】

变压器输入和输出功率不相等，因为中间有损耗，而且有些损耗会随着负载的变化而变化，体现这些损耗多少的就是变压器的效率。它们之间的关系如何呢？

【内容分析】

先了解一下变压器的损耗，然后再分析变压器的效率特性。

一、变压器的损耗

铁心的铁损耗 p_{Fe} 和原副绕组的铜损耗 p_{Cu} 构成了变压器的损耗，表示为总损耗 $\sum p = p_{Fe} + p_{Cu}$。铁损耗主要包括磁滞损耗和涡流损耗，变压器以额定电压 U_{1N} 运行时，由于铁损耗近似地与磁通的平方成正比而基本不变，即不随负载电流变化而变化，所以铁损耗又称为不变损耗，约等于空载损耗。铜损耗和负载电流的平方近似成正比，则铜损耗又称为可变损耗，约等于相应电流时的短路损耗。

另外，变压器中还有很少的其他损耗，称之为附加损耗，往往忽略不计，所以变压器的总损耗可表示为

$$\sum p = p_{Cu} + p_{Fe} = \beta^2 p_{kN} + p_0 \qquad (3-56)$$

式中，$\beta = \dfrac{I_2}{I_{2N}}$ 为负载系数；p_{kN} 为额定电流时的短路损耗；p_0 为空载损耗。

二、变压器的效率

由于损耗的产生，使得变压器在传递电能的过程中，输出功率小于输入功率。通常把变压器输出有功功率 P_2 与输入有功功率 P_1 的比值定义为变压器效率，用 η 表示，即

变压器的效率
与课程思政

$$\eta = \frac{P_2}{P_1} \times 100\% \qquad (3-57)$$

变压器的效率很高，虽然可用直接负载法通过测量输出功率 P_2 和输入功率 P_1 来确定，但两者相差不多，不容易区分。所以工程上多用间接法来测量、计算变压器的效率，先通过空载试验和短路试验测量参数，得出变压器的铁损耗 p_{Fe} 和铜损耗 p_{Cu}，然后依据下式计算效率

$$\eta = \left(1 - \frac{\sum p}{P_1}\right) \times 100\% = \left(1 - \frac{p_{Fe} + p_{Cu}}{P_2 + p_{Fe} + p_{Cu}}\right) \times 100\% \qquad (3-58)$$

通常变压器的电压调整率很小，负载时 U_2 的变化不大，即认为 $U_2 \approx U_{2N}$，则输出功率为 $P_2 = U_{2N} I_2 \cos\varphi_2 = \beta U_{2N} I_{2N} \cos\varphi_2 = \beta S_N \cos\varphi_2$。所以，式(3-58)可写成

$$\eta = \left(1 - \frac{p_0 + \beta^2 p_{kN}}{\beta S_N \cos\varphi_2 + p_0 + \beta^2 p_{kN}}\right) \times 100\% \qquad (3-59)$$

一台成品变压器的 p_0 和 p_{kN} 是一定的，可见效率大小取决于负载大小及功率因数。

三、变压器的效率特性曲线

变压器的效率特性是指在功率因数一定时，效率与负载系数之间的关系 $\eta = f(\beta)$，称为变压器的效率特性曲线，如图 3-29 所示。

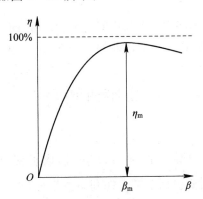

图 3-29　变压器的效率特性曲线

可以看出，变压器空载时，$\beta = 0$，$P_2 = 0$，$\eta = 0$。变压器负载很小时，铜损耗很小，而铁损耗不变，输入功率主要提供给铁耗，故效率很低。当负载开始增加，铜损耗较小时，随着输出功率的增加，效率增加很快；当负载达到某一数值时，效率达到最大，随后呈现下降趋势。这是由于随负载的增大，铜损耗 p_{Cu} 随负载系数 β 的平方按正比例增加，损耗增加更快。

取式(3-59)对 β 的导数等于零时，求得 $\beta_m = \sqrt{\dfrac{p_0}{p_{kN}}}$，即

$$\beta_m^2 p_{kN} = p_0 \tag{3-60}$$

这就是变压器产生最大效率的条件。当铜损耗等于铁损耗，即可变损耗等于不变损耗时，效率最高。把 β_m 代入式(3-59)可求得最大效率 η_m 为

$$\eta_m = \left(1 - \frac{2p_0}{\beta_m S_N \cos\varphi_2 + 2p_0}\right) \times 100\% \tag{3-61}$$

式中，β_m 为最大效率时的负载系数。

通常变压器并联于电网运行，其铁损耗不变，而铜损耗随负载变化，变压器通常运行于欠载状态，铜耗小于铁耗，所以铁损耗设计得小些可以提高变压器的运行效率，通常电力变压器的 β_m 为 0.5～0.6。

【例 3-4】 一台容量为 325 kVA 的三相电力变压器，空载损耗 $p_0 = 1460$ W，短路损耗 $p_{kN} = 5800$ W。求：

(1) 额定运行时的效率，$\cos\varphi_2 = 0.85$(滞后)。

(2) 对应最大效率时的负载系数 β_m，并求出最大效率 η_m。

例 3-4

解 (1)
$$\eta = \left(1 - \frac{p_0 + \beta^2 p_{kN}}{\beta S_N \cos\varphi_2 + p_0 + \beta^2 p_{kN}}\right) \times 100\%$$
$$= \left(1 - \frac{1460 + 5800}{1 \times 325 \times 10^3 \times 0.85 + 1460 + 1^2 \times 5800}\right) \times 100\%$$
$$= 97.44\%$$

(2)
$$\beta_m = \sqrt{\frac{p_0}{p_{kN}}} = \sqrt{\frac{1460}{5800}} = 0.5$$
$$\eta_m = \left(1 - \frac{2p_0}{\beta_m S_N \cos\varphi_2 + 2p_0}\right) \times 100\%$$
$$= \left(1 - \frac{2 \times 1460}{0.5 \times 325 \times 10^3 \times 0.85 + 2 \times 1460}\right) \times 100\%$$
$$= 97.93\%$$

■ 小结

变压器的外特性和效率特性能够反映变压器的运行特性，电压调整率 $\Delta U\%$ 和效率 η 是衡量其运行性能的两个重要指标。$\Delta U\%$ 的大小反映了变压器负载运行时输出电压的稳定性，而效率 η 则显示变压器运行时的经济性。设计变压器时各阻抗的参数应合理配置，使输出电压稳定，效率更高。

■ 思考与练习

一、填空题

1. 电压调整率是用来表示变压器二次绕组端电压随_____变化的程度。

2. 变压器中_____损耗称为不变损耗，_____损耗称为可变损耗。

3. 变压器中_____损耗等于_____损耗时效率最高。

二、选择题

1. 变压器带感性负载时，外特性曲线是（　　）。

　A. 上翘的　　　　　B. 下降的　　　　　C. 水平的　　　　　D. 无法确定

2. 变比 $k=2$ 的变压器，空载损耗 250 W（低压侧测得），短路损耗 1000 W（高压侧测得），则变压器效率最大时负载系数 β 为（　　）。

　A. 2　　　　　　　B. 1　　　　　　　C. 0.5　　　　　　D. 0.25

3. 变压器的铜损耗称为（　　）。

　A. 可变损耗　　　B. 不变损耗　　　C. 随机损耗　　　D. 固定损耗

4. 一台变压器在（　　）时效率最高。

　A. $\beta=1$　　　B. $p_0/p_k=$常数　　C. $S=S_N$　　　D. $p_{Cu}=p_{Fe}$

5. 某变压器给车间里的多台异步电动机供电，当增加运行的电动机台数时，变压器的端电压会（　　）。

　A. 升高　　　　　B. 降低　　　　　C. 不变　　　　　D. 先升高后降低

三、简答题

1. 变压器的电压调整率是如何定义的？变压器负载运行时引起二次侧端电压变化的原因是什么？当二次侧带什么性质的负载时有可能使电压调整率为零？

2. 电力变压器的效率与哪些因素有关？何时效率最高？为什么电力变压器设计时，一般取 $p_0<p_{kN}$？如果取 $p_0=p_{kN}$，最适合变压器带多大负载？

四、计算题

1. 某工厂有一台三相电力变压器，参数为 $R_k^*=0.026$，$X_k^*=0.0486$。试计算额定负载时下列情况变压器的电压调整率 $\Delta U\%$：

（1）$\cos\varphi_2=0.8$（滞后）；

（2）$\cos\varphi_2=1.0$（同相）；

（3）$\cos\varphi_2=0.8$（超前）。

2. 有一台三相变压器，$S_N=150$ kVA，$p_0=650$ W，$p_{kN}=1980$ W。求：

（1）满载时的效率，$\cos\varphi_2=0.8$（滞后）；

（2）效率最大时的负载系数 β_m 及最大效率 η_m。

3.5　三相变压器

▶▶内容导学

现代电力系统均采用三相制，因此三相变压器得到广泛应用。如图 3-30 所示是三相变压器。

图 3-30 三相变压器

三相变压器可以看作是由 3 个单相变压器组成的对称系统,前面讲过的单相变压器的分析方法和结论对三相变压器的每一相同样适用。但三相变压器也有自己独特的问题,如其磁路系统、绕组的连接方式、连接组别等。本次课程主要分析这些问题。

▶▶ 知识目标

- ▶ 了解变压器的磁路系统;
- ▶ 掌握变压器的连接组别。

▶▶ 能力目标

- ▶ 能辨别三相变压器磁路系统的类型;
- ▶ 能认识变压器的连接组别,能说出连接组别的含义;
- ▶ 知道我国电力变压器的标准连接组别;
- ▶ 会用相量图判定连接组别。

3.5.1 三相变压器的磁路系统

【内容导入】

单相变压器的磁路系统是由硅钢片叠成的铁心,三相变压器的磁路系统和单相变压器的磁路系统有什么不同呢?

【内容分析】

三相变压器的磁路系统按铁心结构形式的不同分为两种,一种是组式变压器磁路,另一种是心式变压器磁路。

一、三相组式变压器磁路

三相组式变压器可以看作是由 3 个单相变压器组成,一、二次绕组按一定方式连接,如图 3-31 所示。各相磁路独立，互不关联。当一次绕组加三相对称电压时，各相主磁通对称，各相空载电流也是对称的。

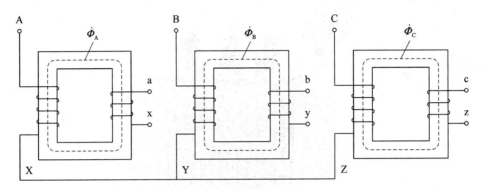

图 3-31　三相组式变压器的磁路

二、三相心式变压器磁路

三相心式变压器磁路是由三相组式变压器的磁路经过不断改进得来的。如图 3-32(a) 所示，把 3 个单相铁心的一边重合，当一次绕组加压时，产生三相对称磁通。中间铁心柱的磁通为 $\dot{\Phi}_A + \dot{\Phi}_B + \dot{\Phi}_C = 0$，所以可省去中间的铁心柱，如图 3-32(b) 所示。为了简化结构，便于加工制造，可把 3 个铁心柱排列在同一个平面内，如图 3-32(c) 所示，这就是三相心式变压器。

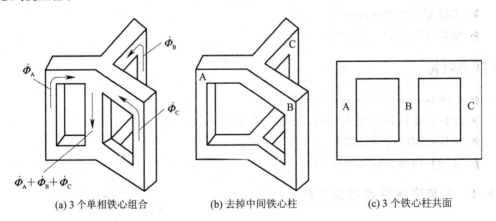

(a) 3 个单相铁心组合　　　　(b) 去掉中间铁心柱　　　　(c) 3 个铁心柱共面

图 3-32　三相心式变压器的磁路

三相心式变压器磁路的特点是三相磁路彼此相关，由于中间相磁路最短，两边磁路较长，造成三相磁路不对称。虽然外加三相对称电压，三相空载电流也不完全对称。但由于空载电流较小，对变压器负载运行的影响甚微，可以近似看作三相对称系统。

3.5.2　三相变压器的连接组别

【内容导入】

三相变压器工作时，高、低压绕组可以是星形或三角形连接方式，且高、低压侧的电动势有相位差，怎样表示变压器三相绕组的这些实际情况呢？

【内容分析】

在分析变压器三相绕组的连接情况之前，需要先学习一些基础知识。

一、关于连接组别的基础知识

1. 绕组的首末端标志

为了方便使用变压器，需要用字母标出高、低压绕组出线的首末端，其规定如表 3－1 所示。

表 3－1　变压器绕组的首端和末端的标志

绕组	单相		三相		
	首端	末端	首端	末端	中性点
高压绕组	A	X	A B C	X Y Z	O
低压绕组	a	x	a b c	x y z	o
中压绕组	A_m	X_m	$A_m\ B_m\ C_m$	$X_m\ Y_m\ Z_m$	O_m

2. 同名端

同一交变主磁通在变压器的某相高、低压绕组感应电动势，在任一瞬间高压绕组的某一端为正（高电位）时，在低压绕组上必有一个端头的电位也为正（高电位），则这两个对应的端头称为同名端或同极性端，通常用符号"·"或"＊"标出。极性不同的两个端头为异名端。绕组的绕向决定了绕组的极性，与绕组首、末端的标志无关。

3. 时钟法

由于变压器高、低压绕组的电动势的相位差总是 30°的倍数，和钟表的每格角度对应，可以用"时钟法"来表示相位关系，如图 3－33 所示。规定将高压绕组的线（或相）电动势相量看作时钟的长针，指向"12"（"0"点）的位置固定不动，该相的低压绕组的线（或相）电动势相量看作时钟的短针，所指的数字就是变压器连接组别的标号。

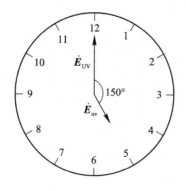

图 3－33　时钟法示意图

4. 单相变压器的连接组别

变压器的连接组别就是用来表示变压器高、低压绕组的接线方式以及某相高、低压绕组线（或相）电动势之间的相位关系的符号。

规定高、低压绕组相电动势的正方向从末端指向首端，高压绕组相电动势 $\dot{E}_A$ 和低压绕组相电动势 $\dot{E}_a$ 正方向如图 3-34 所示。

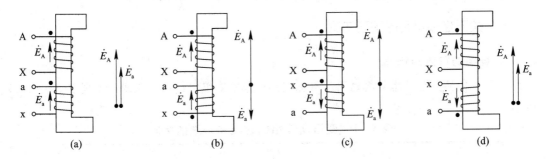

图 3-34　单相变压器的高、低压绕组电动势相量及相位关系

由图中情况分析可知，单相变压器高、低压绕组相电动势有两种相位关系：

(1) 当高、低压绕组首端 A 与 a 为同名端时，高、低压相电动势 $\dot{E}_A$、$\dot{E}_a$ 相位相同；

(2) 当高、低压绕组首端 A 与 a 为异名端时，高、低压相电动势 $\dot{E}_A$、$\dot{E}_a$ 相位相反。

单相变压器的连接组别有两种。当高、低压绕组的同名端都标为首端（或尾端）时，由于高、低压绕组的电动势同相位，连接组别表示为"I，I0"。符号"I，I"代表高、低压绕组均为单相绕组，标号 0 代表高、低压绕组的电动势同相位。当同一相高、低压绕组的异名端都标为首端（或尾端）时，高、低压绕组电动势反相位，连接组别为"I，I6"。标号 6 代表高、低压绕组的电动势反相位。

二、三相绕组的连接方式

三相变压器的高、低压绕组有两种连接方式，即星形连接（Y 连接）和三角形连接（D 连接）。

星形连接就是把三相绕组的 3 个末端连接在一起，汇成中点，3 个首端引出线接电源或负载，以符号 Y（高压侧）或 y（低压侧）表示，如图 3-35（a）所示。当中性点有引出线时

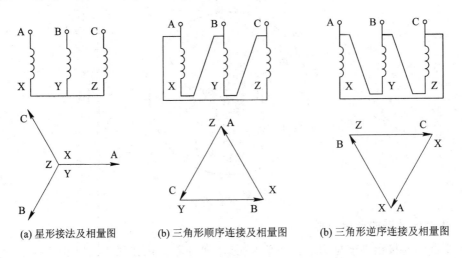

(a) 星形接法及相量图　　　(b) 三角形顺序连接及相量图　　　(b) 三角形逆序连接及相量图

图 3-35　三相绕组的连接方式及相量图

用 YN 或 yn 表示。三角形连接就是把三相绕组的首端和末端依次连接起来,形成闭合回路,用 D 或 d 表示。有两种连接顺序:按 A→X B→Y C→Z A 的次序,如图 3-35(b)所示,称为顺序连接;按 A→X C→Z B→Y A 的次序,如图 3-35(c)所示,称为逆序连接。

三、三相变压器的连接组别

三相变压器的连接组别包含绕组的连接方式和高、低压绕组线电动势的相位差两方面的内容。绕组的连接方式有"Y,y""Y,d""D,y""D,d""YN,y""Y,yn"等多种。三相变压器高、低压绕组对应线电动势之间的相位差,取决于绕组的极性和首末端的标志以及绕组的连接方式,可以通过相量图来确定,用时钟数字表示,即连接组别标号。

1."Y,y"连接

"Y,y"连接有以下两种情况:

(1)当同一相的高、低压绕组的同名端都为首端或末端时,高、低压绕组相电动势同相位,则高、低压绕组对应线电动势 $\dot{E}_{AB}$ 和 $\dot{E}_{ab}$ 也同相位,其连接组别为"Y,y0",如图 3-36 所示。

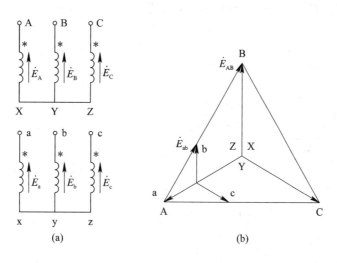

图 3-36 "Y,y0"连接组别

(2)当同一相的高、低压绕组的异名端都为首端或末端时,高、低压绕组相电动势反相位,则高、低压绕组对应线电动势 $\dot{E}_{AB}$ 和 $\dot{E}_{ab}$ 反相位,其连接组别为"Y,y6",如图 3-37 所示。

如图 3-36 所示,当高压绕组接线不变,把低压绕组三相依次右移一个位置,体现在相量图上就是把各相量顺时针方向转过 120°(相当于表针转过 4 个钟点数),可得到"Y,y4"连接组别;如果继续右移一个位置,得到"Y,y8"连接组别。同理,对如图 3-37 所示连接组别,经过右移可得到"Y,y10"和"Y,y2"连接组别。

2. Y,d 连接

如图 3-38(a)所示绕组为"Y,d"连接。高、低压绕组首端为同名端,低压绕组为"逆序"三角形连接,此时,高、低压绕组相电动势同相位,但低压侧线电动势 $\dot{E}_{ab}$ 超前高压侧

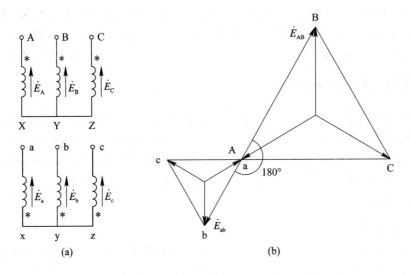

图 3 - 37　"Y，y6"连接组别

对应线电动势 $\dot{E}_{AB}30°$，如图 3 - 38(b)所示，其连接组别为"Y，d11"。

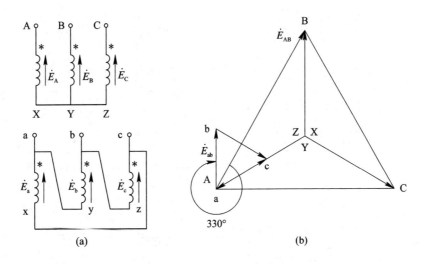

图 3 - 38　"Y，d11"连接组别

　　同理，高压绕组不变，把低压绕组三相依次右移，则可得到"Y，d3"和"Y，d7"连接组别。

　　如果把低压绕组按如图 3 - 39(a)所示的"顺序"三角形连接，高、低压绕组相电动势同相位，线电动势 $\dot{E}_{ab}$ 滞后 $\dot{E}_{AB}30°$，如图 3 - 39(b)所示，即得到"Y，d1"连接组别，低压绕组右移还可以得到"Y，d5"和"Y，d9"连接组别。

　　根据以上分析可以看出，当绕组为"Y，y"连接时，有 0、2、4、6、8、10 共 6 个偶数标号；当绕组为"Y，d"连接时，有 1、3、5、7、9、11 共 6 个奇数标号。另外，"D，d"连接可以得到与"Y，y"连接相同的偶数标号，"D，y"连接可以得到与"Y，d"连接相同的奇数标号。

　　为了规范变压器的连接组别，我国通常只生产"I，I0"连接组别的单相变压器和 5 种标准连接组别的三相电力变压器，分别为"Y，yn0""Y，d11""YN，d11""YN，y0"和"Y，y0"。前面 3 种较为常用。"Y，yn0"连接组别常用于三相四线制线路，可配带动力负载和照明负

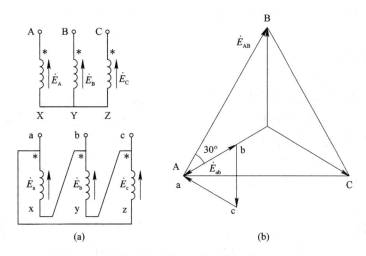

图 3-39　"Y, dl"连接组别

载。"Y, dll"连接组别用在低压侧高于 400 V 的线路中。"YN, dll"连接组别主要用在高压输电线路中，方便高压侧接地。

■ 小结

三相变压器磁路系统通常有两种类型：组式变压器磁路和心式变压器磁路。前者三相磁路各自独立，后者三相磁路彼此关联。

变压器的电路系统部分除了介绍首末端标志、同名端和时钟法外，还介绍了变压器的连接组别。所谓连接组别是指用来表示变压器高、低压绕组的接线方式以及某相高、低压绕组线（或相）电动势之间的相位关系的符号。

单相变压器的连接组别有"I, I0"和"I, I6"两种，前者为标准连接组别；三相变压器的连接组别表示了高、低压绕组的连接方式以及高、低压绕组对应线电动势的相位差。国家标准规定三相电力变压器的标准连接组别有"Y, yn0""Y, dll""YN, dll""YN, y0""Y, y0"五种，前面三种较为常见。

■ 思考与练习

一、填空题

1. 三相变压器的磁路有_____和_____变压器磁路两种形式。
2. 我们规定相电动势的正方向从变压器的_____端指向_____端。
3. 当变压器首端为_____端时，高、低压绕组的电动势同相位；首端为_____端时，高、低压绕组的电动势反相位。
4. 变压器的连接组别表明了绕组的_____和电动势的_____两项内容。

二、选择题

1. 将 3 个绕组的末端连接在一起，接成中性点，再将 3 个绕组首端引出，这种接法称为（　　）。

A. 三角形接法　　B. 星形－三角形接法　　　C. 星形接法　　　D. 三角形－星形接法

2. 将 3 个绕组的各相首末端相接构成 1 个闭合回路，把 3 个连接点接到电源上去的方法叫（　　）。

    A. 三角形连接　　　　　　　　　　　　B. 星形连接

    C. 星形－三角形连接　　　　　　　　　D. 三角形－星形连接

3. 三相心式变压器是由铁轭把三相（　　）连接在一起的三相变压器。

    A. 绕组　　　　　B. 铁心柱　　　　　　C. 绕组和铁心　　D. 电源

4. 单相变压器的连接组别有（　　）种。

    A. 一　　　　　　B. 两　　　　　　　C. 三　　　　　　D. 五

5. 我国三相电力变压器的标准连接组别有（　　）种。

    A. 一　　　　　　B. 二　　　　　　　C. 四　　　　　　D. 五

三、简答题

1. 三相组式变压器和三相心式变压器在磁路结构上有什么不同？

2. 单相变压器的连接组别怎样表示？三相变压器的连接组别怎样表示？

3. 如果三相变压器一次侧线电动势 $\dot{E}_{AB}$ 超前二次侧线电动势 $\dot{E}_{ab}$ 的相位为 $4 \times 30°$ 时，该变压器连接组别的标号为多少？

四、计算题

1. 变压器出厂前要进行"极性"试验，在高压侧 A、X 端加电压，将 X - x 相连，用电压表测量 A、a 间电压。设变压器额定电压为 220/110 V，如 A、a 为同名端，电压表的读数为多少？如为异名端，则读数又为多少？

2. 根据变压器的连接组别绘出其接线图和相量图：（1）"Y，y6"；（2）"Y，d3"。

3.6　三相变压器的并联运行

▶ 内容导学

现代发电厂或变电站中的变压器工作时，通常要并联运行。如图 3 - 40 所示是多台变压器并联运行。为什么变压器要并联运行呢？

图 3 - 40　多台变压器并联运行

升压变压器或降压变压器采用并联运行方式，比独立运行有很多优越性，但是必须符合一定的条件，否则就不能并联运行。例如，某变电站装有 4000 kVA 和 3150 kVA 两台变压器。经过对两台变压器运行情况进行计算，并联运行一年后，节约电能 10.2 万 kWh，节电效果非常明显，提高了经济效益。

▶ 知识目标

- ▶ 掌握三相变压器并联运行的理想条件；
- ▶ 认识变比、连接组别、短路阻抗标幺值不等时并联运行状况；
- ▶ 掌握变压器并联运行时负荷分配的计算方法。

▶ 能力目标

- ▶ 能根据并联运行条件判断变压器是否可以并联运行；
- ▶ 能分析某条件不满足时并联运行的后果；
- ▶ 能通过计算为并联运行的变压器分配负荷。

3.6.1　三相变压器并联运行的理想条件

【内容导入】

某变电站装有 4000 kVA 和 3150 kVA 两台变压器，计划并联运行，是否可以？需要验证哪些条件？如果用一台 7150 kVA 的变压器是否更好？

【内容分析】

变压器的并联运行是指两台或多台变压器的一、二次侧绕组分别接于公共母线上，一起给负载供电的运行方式。如图 3 - 41(a)所示是两台三相变压器并联运行的接线图，如图 3 - 41(b)所示是两台三相变压器并联运行的单线图。

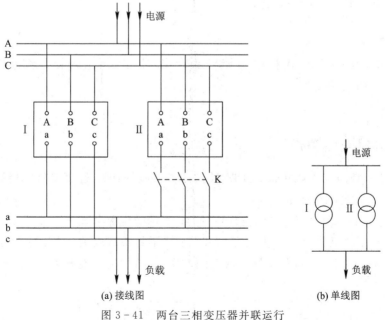

图 3 - 41　两台三相变压器并联运行

一、变压器并联运行的优点

变压器并联运行有以下优点：

（1）提高了系统供电的可靠性。变压器并联运行时，当一台变压器
发生故障或检修时，其他变压器仍能保证对重要负载供电。

变压器的并联
运行与课程思政

（2）提高了系统的经济性。可以根据负荷的大小适时调整投入并
联运行的变压器的台数，以减小损耗，提高系统的经济效益。

（3）减少了初期投资。随着负载的增加，分期投入并联运行的变压器，减少了初期投
入，也减少了备用容量。

值得注意的是，并联运行的变压器台数过多会增加总的设备费用、材料消耗和占地面
积，所以变压器的并联台数要适宜。

二、变压器并联运行的理想状态

变压器并联运行的理想状态为空载运行时，各台变压器之间（一次侧或二次侧）无环
流；负载运行时，各台变压器所分担的负载与额定容量成正比，输出容量最大；各变压器
输出电流同相位。

三、变压器并联运行的理想条件

并联运行的变压器满足以下条件就可达到上述理想状态。

（1）各变压器的变比基本相等，一、二次侧的额定电压应分别相等。

（2）各变压器的连接组别必须相同。

（3）各变压器的短路阻抗相同，即短路阻抗的标幺值和阻抗角分别相等。

3.6.2　理想条件的必要性分析

【内容导入】

某变电站装有 4000 kVA 和 3150 kVA 两台变压器。如果在不符合理想条件的情况下
并联到一起，会出现什么状况？

【内容分析】

一、变比不等时并联运行

两台单相双绕组变压器并联，如果它们的连接组别相同，且短路阻抗相等，但变比不
等，下面分析它们并联运行的状况。

当变比不等的两台变压器并联空载运行时，其等效电路如图 3 - 42 所示，电源电压为
$\dot{U}_1$，并联开关 S_1 和负载开关 S_2 均处于断开位置。不计空载电流，假设两台变压器的变比
分别为 k_{I} 和 k_{II}，如果 $k_{\text{I}} < k_{\text{II}}$，则二次侧的电压 $U_{2\text{I}} > U_{2\text{II}}$，在开关 S_1 断开处，电压 $\Delta \dot{U}$
的值为

$$\Delta \dot{U} = \dot{U}_{2\text{I}} - \dot{U}_{2\text{II}} = \left(-\frac{\dot{U}_1}{k_{\text{I}}}\right) - \left(-\frac{\dot{U}_1}{k_{\text{II}}}\right) \tag{3-62}$$

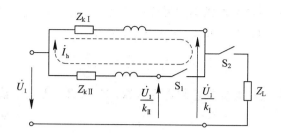

图 3-42 变比不等的两台变压器并联空载运行的等效电路

当闭合开关 S_1，在 $\Delta \dot{U}$ 的作用下，将在两台变压器的连接电路中出现环流，环流大小为

$$\dot{I}_\mathrm{h} = \frac{\Delta \dot{U}}{Z_\mathrm{kI} + Z_\mathrm{kII}} \qquad (3-63)$$

式中，Z_kI、Z_kII 为变压器 I、II 折算后的短路阻抗。

可以看出，两台变压器的一次侧电流是空载电流和环流之和，该电流增加了变压器空载运行时的损耗。实际应用中要求环流小于额定电流的 10%，则变比差值不应大于 1%。

当两台并联运行的变压器负载运行时，每台变压器的实际电流分别为各自负载电流与环流的代数和。如果图 3-42 所示为电流正方向，可知第一台变压器的实际电流大于其负载电流，第二台变压器的实际电流小于其负载电流，所以当第一台变压器到达满载时，第二台变压器尚处于欠载，变压器的容量得不到充分利用。

可见，变比不等的变压器并联运行时，一、二次侧回路会产生环流，增加了损耗。负载运行时，环流使变比较小的变压器实际电流偏大，可能过载；变比较大的变压器实际电流偏小，可能欠载。所以，变压器并联运行时，变比应该相同。稍有不同时，容量大的变压器变比小一些，可以充分利用变压器总容量。

二、连接组别不同时并联运行

如果两台变压器的连接组别不同，其他并联条件都满足，二次侧线电动势的相位差为 30° 的整数倍，下面分析它们并联运行的状况。

以相差 30° 为例，画出相量图，如图 3-43 所示。其二次侧电压差为

$$\Delta U_2 = 2U_{2\mathrm{N}} \sin \frac{30°}{2} = 0.518U_{2\mathrm{N}} \qquad (3-64)$$

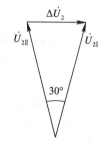

图 3-43 相量图

可以看出，并联运行的变压器二次侧的相位差至少为 30° 时，电压差为额定电压的 51.8%，由于变压器内阻抗很小，产生的空载环流很大，为额定电流的若干倍，可能会烧毁变压器。因此连接组别不同的变压器严禁并联运行。

三、短路阻抗不等时并联运行

当两台并联运行的变压器变比相等且连接组别相同时，如果只有短路阻抗的标幺值不相等，下面分析它们并联运行的状况。如图 3-44 所示为短路阻抗不等的两台变压器并联

运行时的等效电路，a、b 两点间的短路阻抗电压为 $I_{\mathrm{I}} Z_{\mathrm{kI}} = I_{\mathrm{II}} Z_{\mathrm{kII}}$，则有 $I_{\mathrm{I}}^{*} Z_{\mathrm{kI}}^{*} = I_{\mathrm{II}}^{*} Z_{\mathrm{kII}}^{*}$，因为 $I_{\mathrm{I}}^{*} = \beta_{\mathrm{I}}$，$I_{\mathrm{II}}^{*} = \beta_{\mathrm{II}}$，所以有 $\beta_{\mathrm{I}} Z_{\mathrm{kI}}^{*} = \beta_{\mathrm{II}} Z_{\mathrm{kII}}^{*}$。可得

$$\beta_{\mathrm{I}} : \beta_{\mathrm{II}} = \frac{1}{Z_{\mathrm{kI}}^{*}} : \frac{1}{Z_{\mathrm{kII}}^{*}} \tag{3-65}$$

式中，β_{I}、β_{II} 为变压器 I、变压器 II 的负载系数；Z_{kI}^{*}、Z_{kII}^{*} 为变压器 I、变压器 II 的短路阻抗的标幺值。

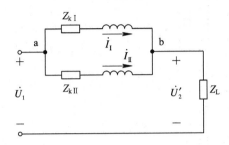

图 3-44 短路阻抗不等的两台变压器并联运行时的等效电路

分析式(3-65)可知，两台短路阻抗标幺值不等的变压器并联运行，当短路阻抗标幺值大的变压器满载运行时，短路阻抗标幺值小的变压器已过载；当短路阻抗标幺值小的变压器满载运行时，短路阻抗标幺值大的变压器处于欠载状态。变压器的容量不能得到充分利用，是不经济的。

因为变压器不能长期过载运行，所以通常要求短路阻抗标幺值最小的变压器满载运行，而其他变压器都处于欠载运行状态。

当只有短路阻抗角不等时，两台变压器的输出电流大小相等但相位不同，输出总电流小于两台变压器输出电流的算术和，那么两台变压器向负载提供的容量会小于两台变压器额定容量之和，此时设备的容量不能充分发挥，短路阻抗角的差值越大，设备的利用率越低。

【例 3-5】 有两台连接组别和变比均相同的三相变压器并联运行，其参数为 $S_{\mathrm{NI}} = 1200 \mathrm{\ kVA}$，$u_{\mathrm{kI}} = 5.6\%$；$S_{\mathrm{NII}} = 1800 \mathrm{\ kVA}$，$u_{\mathrm{kII}} = 6.5\%$。试求：

(1) 如果给 2800 kVA 的负载供电，每台变压器输出功率为多少？

(2) 没有变压器过载的情况下，最大的输出功率和设备的利用率分别为多少？

例 3-5

解 (1) 因为 $Z_{\mathrm{kI}}^{*} = u_{\mathrm{kI}} = 0.056$，$Z_{\mathrm{kII}}^{*} = u_{\mathrm{kII}} = 0.065$。由已知条件可得方程组

$$\begin{cases} \beta_{\mathrm{I}} S_{\mathrm{NI}} + \beta_{\mathrm{II}} S_{\mathrm{NII}} = 2800 \ (\mathrm{kVA}) \\ \beta_{\mathrm{I}} : \beta_{\mathrm{II}} = \dfrac{1}{Z_{\mathrm{kI}}^{*}} : \dfrac{1}{Z_{\mathrm{kII}}^{*}} = \dfrac{1}{0.056} : \dfrac{1}{0.065} \end{cases}$$

解方程组可得

$$\beta_{\mathrm{I}} = 1.161\beta_{\mathrm{II}} = 1.018, \quad \beta_{\mathrm{II}} = 0.877$$

则有

$$S_{\mathrm{I}} = \beta_{\mathrm{I}} S_{\mathrm{NI}} = 1222 \ (\mathrm{kVA})$$
$$S_{\mathrm{II}} = \beta_{\mathrm{II}} S_{\mathrm{NII}} = 1579 \ (\mathrm{kVA})$$

可见，第Ⅰ台变压器已过载，而第Ⅱ台变压器还处于欠载状态。

（2）因为阻抗标幺值小的变压器易过载，所以令 $\beta_I = 1$，$\beta_{II} = 0.861$，则并联运行的两台变压器均不会过载，则有

$$S_I = \beta_I S_{NI} = 1200 \text{ (kVA)}$$

$$S_{II} = \beta_{II} S_{NII} = 0.861 S_{NII} = 1550.39 \text{ (kVA)}$$

最大输出负载

$$\sum S_{max} = S_I + S_{II} = 2750.39 \text{ (kVA)}$$

设备的利用率为

$$\frac{\sum S_{max}}{S_{NI} + S_{NII}} = \frac{2750.39}{1200 + 1800} \times 100\% = 91.68\%$$

■ 小结

变压器并联运行可以提高供电的可靠性，并在一定程度上提高经济性。要达到无环流、合理分配负荷和输出电流最大的理想状态，变压器并联运行需要符合以下理想条件：（1）一、二次侧额定电压相等（即变比相等）；（2）连接组别相同；（3）短路阻抗相等。第二个条件要绝对满足。其他两个条件允许有一定误差。

■ 思考与练习

一、填空题

1. 理想的变压器并联运行条件有三个，一是_____，二是_____，三是_____。

2. _____不同的变压器禁止并联运行。

3. 短路阻抗标幺值不等的变压器并联运行，当短路阻抗标幺值大的变压器满载运行时，短路阻抗标幺值小的变压器已_____载；当短路阻抗标幺值小的变压器满载运行时，短路阻抗标幺值大的变压器却处于_____载状态。

二、选择题

1. 电力变压器并联运行是将满足条件的两台或多台电力变压器（　　）端子之间通过公共母线分别互相连线。

A. 一次侧同极性　　　　　　　　B. 二次侧同极性

C. 一次侧和二次侧同极性　　　　D. 一次侧和二次侧异极性

2. 三相变压器并联运行时，要求并联运行的三相变压器变比（　　），否则不能并联运行。

A. 必须绝对相等　　　　　　　　B. 误差不超过±1%

C. 误差不超过±5%　　　　　　　D. 误差不超过±10%

3. 两台变压器并联运行，第一台短路电压为 $U_{kI} = 5\%U_N$，第二台短路电压为 $U_{kII} = 7\%U_N$，负载时（　　）台变压器先达到满载。

A. 一　　　　　　B. 二　　　　　　C. 都达到　　　　　　D. 都达不到

三、简答题

1. 变压器并联运行的优点是什么？

2. 变压器并联运行的理想状态是什么?

四、计算题

有两台连接组别和变比均相同的三相变压器并联运行,其参数为 $S_{NI}=1000\ kVA$, $u_{kI}=6.25\%$;$S_{NII}=1800\ kVA$, $u_{kII}=6\%$。试求:

(1) 如果给 2000 kVA 的负载供电,每台变压器输出功率为多少?

(2) 没有变压器过载的情况下,最大的输出功率和设备的利用率分别为多少?

3.7　其他变压器

▶ **内容导学**

除了前面介绍的一般用途的变压器外,还有一些其他用途的变压器,如三绕组变压器、自耦变压器和仪用互感器等。它们的基本原理和普通变压器相同,但也有其特殊性。

▶ **知识目标**

▶ 了解三绕组变压器的基本应用;

▶ 熟悉自耦变压器的工作原理及应用;

▶ 掌握仪用互感器的基本原理及应用。

▶ **能力目标**

▶ 能根据实际情况选择、应用三绕组变压器;

▶ 能分辨自耦变压器,能正确接线并进行操作;

▶ 熟练应用电压互感器和电流互感器。

3.7.1　三绕组变压器

【内容导入】

当发电厂给电力系统输送不同等级电压或变电站需要连接不同等级电源时,可以采用三绕组变压器,它与两台普通双绕组变压器相比有哪些优点呢?

【内容分析】

三绕组变压器比两台普通双绕组变压器占地面积小、价格低、维护管理较方便,所以更经济。三绕组变压器的接线如图 3-45 所示。

一、三绕组变压器的结构

三绕组变压器多为心式结构,各相的高、中、低压 3 个绕组同心地固定在一个铁心柱上。当一个绕组接电源时,另外两个绕组就可输出两个等级的电压。

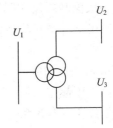

图 3-45　三绕组变压器的接线

同心的 3 个绕组在铁心柱上的排列顺序如图 3-46(a)、(b)所示,分别为升压变压器和降压变压器。这样排列的原因除了高压绕组放在外面便于绝缘外，还要考虑相互传递功率较多的两个绕组的耦合应紧密些，靠得近些，以便减少漏磁通，降低短路阻抗，提高变压器输出电压的稳定性和运行性能。

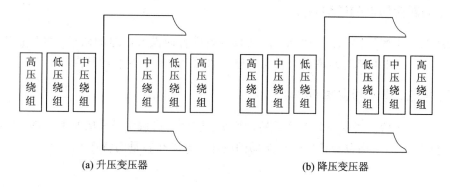

(a) 升压变压器   (b) 降压变压器

图 3-46   三绕组变压器

升压变压器把功率从低压侧传递到高压和中压侧，只有把低压绕组放在中间才能更有利于传递功率，而中压绕组则放在最里面靠近铁心柱。降压变压器把功率从高压侧传递到中压和低压侧，向中压侧传递的功率较大，因此，只有把中压绕组放在中间，低压绕组靠近铁心柱才更有利于功率传递。

二、容量及连接组别

1. 额定容量

实际应用中，3个绕组的容量通常不同，变压器铭牌标定的额定容量通常是3个绕组中最大的那个容量值。把额定容量设定为100，三绕组变压器的容量可分3种，如表3-2所示。

表 3-2   三绕组变压器容量表

高压绕组	中压绕组	低压绕组
100	100	100
100	50	100
100	100	50

特别说明：上表中所列的三绕组容量的组合是指各绕组传递功率的能力，实际运行时不一定是这种比例。另外，3个绕组容量均为100的变压器只能作为升压变压器使用。

2. 连接组别

国标规定的三绕组变压器的标准连接组别有"YN，yn0，d11"和"YN，yn0，y0"两种。

3.7.2   自耦变压器

【内容导入】

自耦变压器在实际中应用较多，如实验室中的调压器，用于异步电动机降压起动的起动补偿器，用于电力网的联络变压器等。自耦变压器和普通变压器不完全一样，需要具体分析。

【内容分析】

自耦变压器的工作原理也是建立在电磁感应基础上的，但它有自己的特点。

一、自耦变压器的结构特点

普通双绕组变压器一、二次绕组之间只有磁耦合而没有电路的联系。可是自耦变压器的一、二次绕组之间既有磁的耦合又有电路的直接联系，这是它的特点。

二、电压、电流和容量的特点

如图 3-47 所示为降压自耦变压器的原理。图中一次绕组 AX 的匝数为 N_1，二次绕组 ax 的匝数为 N_2。下面分析该自耦变压器的电压、电流和容量的特点。

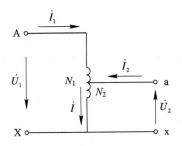

图 3-47　降压自耦变压器的原理

1. 电压的特点

和普通变压器一样，如果忽略漏阻抗压降，自耦变压器的一、二次侧电压为

$$U_1 \approx E_1$$
$$U_2 \approx E_2 \tag{3-66}$$

自耦变压器的变比为

$$k_Z = \frac{E_1}{E_2} = \frac{N_1}{N_2} \approx \frac{U_1}{U_2} \tag{3-67}$$

所以两侧的电压关系为

$$U_1 = k_Z U_2 \tag{3-68}$$

可见，自耦变压器的电压和匝数成正比。

2. 电流的特点

自耦变压器负载运行时，电流平衡关系为 $N_1 \dot{I}_1 + N_2 \dot{I}_2 = N_1 \dot{I}_0$。

如果忽略空载电流，则

$$\dot{I}_1 = -\dot{I}_2 \frac{N_2}{N_1} = -\frac{\dot{I}_2}{k_Z} \tag{3-69}$$

可见，自耦变压器一、二次侧电流和匝数成反比且反相位，根据 $\dot{I}_1 + \dot{I}_2 = \dot{I}$ 可得 $I_2 = I_1 + I$。

3. 容量的特点

变压器的容量是指输入容量，也等于输出容量。绕组的容量是指绕组电压与绕组电流的乘积。绕组容量也称电磁容量或设计容量，决定了变压器需用材料的多少和尺寸大小。普通双绕组变压器的额定容量就是绕组的额定容量，而自耦变压器却不是这样。

图 3 – 47 中单相自耦变压器的额定容量为

$$S_{ZN} = U_{1N}I_{1N} = U_{2N}I_{2N} = U_{2N}(I_{1N} + I_N) = U_{2N}I_{1N} + U_{2N}I_N \qquad (3-70)$$

自耦变压器的特点决定了功率 S_{ZN} 包含两部分：$U_{2N}I_N$ 部分为电磁功率，是通过电磁感应原理由一次侧传递到二次侧的功率；$U_{2N}I_{1N}$ 部分为传导功率，是通过电路的联系直接由电源传递到二次侧的功率。传导功率使得自耦变压器的额定容量比绕组容量大。因此，相同容量的自耦变压器比普通变压器更节省材料，这种特点在变比接近 1 时更突出。

三、自耦变压器的优点和缺点

自耦变压器的优点如下：

（1）同等容量时，自耦变压器比普通变压器更节省材料。由于自耦变压器中存在传导容量，所以可以用更少的材料做成同等的容量。

（2）自耦变压器的运行效率高。自耦变压器所需材料减少，损耗也随着降低，提高了效率。

（3）自耦变压器便于运输和安装。和同等容量的普通变压器相比，由于尺寸小、重量轻，自耦变压器方便运输，占地面积小，方便安装。

自耦变压器的缺点如下：

（1）短路电流大。由于自耦变压器的短路阻抗比同容量的普通变压器小，所以短路时电流较大，可适当增大短路电抗以减小短路电流。

（2）自耦变压器的运行方式、继电保护及过电压保护装置等都比双绕组变压器复杂。由于一、二次绕组间有电的直接联系，高压侧发生故障会直接影响到低压侧，所以自耦变压器的中性点一定要可靠接地。

四、自耦变压器的应用

实验室中的调压器多是自耦变压器，其外形和内部结构如图 3 – 48 所示，通常作为降压变压器时，AX 端接电源，ax 端接负载。

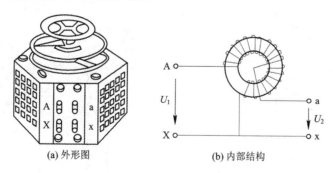

(a) 外形图　　　　　　　(b) 内部结构

图 3 – 48　自耦调压器

使用自耦调压器时应该注意：公共线必须接零线，使用完毕后要回零。

3.7.3　仪用互感器

【内容导入】

仪用互感器分为电压互感器和电流互感器两种，通常用于电能测量或自动检测电路中。它们是特殊的变压器,其工作原理和结构如何? 有哪些应用呢?

【内容分析】

一、电压互感器

电压互感器工作原理如图 3-49 所示,原边绕组匝数多,副边绕组匝数少,是一台降压变压器。原边并联接到被测的高压电路,副边接电压表或其他仪表。电压互感器的二次侧不能短路,可以开路或接阻抗很大的仪表,所以电压互感器工作时相当于变压器的空载运行。设电压互感器的高、低压绕组匝数分别为 N_1、N_2,根据变压器的原理有:

$$k_{\mathrm{u}} = \frac{E_1}{E_2} \approx \frac{U_1}{U_2} = \frac{N_1}{N_2}$$

可得

$$U_1 = k_{\mathrm{u}} U_2 \qquad\qquad (3-71)$$

式中,k_{u} 为电压互感器的电压比,等于一、二次侧绕组匝数之比,是一个大于 1 的定值。所以电压互感器可以将被测线路的高电压变换为低电压,读取二次侧电压值,乘以电压比,就可以得到高压侧电压值。

国家标准规定,电压互感器二次侧的额定电压为 100 V,一次侧的额定电压有一定电压等级。实际应用中,通常用电压互感器配合小量程电压表测量高电压。

实际测量中电压互感器存在一定的误差,其准确度分为 0.1、0.2、0.5、1、3 五个等级。

电压互感器主要由铁心和绕组构成,其外观结构如图 3-50 所示。

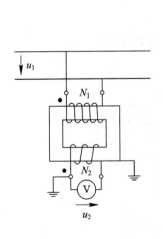

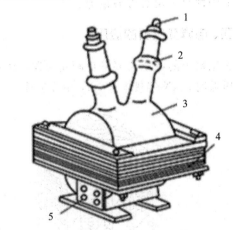

1——一次出线;2——套管;3——主绝缘;4——铁心;5——二次出线

图 3-49　电压互感器工作原理　　　　　图 3-50　电压互感器的外观结构

电压互感器在实际应用中要注意以下问题:

(1) 运行中的电压互感器的二次侧禁止短路。电压互感器绕组阻抗很小,一旦发生短路,大电流会烧坏互感器。所以实际应用中,二次侧电路中要安装熔断器进行短路保护。

(2) 电压互感器的铁心和二次绕组的一端要可靠地接地,以防止高压绕组绝缘损坏时发生触电事故。

（3）电压互感器要在额定容量范围内运行，以保证精确度。

二、电流互感器

电流互感器的工作原理如图 3-51 所示，其一次绕组的匝数很少，可以是一匝或几匝，二次绕组的匝数多一些，所以是一台升压变压器。电流互感器的一次绕组串联在被测量电路中，流过的电流取决于被测线路电流的大小。电流互感器二次绕组与电流表或其他仪表串联成闭合电路，因为这些线圈的阻抗都很小，所以电流互感器的二次回路相当于短路状态。若不计励磁电流，由磁动势平衡关系可知：

$$I_1 \approx k_i I_2 \tag{3-72}$$

式中，$k_i = \dfrac{N_2}{N_1}$ 为电流互感器的电流比，为定值。

由此可见，电流互感器的一次侧电流等于二次侧电流与电流比的乘积。电流互感器二次侧额定电流一般设计成 5 A，一次侧的额定电流可达到 0.010～25 kA。

使用电流互感器时，要根据实际情况，参照互感器的额定电压、额定电流等参数选择，可以略大一些，并且要注意准确度等级的要求。

电流互感器的主要结构和普通双绕组变压器相似，也是由铁心和两个绕组构成，为了减小误差，铁心用磁导率高的硅钢片制成，尽量减小磁路气隙，减小两个绕组之间的漏磁。其外观形状如图 3-52 所示。根据国家标准，电流互感器的准确度可分成 0.1、0.2、0.5、1、3、10 六个等级。

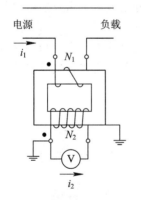

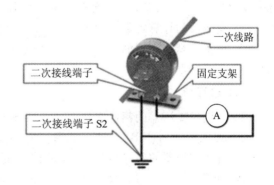

图 3-51　电流互感器工作原理　　　　图 3-52　电流互感器的外观形状

电流互感器在实际应用中要注意以下问题：

（1）运行中的电流互感器的二次侧禁止开路。因为二次绕组中电流有去磁作用，如果二次绕组开路，去磁作用消失，铁心中的磁通密度急剧增加，磁路严重饱和，使得铁心过热，有烧毁的危险。同时饱和磁通会在二次绕组上产生高电压，可能会击穿绝缘或造成触电。

（2）二次绕组的一端、铁心要接地，避免高压侵入的危害。

（3）电流互感器二次侧所接的仪表阻抗不宜过大，以保证电流互感器的准确度。

互感器的电压等级和准确度要和电力系统的规模、需求相适应。随着电力传输容量的不断增大，电力系统自动化、数字化的发展，许多科技发达国家已把目光转向利用光学传感技术和电子学方法来发展新型的电子式电压、电流互感器。

■ 小结

在工作原理上，三绕组变压器和普通双绕组变压器相同，但用于三种电压等级场合有更多的优越性。三绕组变压器绕组的排列应方便绝缘、便于能量传递以及减少漏磁通。三绕组变压器的额定容量取功率最大的绕组的容量。

相对于普通变压器，自耦变压器的结构特点是一、二次绕组之间不仅有磁的耦合而且还有电的直接联系。所以自耦变压器的容量有传导容量和电磁容量两部分，这使得同容量时自耦变压器比双绕组变压器更节省材料，体积更小。

仪用互感器分为电压互感器和电流互感器两类。电压互感器是降压变压器，一次绕组并联在电路中，二次绕组不能短路。电流互感器是升压变压器，能把大电流变成小电流，一次绕组串联在电路中，二次绕组不能开路。

■ 思考与练习

一、填空题

1. 通常在三绕组变压器中的_____绕组放在最外面，其额定容量是 3 个绕组中容量最_____的绕组容量。

2. 自耦变压器的特点在于一、二次绕组之间不仅有_____的耦合，还有_____的直接联系。

3. 通过分析可知，自耦变压器的输出功率由两部分组成，一部分是通过电磁感应传递的，叫作_____功率，另一部分是通过串联绕组传导的，叫作_____功率。

4. 变压器的计算容量主要由_____功率决定，其尺寸大小主要取决于计算容量。

5. 由于自耦变压器的_____容量小于_____容量，所以在同样额定容量下，自耦变压器的主要尺寸缩小。

二、选择题

1. 三绕组变压器的额定容量取（　　）绕组的容量。
A. 最大　　　　　B. 最小　　　　　C. 中间　　　　　D. 不能确定

2. 自耦变压器的额定容量（　　）绕组容量。
A. 小于　　　　　B. 大于　　　　　C. 等于　　　　　D. 不能确定

3. 电压互感器是一台（　　）变压器。
A. 升压　　　　　B. 降压　　　　　C. 恒压　　　　　D. 不定

4. 电流互感器是一台（　　）变压器。
A. 升压　　　　　B. 降压　　　　　C. 恒压　　　　　D. 不定

5. 电压互感器的二次侧额定电压为（　　）。
A. 1000 V　　　　B. 200 V　　　　C. 100V　　　　D. 10 V

6. 电流互感器的二次侧额定电流为（　　）。
A. 20 A　　　　　B. 15 A　　　　　C. 10A　　　　　D. 5 A

三、简答题

1. 三绕组变压器的绕组排列顺序是怎样的？依据什么原则？

2. 相对于普通变压器，自耦变压器的特点是什么？

3. 电压互感器的二次侧为什么不能短路？电流互感器的二次侧为什么不能开路？

四、计算题

用一台 80 kVA、220/110 V 的单相双绕组变压器改接成 330/110 V 的自耦变压器，试计算改接后一、二次侧的额定电流、额定容量和设计容量。

第4章　交流绕组及其电动势和磁动势

　　交流绕组是实现电机能量转换的重要部件，通过它可以感应电动势并对外输出电功率（发电机），或输入电流建立磁场产生电磁转矩（电动机）。因此，交流绕组被称为电机的心脏。要了解交流电动机的原理和运行问题，首先必须对交流绕组的构成、连接规律和电磁现象有一个基本了解。交流电机包括同步电机和异步电机两大类，虽然同步电机和异步电机在运行原理和结构上有很多不同，例如，同步电机采用直流励磁，而异步电机采用交流励磁，但它们之间也有许多相同之处，例如，定子绕组的结构和形式是相同的，定子绕组的感应电动势、磁动势的性质、分析方法也完全相同。因此，本章介绍的内容同时适用于同步电机和异步电机。

4.1　交流绕组的结构

▐▶ 内容导学

　　观察如图 4-1 所示的三相对称绕组模型，考虑绕组的基本结构，以及应该符合的原则。

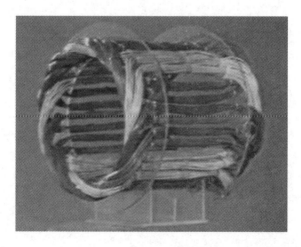

图 4-1　三相对称绕组模型

▐▶ 知识目标

　　▶ 理解交流电动机绕组的连接方式；
　　▶ 熟悉交流电动机绕组的结构。

▌▌能力目标

▶ 能通过观察分析等方式认识绕组的结构形式。

4.1.1　交流绕组基础知识

交流绕组的基础知识
与课程思政

【内容导入】

交流绕组虽然有多种形式，但其构成基本相同。对交流绕组的基
本要求主要是什么呢？

【内容分析】

对交流绕组的基本要求主要是从运行方面和设计制造方面考虑
的，具体要求如下：

（1）在导体数目一定的情况下，绕组的合成电动势和磁动势在波形上力求接近正弦
波，在数量上力争获得较大的基波电动势和基波磁动势。

（2）对于三相绕组，各相电动势和磁动势要对称，各相阻抗要平衡。

（3）用铜量少，绝缘性能和机械强度高，散热性好。

（4）制造、安装、检修方便。

一、交流绕组的分类

和变压器相仿，在交流电机中要进行能量的转换必须要有绕组，这些绕组被称为电枢
绕组。交流电机的电枢绕组尽管形式多样，但其基本功能相同，即感应电动势、导通电流
和产生电磁转矩，所以其构成也基本相同。

由于交流电机应用范围非常广，不同类型的交流电机对电枢绕组的要求也各不相同，
因此交流电机电枢绕组的种类也非常多。其主要分类方法有以下几种：

（1）按槽内层数分，可分为单层和双层绕组。其中，单层绕组又可分为链式、交叉式和
同心式绕组，双层绕组又可分为叠绕组和波绕组。

（2）按相数分，可分为单相、两相、三相及多相绕组。

（3）按每极每相槽数，可分为整数槽和分数槽绕组。

尽管交流绕组种类很多，但由于三相双层绕组能较好地满足对交流电机电枢绕组的基
本要求，所以现代动力所用交流电机的电枢绕组一般多采用三相双层绕组。

二、交流绕组的基本术语

在介绍交流电机电枢绕组的结构及绕制方法之前，先来熟悉一些与之相关的名词术语。

（1）极对数 p：电机主磁极的对数。

（2）电角度：电机转子铁心的端面是个圆，从几何的角度来说可以分为 $360°$，这样划
分的角度为机械角度，即电机铁心圆周为 $360°$机械角度。然而从磁场角度看，一对磁极便
是一个交变周期，把电机的一对极（一个 N 极，一个 S 极）所对应的机械角度定为 $360°$电角
度。如果电机有 p 对极，则电角度＝$p×$机械角度。在图 $4-2$ 中，将电机沿气隙展开，一个
圆周长用 $360°$机械角度表示。不论电机的极数是多少（图中是 4 极），一对极对应 $360°$电角

度，电机一个圆周对应 $p×360°$ 电角度。应用电角度分析电机绕组在磁场中的位置及产生的感应电动势和电流分布是非常方便的。

（3）极距 τ：电机一个主磁极在电枢表面所占的长度。其表示方法很多，一般可以用空间长度（$\pi D/(2p)$）、所占槽数（$Z/(2p)$）、电角度（$180°$或 π）等方式来表示。其中 D 为电机电枢直径，Z 为电枢铁心槽数，p 为电机极对数。

（4）线圈：是组成绕组的基本单元，又称元件。线圈可以是单匝的，也可以是多匝的。每个线圈都有首端和尾端两根引出线。线圈的直线部分，即切割磁力线的部分，称为有效边，嵌在定子槽的铁心中。连接有效边的部分称为端接部分，置于铁心槽的外部。如图4-3 所示，在双层绕组中，一条有效边在上层，另一条有效边在下层，故分别称为上层边、下层边。

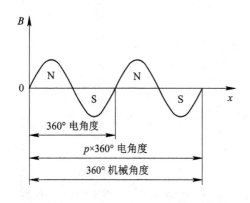

图 4-2　机械角度与电角度

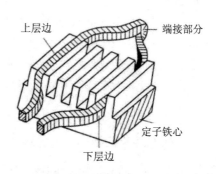

图 4-3　双层绕组元件的构成

（5）节距：线圈的两个边所跨定子圆周上的距离。节距的长短通常用元件所跨过的槽数表示。节距分为第一节距、第二节距和合成节距，如图 4-4 所示。

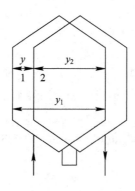

图 4-4　绕组的节距

① 第一节距 y_1：同一线圈的两个有效边间的距离，用 y_1 表示。$y_1=\tau$ 时称为整距绕组；$y_1 \leqslant \tau$ 时称为短距绕组；$y_1 > \tau$ 时称为长距绕组。

② 第二节距 y_2：第一个线圈的下层边与相连接的第二个线圈的上层边间的距离，用 y_2 表示。

③ 合成节距 y：第一个线圈与相连接的第二个线圈的对应边间的距离，用 y 表示。

（6）每极每相槽数 q：在交流电机中，每极每相占有的平均槽数 q 是一个重要的参数，

如电机槽数为 Z，极对数为 p，相数为 m，则

$$q = \frac{Z}{2pm} \qquad (4-1)$$

$q=1$ 的绕组称为集中绕组；$q>1$ 的绕组称为分布绕组。

（7）槽距角 α：相邻两槽间的电角度，用 α 表示。若交流电机的极对数为 p，槽数为 Z，则槽距角为

$$\alpha = \frac{p \times 360°}{Z} \qquad (4-2)$$

4.1.2　三相单层绕组

【内容导入】

定子或转子每槽中只有一个线圈边的三相交流绕组称为三相单层绕组。它有哪些特点？适用于什么情况？如何绘制展开图？

【内容分析】

三相单层交流绕组由于每槽中只包含一个线圈边，所以其线圈数为槽数的一半，即为 $Z/2$。和三相双层绕组相比，三相单层绕组具有线圈数量少、制造工时省、槽内无层间绝缘、槽利用率高等优点，但却不能像双层绕组那样能通过选择短距线圈来削弱电动势和磁动势中的高次谐波，并且由于同一槽内的导体均属于同一相，故其槽漏抗较大。因此，三相单层绕组比较适合于 10 kW 以下的小型交流异步电机，很少在大、中型电机中采用。

按照线圈的形状和端部连接方法的不同，三相单层绕组主要可分为链式、同心式和交叉式等形式。

1. 三相单层链式绕组

三相单层链式绕组是由形状、几何尺寸和节距都相同的线圈连接而成的，整体外形像一条长链子。下面以 $Z=24$，极数 $2p=4$ 的异步电动机定子绕组采用三相单层链式绕组为例来说明链式绕组的构成，并绘制其展开图。

（1）通过计算可得极距 $\tau=6$，每极每相槽数 $q=2$，槽距角 $\alpha=30°$。

（2）分相，将槽依次编号，绕组采用 $60°$ 相带，则每个相带包含 2 个槽，相带和槽号的对应关系如表 4-1 所示。

表 4-1　相带和槽号的对应关系（三相单层链式绕组）

槽号	相带					
	A	Z	B	X	C	Y
第一对极	1，2	3，4	5，6	7，8	9，10	11，12
第二对极	13，14	15，16	17，18	19，20	21，22	23，24

（3）构成一相绕组，绘出展开图。

将属于 A 相导体的 2 和 7、8 和 13、14 和 19、20 和 1 相连，构成 4 个节距相等的线圈。4 个线圈按"尾—尾""头—头"相连的原则构成 A 相绕组，其展开图如图 4-5 所示。

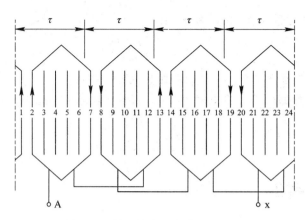

图 4-5　单层链式 A 相绕组展开图

用同样的方法可以得到另外两相绕组的连接规律。B、C 两相绕组的首端依次与 A 相绕组首端相差 120°和 240°电角度。如图 4-6 所示为三相单层链式绕组的展开图。

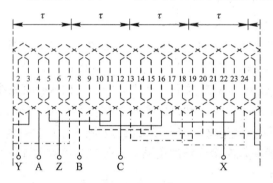

图 4-6　三相单层链式绕组展开图

2. 三相单层交叉式绕组

三相单层交叉式绕组由线圈个数和节距都不等的两种线圈组构成，同一线圈组中的各个线圈的形状、几何尺寸和节距都相等，各线圈组的端接部分相互交叉。下面以 $Z=36$、极数 $2p=4$ 的异步电动机定子绕组采用三相单层交叉式绕组为例来说明交叉式绕组的构成，并绘制其展开图。

（1）通过计算可得极距 $\tau=9$，每极每相槽数 $q=3$，槽距角 $\alpha=20°$。

（2）分相，将槽依次编号，绕组采用 60°相带，则每个相带包含 3 个槽，相带和槽号的对应关系如表 4-2 所示。

表 4-2　相带和槽号的对应关系（三相单层交叉式绕组）

槽号	相带					
	A	C	B	X	Z	Y
第一对极	1, 2, 3	4, 5, 6	7, 8, 9	10, 11, 12	13, 14, 15	16, 17, 18
第二对极	19, 20, 21	22, 23, 24	25, 26, 27	28, 29, 30	31, 32, 33	34, 35, 36

（3）构成一相绕组，绘出展开图。

根据 A 相绕组所占槽数 Z 把 A 相所属的每个相带内的槽数分成两部分：2 和 10、3 和 11 构成两个节距都为 $y_1=8$ 的大线圈；1 和 30 构成 1 个 $y_1=7$ 的小线圈。同理，20 和 28、

21 和 29 构成两个大线圈，19 和 12 构成 1 个小线圈，即在两对极下依次布置两大一小 3 个线圈。根据电动势相加的原则，线圈之间的连接规律是：两个相邻的大线圈之间应"头—尾"相连，大小线圈之间应按照"尾—尾""头—头"规律相连。单层交叉式 A 相绕组展开图如图 4-7 所示。采用这种连接方式的绕组为交叉式绕组。

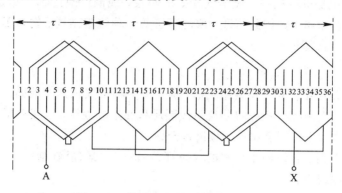

图 4-7 单层交叉式 A 相绕组展开图

用同样的方法可以得到另外两相绕组的连接规律。如图 4-8 所示为三相单层交叉绕组的展开图。

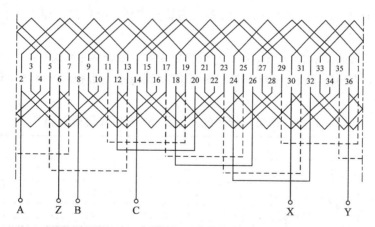

图 4-8 三相单层交叉式绕组展开图

3. 三相单层同心式绕组

三相单层同心式绕组由几个几何尺寸和节距不等的线圈建成同心形状的线圈组构成。设有一台极数 $2p=2$ 的异步电动机，定子槽数 $Z=24$，通过计算分相，把 A 相的每一相带内的槽分成两半，3 和 14 槽内的导体构成一个节距为 11 的大线圈，4 和 13 槽内的导体构成一个节距为 9 的小线圈，把两个线圈串联成一个同心式的绕组，再把 15 和 2、16 和 1 槽内的导体构成另一个同心式线圈组。两个线圈组按"头—头""尾—尾"的反串联规律连接，得到同心式绕组的 A 相展开图，如图 4-9 所示。

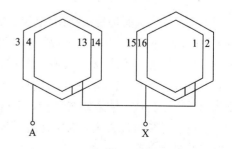

图 4-9 三相单层同心式绕组 A 相展开图

4.1.3　三相双层绕组

【内容导入】

三相双层绕组是指电机每一槽分为上、下两层，线圈（元件）的一个边嵌在某槽的上层，另一边安放在相隔一定槽数的另一槽的下层的一种绕组结构。它有哪些特点？适用于什么情况？如何绘制展开图？

【内容分析】

双层绕组的线圈结构和单层绕组相似，但由于一槽可安放两个线圈边，所以双层绕组的线圈数和槽数正好相等。根据双层绕组线圈形状和连接规律，三相双层绕组可分为叠绕组和波绕组两大类。下面以叠绕组为例进行介绍。

叠绕组在绕制时，任何两个相邻的线圈都是后一个"紧叠"在前一个上面，故称为叠绕组。

一般 10 kW 以上的中、小型同步电机和异步电机及大型同步电机的定子绕组采用双层叠绕组。下面通过具体例子来说明叠绕组的绕制方法。

三相双层绕组的分类
与课程思政

设有一台极数 $2p=4$、$Z=36$、$a=1$ 的交流旋转电机，绘制其三相双层叠绕组的展开图。

（1）通过计算可得极距 $\tau=9$，每极每相槽数 $q=3$，槽距角 $\alpha=20°$。

（2）分相，将槽依次编号，绕组采用 $60°$ 相带，则每个相带包含 3 个槽，相带和槽号的对应关系如表 4-3 所示。

表 4-3　相带和槽号的对应关系（三相双层叠绕组）

槽号	相带					
	A	C	B	X	Z	Y
第一对极	1, 2, 3	4, 5, 6	7, 8, 9	10, 11, 12	13, 14, 15	16, 17, 18
第二对极	19, 20, 21	22, 23, 24	25, 26, 27	28, 29, 30	31, 32, 33	34, 35, 36

（3）构成一相绕组，绘出展开图。

以 A 相为例，分配给 A 相的槽为 1、2、3，10、11、12，19、20、21 和 28、29、30 共 4 组。若选用短距绕组，$y_1=\dfrac{7}{9}\tau=\dfrac{7}{9}\times 9=7$（槽），上层边选上述 4 组槽，则下层边按照第一节距为 7 选择，从而构造成线圈（上层边的槽号也代表线圈号。比如，第一个线圈的上层边在 1 槽中，则下层边在 $1+7=8$ 槽中，第二个线圈的上层边在 2 槽中，则下层边在 $2+7=9$ 槽中，以此类推，得到 12 个线圈。这 12 个线圈构成 4 个线圈组，即 4 个极）。然后根据并联支路数构成一相，这里 $a=1$，所以将 4 个线圈组串联起来，成为一相绕组，其他相绕组可按同样方法构成，结果如图 4-10 所示。

从以上分析可以看出，双层绕组的每相绕组的线圈组数等于电机的磁极数，因此，每相绕组的最大并联支路数 $2a=2p$。

同叠绕组相比，波绕组的主要优点在于其可以减少组间连线用铜，故多应用于极数较多的水轮发电机定子绕组和绕线式异步电机的转子绕组。另外，由于波绕组多采用单匝线圈，在制造时，一般先把用铜条弯成的条形半匝式波绕组嵌入槽内后，再把端部焊接在一起连成线圈，因此其制造工艺较为简单。

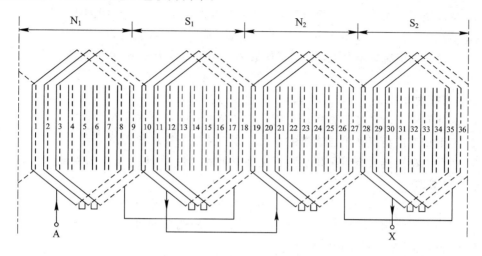

图 4 - 10　三相双层叠绕组 A 相展开图

■ 小结

三相绕组的材料利用率比单相绕组好，三相电机的运行性能也比单相电机好，采用三相制还可以节约输电线路的材料，所以现代电力所用中、大型电机大多做成三相电机。

三相交流绕组按层数分，可分为单层绕组和双层绕组，其中单层绕组又可分为链式绕组、交叉式绕组和同心式绕组。双层绕组一般可分为叠绕组和波绕组。交流绕组的构成原则是：力求在一定导体数下获得最大的基波电动势和磁动势，尽可能小的谐波电动势和磁动势，并保证各相电动势和磁动势对称。

三相交流绕组的构成方法是：① 确定每极每相槽数 q。② 利用槽电动势星形图分相，三相绕组一般采用 $60°$ 相带。为使三相对称，划分相带时应使 B 相和 C 相的槽号分别滞后于 A 相 $120°$ 和 $240°$ 电角度。③ 把每极下同一相带内的线圈依次串联起来组成一个极相组。④ 把属于同一相的所有极组连接起来组成相绕组。

■ 思考与练习

一、填空题

1. 整数槽双层叠绕组最大并联支路数等于_____，整数槽单层绕组最大并联支路数等于_____。

2. 交流绕组按槽内绕组的层数可分为_____和_____。单层绕组按其端部连接方式不同又分为_____、_____和_____绕组；双层绕组又分为_____和_____。

3. 有一个三相双层叠绕组，$2p=4$，$Z=36$，支路数 $a=1$，则极距 $\tau =$_____，每极每相槽数 $q =$_____，槽距角 $\alpha =$_____。

4. _____是分析电机绕组中各线圈连接规律的有效途径。

二、选择题

1. 线圈的两个有效边连接时相距一个极距，每极下（　　）个线圈组成一个线圈组。

A. p　　　　　　　　B. q　　　　　　　　C. τ　　　　　　　　D. a

2. 单层绕组每相有（　　）个线圈组，双层绕组每相有（　　）个线圈组。

A. p,p　　　　　　B. $p,2p$　　　　　　C. $2p,p$　　　　　　D. $2p,2p$

3. 一台三相交流异步电机，其定子槽数为24，极对数为2，则其槽距角应该是（　　）。

A. 15°　　　　　　B. 30°　　　　　　C. 40°　　　　　　D. 50°

三、简答题

1. 时间和空间电角度是怎样定义的？机械角度与电角度有什么关系？

2. 整数槽双层绕组和单层绕组的最大并联支路数与极对数有何关系？

3. 为什么单层链式绕组采用短距只是外形上的短距，实质上还是整距绕组？

四、计算题

1. 已知 $Z=24$，$2p=4$，$a=1$，试绘制三相单层绕组展开图。

2. 有一双层绕组，$Z=24$，$2p=4$，$a=2$，$y_1=5\tau/6$。试绘出：

(1) 绕组的槽电动势星形图并分相；

(2) 画出其叠绕组 A 相展开图。

4.2　交流绕组的电动势

▶▶ 内容导学

查阅资料，弄清交流绕组感应电动势的波形形状。

▶▶ 知识目标

▶ 研究相绕组感应电动势的大小和波形问题；

▶ 掌握短距系数和分布系数的物理意义；

▶ 掌握改善电动势波形的方法。

▶▶ 能力目标

▶ 能应用电磁感应定律分析绕组电动势的大小和波形；

▶ 能消除和减小高次谐波电动势。

4.2.1　正弦分布磁场下的绕组电动势

【内容导入】

在交流电机中，一般要求电机电枢绕组中的感应电动势随时间作正弦变化，这就要求电机气隙中磁场沿空间为正弦分布。要得到完全严格的正弦波磁场很难实现，但是可以采取各种结构参数使磁场尽可能接近正弦波，如从磁极形状、气隙大小和绕组选择等方面进行考虑。在国家标准中，常用波形正弦性畸变率来控制电动势波形的近似程度。

电动势、磁动势的
电磁感应原理
与课程思政

本节首先研究在正弦分布(基波)磁场下定子绕组中感应出的电动势。

【内容分析】

一、绕组导体电动势

当气隙磁场的磁通密度 B_δ 在空间按正弦波分布时,设其最大磁密为 B_{1m},则

绕组电动势
与课程思政

$$B_\delta = B_{1m}\sin\alpha \qquad (4-3)$$

当电机绕组的导体和气隙磁场作相对运动时,导体切割气隙磁场产生感应电动势,则此感应电动势为

$$e_{c1} = B_\delta lv = B_{1m}lv\sin\omega t = E_{c1m}\sin\omega t \qquad (4-4)$$

式中,$E_{c1m}(=B_{1m}lv)$ 为导体电动势最大值;v 为导体切割磁力线的线速度。

当磁场转速为 n_1 时,有

$$v = \frac{\pi Dn_1}{60} = 2\,\frac{\pi D}{2p}\,\frac{pn_1}{60} = 2\tau f \qquad (4-5)$$

式中,D 为铁心直径;τ 为用长度表示的极距;f 为电动势的频率。

所以导体电动势的有效值为

$$E_{c1} = \frac{E_{c1m}}{\sqrt{2}} = \frac{B_{1m}lv}{\sqrt{2}} = \sqrt{2}fB_{1m}l\tau \qquad (4-6)$$

又因为正弦波磁通密度的平均值为

$$B_{av} = \frac{1}{\tau}\int_0^\tau B_{1m}\sin x\,\mathrm{d}x = \frac{2}{\pi}B_{1m} \qquad (4-7)$$

每极磁通为

$$\Phi_1 = B_{av}\tau l \qquad (4-8)$$

将式(4-7)和式(4-8)代入式(4-6),得

$$E_{c1} = \frac{\sqrt{2}}{2}\pi f\Phi_1 = 2.22f\Phi_1 \qquad (4-9)$$

二、线圈电动势和短距系数

线圈一般由 N_c 匝构成。当 $N_c=1$ 时,称为单匝线圈或线匝。先来看一下线匝的电动势。如图 4-11 所示,当线匝的跨距 $y_1=\tau$ 时,称为整距线匝,由于整距线匝两有效边感应电动势的瞬时值大小相等而方向相反,即两有效边感应电动势相量大小相等,相位差为 $180°$,故整距线匝的感应电动势为

$$\dot{E}_{t1(y_1=\tau)} = \dot{E}_{c1} - \dot{E}_{c1}' = 2\dot{E}_{c1}$$

其有效值为

$$E_{t1(y_1=\tau)} = 2E_{c1} = \sqrt{2}\pi f\Phi_1 = 4.44f\Phi_1 \qquad (4-10)$$

对于跨距 $y_1<\tau$ 的短距线匝,其两有效边的感应电动势相量相位差 $\gamma = \frac{y_1}{\tau}\pi$,所以短距线匝的电动势为

$$\dot{E}_{t1(y_1<\tau)} = \dot{E}_{c1} - \dot{E}_{c1}' = \dot{E}_{c1} + (-\dot{E}_{c1}')$$

其有效值为

$$E_{t1(y_1<\tau)} = 2E_{c1}\cos\frac{180-\gamma}{2} = 2E_{c1}\sin\frac{\gamma}{2} = 2E_{c1}\sin\frac{y_1}{\tau}\frac{\pi}{2} = 4.44k_{y1}f\Phi_1 \quad (4-11)$$

其中，k_{y1} 称为线圈的短距系数，其大小为

$$k_{y1} = \frac{E_{t1(y_1<\tau)}}{E_{t1(y_1=\tau)}} = \sin\frac{y_1}{\tau}\frac{\pi}{2} \quad (4-12)$$

很明显，不管 $y_1<\tau$ 还是 $y_1>\tau$，总有 $k_{y1}<1$，所以有时也称 k_{y1} 为节距系数。只是由于长距线匝端接部分较长，用铜量较多，所以一般很少采用。

由于线圈内的各匝电动势相同，所以当线圈有 N_c 匝时，其整个线圈的电动势为

$$E_{y1} = N_c E_{t1} = 4.44N_c k_{y1}\Phi_1 \quad (4-13)$$

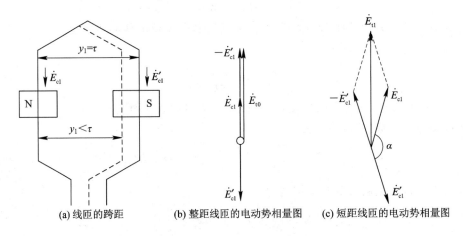

(a) 线匝的跨距　　　(b) 整距线匝的电动势相量图　　(c) 短距线匝的电动势相量图

图 4-11　线匝电动势的计算

三、线圈组电动势和分布系数

由前面的分析可知，每个极（双层绕组时）或每对极（单层绕组时）下有 q 个线圈串联，组成一个线圈组，所以线圈组的电动势等于 q 个串联线圈电动势的相量和。

以三相 4 极 36 槽的交流绕组为例，槽距角为 $\alpha=2\times\frac{360°}{36}=20°$，每极每相槽数 $q=\frac{36}{2\times2\times3}=3$。由 q 和 α 绘出 3 个线圈的电动势及其相量图，如图 4-12 所示。图中 O 为线圈电动势构成的正多边形的外接圆圆心，R 为半径。线圈组电动势的有效值为

$$E_{q1} = \overline{AB} = 2R\sin\frac{q\alpha}{2}$$

其中，

$$R = \frac{E_{y1}}{2\sin\frac{\alpha}{2}}$$

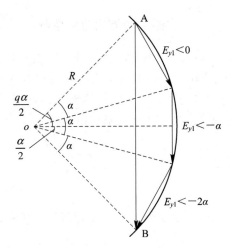

图 4-12　线圈组电动势的计算

所以

$$E_{q1} = qE_{y1}\frac{\sin\dfrac{q\alpha}{2}}{q\sin\dfrac{\alpha}{2}} = qE_{y1}k_{q1} \tag{4-14}$$

其中,

$$k_{q1} = \frac{E_{q1}(q\ \text{个分布线圈的合成电动势})}{qE_{y1}(q\ \text{个集中线圈的合成电动势})} = \frac{\sin\dfrac{q\alpha}{2}}{q\sin\dfrac{\alpha}{2}}$$

称为绕组的分布系数。

当 $q>1$ 时,$k_{q1}<1$,称为分布绕组;当 $q=1$ 时,$k_{q1}=1$,称为集中绕组。

把式(4-13)代入式(4-14)中可得线圈组电动势的有效值为

$$E_{q1} = 4.44qN_ck_{y1}k_{q1}f\Phi_1 = 4.44qN_ck_{N1}f\Phi_1 \tag{4-15}$$

式中,$k_{N1}=k_{y1}k_{q1}$ 为绕组系数,它计及由于短距和分布引起线圈组电动势减小的程度。

四、相电动势和线电动势

我们知道在多极电机中每相绕组均由处于不同极下一系列线圈组构成,这些线圈组既可串联,也可并联。此时绕组的相电动势等于此相每一并联支路所串联的线圈组电动势之和。如果设每相绕组的串联匝数为 N,每相并联支路数为 a,则相电动势为

$$E_{ph1} = 4.44Nk_{N1}f\Phi_1 \tag{4-16}$$

式中,$N=\dfrac{p}{a}qN_c$(单层绕组)或 $N=\dfrac{2p}{a}qN_c$(双层绕组)。

相电动势 E_{ph1} 求出来以后,则线电动势为 $E_{ll}=\sqrt{3}E_{ph1}$。

【例 4-1】 一台三相同步发电机,已知定子槽数 $Z=36$,极对数 $2p=2$,节距 $y_1=14$,每个线圈匝数 $N_c=1$,并联支路数 $a=1$,频率 $f=50$ Hz,每极磁通量 $\Phi_1=2.45$ Wb。试求:

(1) 导体电动势 E_{c1};(2) 匝电动势 E_{t1};(3) 线圈电动势 E_{y1};

(4) 线圈组电动势 E_{q1};(5) 相电动势 E_{ph1}。

例 4-1

解 (1) $E_{c1}=2.22f\Phi_1=2.22\times50\times2.45=272$ (V)

(2) $\tau=\dfrac{Z}{2p}=\dfrac{36}{2}=18$,$k_{y1}=\sin\dfrac{y_1}{\tau}\dfrac{\pi}{2}=\sin\dfrac{14}{18}\dfrac{\pi}{2}=0.94$

$$E_{t1}=4.44k_{y1}f\Phi_1=4.44\times0.94\times50\times2.45=511.3 \text{ (V)}$$

(3) $E_{y1}=N_cE_{t1}=1\times511.3=511.3$ (V)

(4) $q=\dfrac{Z}{2pm}=\dfrac{36}{6}=6$,$\alpha=\dfrac{60°}{q}=\dfrac{60°}{6}=10°$

$$k_{q1}=\frac{\sin\dfrac{q\alpha}{2}}{q\sin\dfrac{\alpha}{2}}=\frac{\sin30°}{6\sin5°}=0.956,\ E_{q1}=qE_{y1}k_{q1}=6\times511.3\times0.956=2932.8 \text{ (V)}$$

（5）$k_{N1} = k_{y1} k_{q1} = 0.94 \times 0.956 = 0.899$，$N = \left(\dfrac{2p}{a}\right) q N_c = 2 \times 6 \times 1 = 12$

$E_{ph1} = 4.44 N k_{N1} f \Phi_1 = 4.44 \times 12 \times 0.899 \times 50 \times 2.45 = 5867.6$（V）

4.2.2　改善电动势波形的方法

【内容导入】

　　由于电机自身磁动势、磁路以及与电机相连的电源和负载的非线性特性，实际电机中总会存在各种各样的谐波。这些谐波会影响电机的正常运行。例如，由于电机内部磁动势和磁阻在空间上分布不均匀而引起的谐波磁场，凸极同步电机的主极磁场、齿谐波磁场等都含有丰富的空间谐波。

电动势波形的改善
与课程思政

【内容分析】

一、磁极磁场非正弦分布所引起的谐波电动势

　　一般在同步电机中，磁极磁场不可能为正弦波。例如，在凸极同步电机中，磁极磁场沿电机电枢表面一般呈平顶波形，如图 4-13 所示。它不仅对称于横轴，而且和磁极中心线对称。应用傅里叶级数将其分解可得到基波和一系列奇次谐波，图 4-13 中分别画出了其第 3 和第 5 次谐波。由于基波和高次谐波都是空间波，所以磁密波也为空间波。

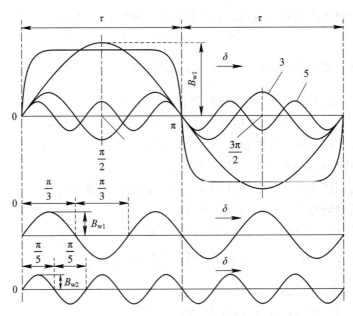

图 4-13　主磁极磁密波的空间分布曲线

　　对于第 v 次谐波磁场，其极对数为基波的 v 倍，而极距则为基波的 $1/v$ 倍，即

$$p_v = vp, \quad \tau_v = \frac{\tau}{v}$$

谐波磁场随转子旋转而形成旋转磁场，其转速与基波相同，即 $n_v = n_0$。

　　因此，谐波磁场在定子绕组中感应电动势的频率为

$$f_v = \frac{p_v n_v}{60} = \frac{vpn}{60} = v f_1 \tag{4-17}$$

对比式(4-16)和式(4-17)可以得出 v 次谐波电动势的有效值为

$$E_{\mathrm{ph}v} = 4.44 N k_{\mathrm{N}v} f_v \Phi_v = 4.44 N k_{yv} k_{qv} f_v \Phi_v \tag{4-18}$$

v 次谐波的每极磁通量

$$\Phi_v = \frac{2}{\pi} B_{vm} \tau_v l = \frac{2}{\pi} \frac{1}{v} B_{vm} \tau l \tag{4-19}$$

在这里，B_{vm} 是 v 次谐波磁通密度的幅值。对于 v 次谐波来说，因为其极对数是基波的 v 倍，所以 v 次谐波的电角度也为基波的 v 倍，于是 v 次谐波的短距系数和分布系数分别为

$$k_{yv} = \sin v \frac{y_1}{\tau} \frac{\pi}{2} \tag{4-20}$$

$$k_{qv} = \frac{\sin v \dfrac{q\alpha}{2}}{q \sin v \dfrac{\alpha}{2}} \tag{4-21}$$

在计算出各次谐波电动势的有效值之后，相电动势的有效值应为

$$E_{\mathrm{ph}} = \sqrt{E_{\mathrm{ph}1}^2 + E_{\mathrm{ph}3}^2 + E_{\mathrm{ph}5}^2 + \cdots} = E_{\mathrm{ph}1} \sqrt{1 + \left(\frac{E_{\mathrm{ph}3}}{E_{\mathrm{ph}1}}\right)^2 + \left(\frac{E_{\mathrm{ph}5}}{E_{\mathrm{ph}1}}\right)^2 + \cdots} \tag{4-22}$$

计算表明，由于 $\left(\dfrac{E_{\mathrm{ph}v}}{E_{\mathrm{ph}1}}\right)^2 \ll 1$，所以 $E_{\mathrm{ph}} \approx E_{\mathrm{ph}1}$。也就是说，高次谐波电动势对相电动势的有效值影响很小，主要是影响电动势的波形。

二、磁场非正弦分布引起的谐波电动势的削弱方法

由于电机磁极磁场非正弦分布所引起的发电机定子绕组电动势的高次谐波，产生了许多不良的影响，例如：① 使发电机电动势波形变坏；② 电机本身的附加损耗增加，效率降低，温升增高；③ 输电线上的线损增加，并对邻近的通信线路或电子装置产生干扰；④ 可能引起输电线路的电感和电容发生谐振，产生过电压；⑤ 感应电机产生附加损耗和附加转矩，影响其运行性能。

为了尽量减少上述问题的产生，应该采取一些方法来尽量削弱电动势中的高次谐波，使电动势波形接近于正弦。从数学分析中可以发现，谐波次数越高，其幅值就越小。因此，主要考虑削弱次数较低的奇次谐波电动势，如 3、5、7 等次的谐波电动势。一般常用的方法有以下几种：

（1）使气隙磁场沿电枢表面的分布尽量接近正弦波形。对于凸极式电机来说，由于其气隙不均匀，所以一般采用改善磁极的极靴外形的方法来改善气隙磁场波形，而对于隐极式电机来说，由于其气隙比较均匀，所以一般主要通过合理安放励磁绕组来改善气隙磁场波形。

（2）利用三相对称绕组的连接来消除线电动势中的 3 次及其倍数次奇次谐波电动势。三相电动势中的 3 次谐波大小相等，相位上彼此相差 $3 \times 120° = 360°$，即相位也相同。当三相绕组采用星形连接时，线电动势为两相电动势的相量差，所以线电动势中的 3 次谐波为零，同理 3 次谐波的倍数次奇次谐波也不存在。当采用三角形连接时，由于线电动势等于

相电动势，所以 $3E_{ph3}$ 在闭合的三角形中形成环流，3 次谐波电动势 E_{ph3} 正好与环流的阻抗压降平衡，所以在线电动势中不会出现 3 次谐波，同理也不会出现 3 次谐波的倍数次奇次谐波。

因此，对称三相绕组无论采用星形还是三角形连接，线电动势中都不存在 3 次及其 3 的倍数次谐波。但由于采用三角形连接时，闭合回路中的环流会引起附加损耗，所以现在同步发电机一般多采用星形连接。

（3）采用短距绕组来削弱高次谐波电动势。前面在讲三相双层绕组时，已经提出采用短距绕组可削弱高次谐波电动势。其原因就在于当我们取线圈（元件）的跨距 $y_1 = \dfrac{v-1}{v}\tau$ 时，$k_{yv} = \sin(v-1) \times 90° = 0$，则 v 次谐波电动势为零。因为三相绕组采用星形或三角形连接时，线电压中已经消除了 3 次及 3 的倍数次谐波。所以在选择绕组节距时，主要考虑同时削弱 5 次和 7 次谐波电动势。因此，通常取 $y_1 = (5/6)\tau$，这时 5 次和 7 次谐波电动势都得到较大的削弱。

（4）采用分布绕组削弱高次谐波电动势。从数学分析中可以发现，当电机每极每相槽数 q 增加时，基波的分布系数 k_{q1} 下降不多，但高次谐波的分布系数却显著减少。因此，采用分布绕组可以削弱高次谐波电动势。但是，随着 q 的增大，电枢槽数 Z 也增多，这将使冲剪工时和绝缘材料消耗量增加，从而使电机成本提高。实际上，当 $q>6$ 时，高次谐波的下降已经不太显著。因此，一般交流电机的 q 均为 2~6。

（5）采用斜槽或分数槽绕组削弱齿谐波电动势。在同步发电机运行中发现，空载电动势的高次谐波中，次数为 $v = k(Z/p) \pm 1 = 2mqk \pm 1$ 的谐波较强，由于它与一对极下的齿数有特定的关系，所以称为齿谐波电动势。

通过数学分析可以发现，当 $v = k(Z/p) \pm 1 = 2mqk \pm 1$ 时，因为 $k_{Nv} = k_{N1}$，故不能采用绕组分布和短距的方法来削弱齿谐波电动势。

目前，用来削弱齿谐波电动势的方法主要有两种。

（1）用斜槽削弱齿谐波电动势。这种方法常用于中、小型异步电机及小型同步电机，一般斜一个定子齿距 t_1（一对齿谐波的极距 $2\tau_y$），斜槽以后，同一根导体内各点所感应的齿磁场谐波电动势相位不同，可以大部分互相抵消而使导体总电动势中的齿谐波大为削弱。同理，斜槽对基波电动势和其他谐波电动势也起削弱的作用，只是削弱的程度有所不同。为计及这一影响，计算电动势时，对于斜槽的绕组，还应乘以斜槽系数。

（2）采用分数槽绕组。这是一种很有效的削弱齿谐波电动势的方法，在水轮发电机和低速同步电机中得到广泛的应用，其作用原理与斜槽相似。对于分数槽绕组，因为 q 不等于整数，所以磁极下各相带所占槽数不同，例如有的多一槽，有的少一槽。因此各线圈组在磁极下处于不同的相对位置，各个线圈组内的齿谐波电动势相位不同，可以大部分互相抵消，从而使相绕组中的齿谐波电动势大为削弱。

■ 小结

当气隙磁场的磁通密度 B_δ 在空间按正弦波分布时，电机绕组的导体和气隙磁场作相对运动，导体切割气隙磁场产生感应电动势，电动势为 $e_{c1} = B_\delta lv = B_{1m} lv\sin\omega t = E_{c1m}\sin\omega t$，线圈一般由 N_c 匝构成。由于线圈内的各匝电动势相同，所以当线圈有 N_c 匝时，其整个线

圈的电动势为 $E_{y1} = N_c E_{t1} = 4.44 N_c k_{y1} f \Phi_1$，其中 k_{y1} 为短距系数。每个极（双层绕组时）或每对极（单层绕组时）下有 q 个线圈串联，组成一个线圈组，所以线圈组的电动势等于 q 个串联线圈电动势的相量和。线圈组电动势的有效值为

$$E_{q1} = 4.44 q N_c k_{y1} k_{q1} f \Phi_1 = 4.44 q N_c k_{N1} f \Phi_1$$

式中，$k_{N1} = k_{y1} k_{q1}$ 称为绕组系数，它计及由于短距和分布引起线圈组电动势减小的程度。

■ 思考与练习

一、填空题

1. 交流绕组的构成顺序为 _____，_____，_____，_____。

2. k_{y1} 是_____系数，对于整距线圈，$k_{y1} =$ _____；对于短距线圈，$k_{y1} =$ _____。k_{q1} 是_____系数，对于集中绕组，$k_{q1} =$ _____；对于分布绕组，$k_{q1} =$ _____。k_{N1} 是_____系数，$k_{N1} =$ _____。

3. 为了得到三相对称的基波感应电动势，交流电机的 3 个绕组必须是_____，即各相绕组的有效匝数、分布、短距等完全一致，且在定子内圆空间位置上，彼此相距_____空间电角度。

4. 有一个三相双层绕组的交流电机，$2p = 4$，$Z = 36$，支路数 $a = 1$，那么极距 $\tau =$ _____，每极每相槽数 $q =$ _____，槽距角 $\alpha =$ _____，若线圈节距 $y_1 = 8$，则短距系数 $k_{y1} =$ _____，分布系数 $k_{q1} =$ _____，绕组系数 $k_{N1} =$ _____。

二、选择题

1. 交流绕组的绕组系数通常（　　）。
A. > 1　　　　B. < 1　　　　C. $= 1$　　　　D. $= 0$

2. 交流电动机的定、转子极对数要求（　　）。
A. 相等　　　B. 不等　　　C. 不可确定　　　D. 可相等也可不等

三、简答题

1. 试说明谐波电动势产生的原因及其削弱方法。

2. 试述分布系数和短距系数的意义。若采用长距线圈，其短距系数是否会大于 1？

3. 齿谐波电动势是由于什么原因引起的？在中、小型感应电机和小型凸极同步电机中，常用转子斜槽来削弱齿谐波电动势，斜多少才合适？

四、计算题

1. 一台三相同步发电机，$f = 50$ Hz，$n_N = 1500$ r/min，定子采用双层短距分布绕组：$q = 3$，$y_1 = \dfrac{8}{9}\tau$，每相串联匝数 $N = 108$，Y 连接，每极磁通量 $\Phi_1 = 1.015 \times 10^{-2}$ Wb，$\Phi_3 = 0.66 \times 10^{-3}$ Wb，$\Phi_5 = 0.24 \times 10^{-3}$ Wb，$\Phi_7 = 1.015 \times 10^{-4}$ Wb，试求：

（1）电机的极对数；

（2）定子槽数；

（3）绕组系数 k_{N1}、k_{N3}、k_{N5}、k_{N7}；

（4）相电动势 E_{ph1}、E_{ph3}、E_{ph5}、E_{ph7} 及合成相电动势 E_{ph} 和线电动势 E_1。

4.3　交流绕组的磁动势

▶ 内容导学

　　假设条件:绕组中的电流随时间按余弦规律变化;槽内电流集中在槽中心处;定、转子间的气隙均匀,不考虑由于齿槽引起的气隙磁阻变化,即认为气隙磁阻是常数;铁心不饱和,因此可忽略定、转子铁心的磁压降。在上述假设条件下,交流绕组的磁动势是什么样子的呢?

▶ 知识目标

　　▶ 掌握单相绕组基波磁动势的表达式及其特点;
　　▶ 掌握脉振磁动势和旋转磁动势之间的关系;
　　▶ 掌握三相绕组合成基波磁动势的表达式及其特点。

▶ 能力目标

　　▶ 能独立分析单相绕组通入交流电产生的脉振磁动势(波形、幅值、频率);
　　▶ 能应用三相绕组合成基波磁动势的表达式及其特点分析绕组感应电动势的大小和波形问题。

4.3.1　单相绕组的磁动势及分解

【内容导入】

　　电机是一种机电能量转换装置,而这种能量转换必须有磁场的参与,因此,研究电机就必须研究电机中磁场的分布及性质。在交流电机中气隙磁通的建立是很复杂的。它可以由定子磁动势建立,也可由转子磁动势建立,或者由定子和转子磁动势共同建立。不论是定子磁动势还是转子磁动势,它们的性质都取决于产生它们的电流类型及电流的分布。同步电机的定子绕组和异步电机的定、转子绕组均为交流绕组,它们中的电流则是随时间变化的交流电。因此,交流绕组的磁动势及气隙磁通既是时间的函数,又是空间的函数,分析起来比较复杂。

【内容分析】

　　下面以定子电流产生的磁动势为例来进行分析,所得的结论同样适用于转子磁动势。本小节根据由浅入深的原则,按照整距线圈、单相绕组、三相绕组的顺序,依次分析它们的磁动势。为了简化分析,作出下列假设:① 绕组中的电流随时间按正弦规律变化(实际上就是只考虑绕组中的基波电流);② 槽内电流集中在槽中心处;③ 转子呈圆柱形,气隙均匀;④ 铁心不饱和,铁心中磁压降可忽略不计(即认为磁动势全部降落在气隙上)。

一、单个线圈(元件)的磁动势

　　线圈是构成绕组的最基本单位,所以磁动势的分析首先从线圈开始。由于整距线圈的

磁动势比短距线圈磁动势简单,因此先来分析整距线圈的磁动势。如图 4 - 14(a)所示是一台两极电机的示意图,电机的定子上放置了一个整距线圈,当线圈中有电流流过时,就产生了一个两极磁场。磁场方向和电流方向满足右手螺旋定则。

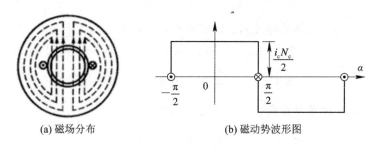

(a) 磁场分布　　　　　　　　(b) 磁动势波形图

图 4 - 14　两极电机

由全电流定律可知,作用于任一闭合路径的磁动势,等于其所包围的全部电流,即 $\oint_l H \mathrm{d}l = \sum I$。从图 4 - 14(a)中可以看出,两极电机中每条磁力线路径所包围的电流都等于 $N_c i_c$,其中,N_c 为线圈匝数,i_c 为导体中流过的电流。由于忽略了铁心上的磁压降,所以总的磁动势 $N_c i_c$ 可认为全部降落在两段气隙中,即每段气隙磁动势的大小为 $\frac{1}{2}N_c i_c$。将图 4 - 14(a)予以展开,可得到如图 4 - 14(b)所示的磁动势波形图。从图中可以看到,整距线圈的磁动势在空间中的分布为一矩形波,其幅值为 $\frac{1}{2}N_c i_c$。当线圈中的电流随时间按正弦规律变化时,矩形波的幅值也随时间按照正弦规律变化。当电流达到正的最大值时,矩形波的幅值也达到正的最大值;当电流为零时,矩形波的幅值也为零;如果电流为负数,则磁动势也随之改变方向。但其轴线位置在空间保持固定不变。把这种空间位置不变,而幅值随时间变化的磁动势称为脉振磁动势。

若线圈流过的电流为

$$i_c = I_{cm}\sin\omega t = \sqrt{2}I_c\sin\omega t$$

则气隙中的磁动势为

$$f_c = \pm\frac{1}{2}N_c i_c = \pm\frac{\sqrt{2}}{2}N_c I_c\sin\omega t = \pm F_{cm}\sin\omega t \qquad (4 - 23)$$

式中,F_{cm} 为磁动势的最大幅值,即

$$F_{cm} = \frac{\sqrt{2}}{2}N_c I_c \qquad (4 - 24)$$

以上分析的是一对极的电机。当电机的极对数大于 1 时,由于各对极下的情况完全相同,所以只要取一对极来分析就可以了。

一般每一线圈组总是由放置在相邻槽内的 q 个线圈组成。如果把 q 个空间位置不同的矩形波相加,合成波形就会发生变化,这将给分析带来困难。所以,为了便于分析,一般将矩形磁动势波形通过傅里叶级数进行分解,化为一系列正弦形的基波和高次谐波,然后将不同槽内的基波磁动势和谐波磁动势分别相加,由于正弦波磁动势相加后仍为正弦波,所以可简化对磁动势的分析。

将图 4 - 14(b)所示的矩形波用傅里叶级数进行分解,若坐标原点取在线圈中心线上,

横坐标取空间电角度 α，可得基波和一系列奇次谐波（因为磁动势为奇函数），如图 $4-15$ 所示。其中基波和各奇次谐波磁动势幅值按照傅里叶级数求系数的方法得出，其计算式为

$$F_{cv} = \frac{1}{\pi}\int_0^{2\pi} F_{cm}(\alpha)\cos v\alpha \, d\alpha = \frac{1}{v}\frac{4}{\pi}F_{cm}\sin v\frac{\pi}{2} = \frac{1}{v}\frac{4}{\pi}\frac{\sqrt{2}}{2}N_c i_c \sin v\frac{\pi}{2} \quad (4-25)$$

将基波和各奇次谐波的幅值算出来后，就可得出磁动势幅值的表达式为

$$F_{cm}(\alpha) = F_{c1}\cos\alpha + F_{c3}\cos3\alpha + F_{c5}\cos5\alpha + \cdots + F_{cv}\cos v\alpha$$

$$= 0.9N_c I_c \left(\cos\alpha - \frac{1}{3}\cos3\alpha + \frac{1}{5}\cos5\alpha + \cdots\right) \quad (4-26)$$

其中，$F_{c1} = 0.9N_c I_c$ 为基波幅值，其他谐波幅值为

$$F_{cv} = \pm\frac{F_{c1}}{v}$$

所以整距线圈磁动势瞬时值的表达式为

$$f_c(\alpha, t) = 0.9N_c I_c \left(\cos\alpha - \frac{1}{3}\cos3\alpha + \frac{1}{5}\cos5\alpha + \cdots\right)\sin\omega t \quad (4-27)$$

若把横坐标由电角度 α 换成距离 x，显然 $\alpha = (\pi/\tau)x$，则

$$f_c(x, t) = 0.9N_c I_c \left(\cos\frac{\pi}{\tau}x - \frac{1}{3}\cos\frac{\pi}{\tau}3x + \frac{1}{5}\cos\frac{\pi}{\tau}5x + \cdots\right)\sin\omega t \quad (4-28)$$

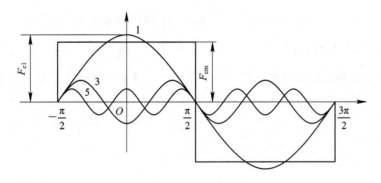

图 $4-15$　矩形波分解为基波和谐波

由上述分析可得出以下结论：

（1）整距线圈产生的磁动势是一个在空间上按矩形分布，幅值随时间以电流频率按正弦规律变化的脉振波。

（2）矩形磁动势波形可以分解成在空间按正弦分布的基波和一系列奇次谐波，各次谐波均为同频率的脉振波，其对应的极对数 $p_v = vp$，极距为 $\tau_v = \tau/v$。

（3）电机 v 次谐波的幅值 $F_{cv} = 0.9N_c I_c/v$。

（4）各次谐波都有一个波幅在线圈轴线上，其正负由 $\sin v(\pi/2)$ 决定。

二、相绕组的磁动势

1. 单层绕组一相的磁动势及分布系数

如前所述，交流绕组有单层和双层两种。单层绕组一般是整距、分布绕组。现在以这种绕组为例来说明单层绕组一相磁动势的计算。

单层绕组一相有 p 个线圈组。一个线圈组由 q 个线圈串联而成。如图 4 - 16(a) 所示，3 个线圈串联成为线圈组，由于相邻的线圈在空间位置上相隔一个槽距角 α 电角度，因而每个线圈产生的矩形波磁动势也相互移过一个 α 电角度。将这 3 个线圈的磁动势相加，就得到如图 4 - 16(a) 中所示的阶梯形波。

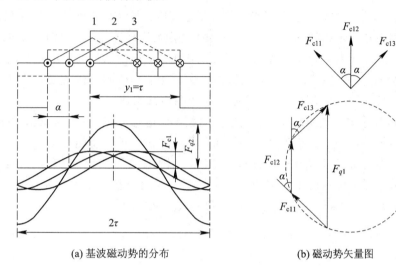

(a) 基波磁动势的分布　　　　　　　　　　　　(b) 磁动势矢量图

图 4 - 16　单层绕组线圈组的基波磁动势

由于矩形波可利用傅里叶级数分解为基波和一系列奇次谐波，其中基波之间在空间上的位移角就是 α 电角度。如图 4 - 16(a) 所示，把 q 个线圈的基波磁动势逐点相加，就可求得基波合成磁动势的最大幅值 F_{q1}。因为基波磁动势在空间按正弦规律分布，所以可以用空间矢量相加来代替波形图中磁动势的逐点相加。如图 4 - 16(b) 所示，空间矢量的长度代表各个基波的幅值，矢量的位置代表正波幅所在处，所以各空间矢量相互之间的夹角等于 α 电角度。将这 q 个空间矢量相加，就可以得到如图 4 - 16(b) 所示的磁动势矢量图，由此得出一个线圈组的基波磁动势的幅值为

$$F_{q1} = qF_{c1}k_{q1} = 0.9I_c qN_c k_{q1} \tag{4-29}$$

式中，k_{q1} 为基波磁动势的分布系数，与电动势分布系数完全相同，$k_{q1} = \dfrac{\sin(q\alpha/2)}{q\sin(\alpha/2)}$。

相绕组的磁动势不是一相绕组的总磁动势，而是一对磁极下该相绕组产生的磁动势。对单层绕组而言，就是 q 个线圈产生的磁动势，即

$$F_{ph1} = F_{q1} = 0.9I_c qN_c k_{q1} = 0.9\frac{I}{a}qN_c k_{q1} = 0.9\frac{IN}{p}k_{q1} \tag{4-30}$$

式中，N 为电机每相串联匝数，$N = (p/a)qN_c$；I 为相电流，$I = aI_c$；a 为电机每相并联支路数。

同理，可推出单层绕组一相绕组磁动势的高次谐波幅值为

$$F_{ph\upsilon} = F_{q\upsilon} = 0.9\frac{IN}{\upsilon p}k_{q\upsilon} \tag{4-31}$$

式中，$k_{q\upsilon}$ 为 υ 次谐波的分布系数，$k_{q\upsilon} = \dfrac{\sin(\upsilon q\alpha/2)}{q\sin(\upsilon\alpha/2)}$。

若空间坐标的原点取在相绕组的轴线上，则单层绕组一相的磁动势的瞬时值表达式为

$$f_{\rm ph}(t,\alpha)=0.9\frac{IN}{p}\left(k_{q1}\cos\alpha-\frac{1}{3}k_{q3}\cos3\alpha+\frac{1}{5}k_{q5}\cos5\alpha-\cdots\frac{1}{v}k_{qv}\cos v\alpha\right)\sin\omega t$$

$$(4-32)$$

2. 双层短距绕组一相的磁动势及短距系数

大型电机的定子绕组一般采用双层分布短距绕组，所以有必要讨论采用短距绕组对磁动势所造成的影响，现以如图4-17(a)所示的双层绕组为例来予以说明。双层绕组的线圈总是由一个槽的上元件边和另一个槽的下元件边组成。但磁动势的大小只取决于线圈边电流在空间的分布，与线圈边之间的连接顺序无关。为了分析问题的方便，可以认为上层线圈边组成了一个 $q=3$ 的整距线圈组，而下层线圈边又组成了另一个 $q=3$ 的整距线圈组。这两个线圈组都是单层整距绕组，它们在空间相差的电角度正好等于线圈节距比整距缩短的电角度，根据单层绕组一相磁动势的求法，可得出各个单层绕组磁动势的基波，叠加起来即可得到双层短距绕组一相的磁动势的基波，如图4-17(a)所示。若把这两个基波磁动势用空间矢量表示，则这两个矢量的夹角正好等于这两个基波磁动势在空间的位移 β，如图4-17(b)所示。因而一相绕组基波磁动势的最大幅值为

$$F_{\rm ph1}=2F_{q1}\cos\frac{\beta}{2}=2F_{q1}\sin\frac{y_1}{\tau}\frac{\pi}{2}=0.9I_{\rm c}(2qN_{\rm c})k_{q1}k_{y1}=0.9I_{\rm c}(2qN_{\rm c})k_{\rm N1}$$

$$(4-33)$$

式中，k_{y1} 和 $k_{\rm N1}$ 分别为基波磁动势的短距系数和绕组系数，它们和前面所学的感应电动势短距系数和绕组系数的计算公式完全一样。

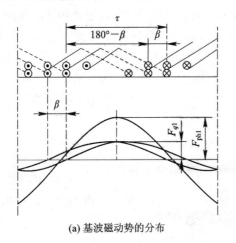
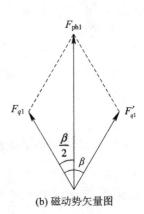

(a) 基波磁动势的分布   (b) 磁动势矢量图

图4-17 双层短距绕组一相的基波磁动势

进一步可得

$$F_{\rm ph1}=0.9\frac{I}{a}\frac{p(2qN_{\rm c})}{p}k_{\rm N1}=0.9\frac{IN}{p}k_{\rm N1}\qquad(4-34)$$

式中，N 为电机每相串联匝数，$N=(2p/a)qN_{\rm c}$；I 为相电流，$I=aI_{\rm c}$；a 为电机每相并联支路数。

同理可推出双层绕组一相磁动势的高次谐波幅值为

$$F_{\rm phv}=0.9\frac{IN}{vp}k_{qv}k_{yv}=0.9\frac{IN}{vp}k_{\rm Nv}\qquad(4-35)$$

综合以上所述可知，磁动势的短距系数和磁动势的分布系数一样，对基波的影响较小，但可以使高次谐波磁动势有很大的削弱。因此采用短距绕组也可以改善磁动势的波形。

若将空间坐标的原点放在一相绕组的轴线上，可得一相绕组磁动势瞬时值的一般表达式为

$$f_{ph}(\alpha,t)=0.9\frac{IN}{p}\Big(k_{N1}\cos\alpha+\frac{1}{3}k_{N3}\cos3\alpha+\frac{1}{5}k_{N5}\cos5\alpha+\cdots+\frac{1}{v}k_{Nv}\cos v\alpha\Big)\sin\omega t$$

$$(4-36)$$

通过以上分析，对单相绕组的磁动势可得出下列结论：

（1）单相绕组的磁动势是空间位置固定的脉振磁动势，其在电机的气隙空间按阶梯形波分布，幅值随时间以电流的频率按正弦规律变化。

（2）单相绕组的脉振磁动势可分解为基波和一系列奇次谐波，每次波的频率相同，都等于电流的频率。其中，磁动势基波的幅值 $F_{ph1}=0.9(IN/p)k_{N1}$，v 次谐波的幅值为 $F_{phv}=(k_{Nv}/vk_{N1})F_{ph1}$。从对幅值的分析中可以发现，采用短距和分布绕组对基波磁动势的影响较小，而对各高次谐波磁动势有较大的削弱，从而改善了磁动势的波形。

（3）基波的极对数就是电机的极对数，而 v 次谐波的极对数 $p_v=vp$。

（4）各次波都有一个波幅在相绕组的轴线上，其正负由绕组系数 k_{Nv} 决定。

4.3.2　三相绕组的磁动势

【内容导入】

由于现代电力系统采用三相制，所以无论是同步电机还是异步电机大多采用三相绕组，因此分析三相绕组的合成磁动势是研究交流电机的基础。由于基波磁动势对电机的性能有决定性的影响，因此本节将首先分析基波磁动势。三相绕组合成磁动势的分析方法主要有 3 种，即数学分析法、波形叠加法和空间矢量法。本小节采用数学分析法和空间矢量法对三相绕组合成磁动势的基波进行分析。

【内容分析】

一、数学分析法

三相电机的绕组一般采用对称三相绕组，即三相绕组在空间上互差 120°电角度，绕组中三相电流在时间上也互差 120°电角度。在写磁动势表达式之前必须首先确定参考坐标系。若把空间坐标的原点取在 A 相绕组的轴线上，并以顺相序方向作为 α 的正方向；同时选取 A 相绕组电流为零的瞬间作为时间的起始点，则 A、B、C 三相绕组各自产生的脉振磁动势的基波表达式为

$$\left.\begin{array}{l}f_{A1}(t,\alpha)=F_{ph1}\cos\alpha\sin\omega t\\f_{B1}(t,\alpha)=F_{ph1}\cos(\alpha-120°)\sin(\omega t-120°)\\f_{C1}(t,\alpha)=F_{ph1}\cos(\alpha-240°)\sin(\omega t-240°)\end{array}\right\}\quad(4-37)$$

式中，F_{ph1} 为每相磁动势基波的最大波幅。

利用三角公式将每相脉振磁动势分解为两个旋转磁动势，得

$$f_{A1}(t,\alpha) = \frac{F_{ph1}}{2}\sin(\omega t - \alpha) + \frac{F_{ph1}}{2}\sin(\omega t + \alpha)$$

$$f_{B1}(t,\alpha) = \frac{F_{ph1}}{2}\sin(\omega t - \alpha) + \frac{F_{ph1}}{2}\sin(\omega t + \alpha - 240°) \quad (4-38)$$

$$f_{C1}(t,\alpha) = \frac{F_{ph1}}{2}\sin(\omega t - \alpha) + \frac{F_{ph1}}{2}\sin(\omega t + \alpha - 120°)$$

把式(4-38)中的 3 式相加,由于后 3 项代表的 3 个旋转磁动势空间互差 120°,其和为零,于是三相合成磁动势的基波为

$$f_1(t,\alpha) = f_{A1}(t,\alpha) + f_{B1}(t,\alpha) + f_{C1}(t,\alpha)$$

$$= \frac{3}{2}F_{ph1}\sin(\omega t - \alpha) = F_1\sin(\omega t - \alpha) \quad (4-39)$$

式中,F_1 为三相合成磁动势基波的幅值,即

$$F_1 = \frac{3}{2}F_{ph1} = 1.35\frac{IN}{p}k_{N1} \quad (4-40)$$

ω 为三相合成磁动势基波在相平面上旋转的电角速度。因为 $\omega = 2\pi f$,并考虑到电机的极对数为 p,则三相合成磁动势基波的转速(r/min)为

$$n_1 = \frac{60 \times 2\pi f}{2\pi p} = \frac{60f}{p} \quad (4-41)$$

由上面的分析可知,三相合成磁动势基波是一个圆形旋转磁动势,其幅值为单相磁动势基波幅值的 3/2 倍,转速 $n_1 = 60f/p$,转向为 α 的正方向。

二、空间矢量法

用空间矢量法来分析三相绕组合成磁动势,即用空间矢量把一个脉振磁动势分解为两个旋转磁动势,然后进行矢量相加,这个方法比前面的数学分析法更直观。

从前面的分析可知,单相绕组脉振磁动势的基波可以分解为两个幅值相等、转速相同,但转向相反的旋转磁动势。各相磁动势的基波各自分解为正、反向的两个旋转磁动势,然后,将每个旋转磁动势用一个旋转的空间矢量来表示。

画空间矢量图时,只能画出某一时刻旋转磁动势的大小和位置。无论画哪个时刻的都可以,各矢量间的相对关系是不会变的。

通过以上分析,可以得出以下结论:

(1) 对称的三相绕组内通有对称的三相电流时,三相绕组合成磁动势的基波是一个正弦分布、幅值恒定的圆形旋转磁动势,其幅值为每相基波脉振磁动势最大幅值的 3/2 倍。

(2) 合成磁动势的转速,即同步转速 $n_1 = 60f/p$(r/min)。

(3) 合成磁动势的转向取决于三相电流的相序及三相绕组在空间的排列。合成磁动势是从电流超前相的绕组轴线转向电流滞后相的绕组轴线。改变电流相序即可改变旋转磁动势转向。

(4) 旋转磁动势的瞬时位置视相绕组电流大小而定,当某相电流达到正最大值时,合成磁动势的正幅值就与该相绕组轴线重合。

三、三相电枢绕组合成磁动势的高次谐波

从前面的分析中可以知道,每相的脉振磁动势中,除了基波外,还有 3、5、7 等奇次谐

波。这些谐波磁动势都随着绕组中的电流频率而脉振，除了极对数为基波的 v 倍外，其他性质同基波并无差别，所以上节中分析三相基波磁动势的方法，完全适用于分析三相高次谐波磁动势。下面分别研究三相绕组中合成磁动势的高次谐波。

当 $v=3$ 时，仿照式(4-37)可得各相绕组 3 次谐波磁动势为

$$\left.\begin{aligned}
f_{A3}(t,\,\alpha) &= F_{ph3}\cos3\alpha\sin\omega t \\
f_{B3}(t,\,\alpha) &= F_{ph3}\cos3(\alpha-120°)\sin(\omega t-120°) = F_{ph3}\cos3\alpha\sin(\omega t-120°) \\
f_{C3}(t,\,\alpha) &= F_{ph3}\cos3(\alpha-240°)\sin(\omega t-240°) = F_{ph3}\cos3\alpha\sin(\omega t-240°)
\end{aligned}\right\}$$

$$(4-42)$$

将式(4-42)中的 3 式相加，可得三相绕组 3 次谐波合成磁动势为

$$\begin{aligned}
f_3(t,\,\alpha) &= f_{A3}(t,\,\alpha) + f_{B3}(t,\,\alpha) + f_{C3}(t,\,\alpha) \\
&= F_{ph3}\cos3\alpha\left[\sin\omega t + \sin(\omega t-120°) + \sin(\omega t-240°)\right] = 0
\end{aligned}$$

$$(4-43)$$

可见，在对称三相绕组合成磁动势中，不存在 3 次及其倍数次谐波合成磁动势。

用同样的分析方法可得三相绕组的 5 次谐波合成磁动势是一个正弦分布、波幅恒定的旋转磁动势，但其转速为基波的 1/5，转向与基波相反。三相绕组的 7 次谐波合成磁动势也是一个正弦分布、波幅恒定的旋转磁动势，其转速为基波的 1/7，转向与基波相同。由于交流绕组采用分布、短距绕组，使 5 次、7 次高次谐波磁通削弱到极小，而更高次数的谐波磁通本身已经很小，因此，三相绕组产生的磁动势可以忽略谐波，认为只有基波。在后面分析同步电机和异步电机时，三相绕组的合成磁动势及其产生的电动势均指基波，且省去下标中的数字 1。

因为谐波磁场在绕组自身的感应电动势因频率与基波电动势相同，我们把绕组谐波磁场归并到绕组漏磁场中，成为电枢绕组漏抗的一部分。

■ 小结

由于定子绕组由许多线圈组成，因此讨论一个线圈磁动势是掌握整个绕组磁动势的基础。每个线圈的磁动势在空间是按矩形波分布的，矩形波幅值在时间上随着电流频率而变化，这种磁动势被称为脉振磁动势。用傅氏级数可将矩形的脉振磁动势分解成基波磁动势和一系列奇次谐波磁动势，用空间矢量相加法，把每个相绕组的线圈磁动势的基波和谐波分量分别相加，便可得出每相绕组的基波和谐波分量的合成磁动势。每相绕组的磁动势的最为重要的特征是：基波和各次谐波空间均呈余弦分布，均按通入电流的频率脉振。

由于绕组的短距与分布，每相合成磁动势中的基波分量虽略有减少，但谐波磁动势可大大削弱，使每相合成磁动势的分布波形接近正弦波。这种绕组的短距和分布，削弱了每相合成磁动势中谐波分量的作用(用绕组系数来表征)。所以，采用短距分布绕组是改善磁动势波形的有效措施。

■ 思考与练习

一、填空题

1. 交流单相绕组的基波磁动势和谐波磁动势均为_____，基波磁动势和谐波磁动

势脉动频率_____，脉动磁动势的_____与相电流和绕组等效_____成正比，与谐波_____成反比。

2. 单相脉振磁动势可分解为_____旋转磁动势分量，每个旋转磁动势分量的振幅为脉振磁动势的_____，旋转速度_____，均为_____，旋转方向_____。

3. 对称的三相电流流过对称绕组时，其基波合成磁动势为一个_____。

4. 可采用_____和_____来削弱谐波磁动势。

二、选择题

1. 当采用绕组短距的方式同时削弱定子绕组中 5 次和 7 次谐波磁动势时，应选绕组节距为（　　）。

A. τ B. $\frac{4}{5}\tau$ C. $\frac{6}{7}\tau$ D. $\frac{5}{6}\tau$

2. 三相对称交流绕组的合成基波空间磁动势幅值为 F_1，绕组系数为 k_{w1}，3 次谐波绕组系数为 k_{w3}，则 3 次空间磁动势波的合成幅值为（　　）。

A. 0   B. $\frac{1}{3}F_1 k_{w3}/k_{w1}$ C. $F_1 k_{w3}/k_{w}1$ D. 无法确定

3. 三相四极 36 槽交流绕组，若希望尽可能削弱 5 次空间磁动势谐波，绕组节距取（　　）。

A. $y_1 = 7$ B. $y_1 = 8$ C. $y_1 = 9$ D. $y_1 = 10$

4. 一台 50 Hz 的三相电机通以 60 Hz 的三相对称电流，并保持电流有效值不变，此时三相基波合成旋转磁动势的幅值大小（　　），转速（　　），极数（　　）。

A. 变大   B. 减小   C. 不变   D. 无法确定

5. 单相绕组的基波磁动势是（　　）。

A. 恒定磁动势   B. 脉振磁动势   C. 旋转磁动势   D. 不能确定

6. 交流电机定、转子的极对数要求（　　）。

A. 不等   B. 相等   C. 不可确定   D. 可等可不等

7. 交流绕组采用短距与分布后，基波电动势与谐波电动势（　　）。

A. 都减小   B. 不变

C. 基波电动势不变，谐波电动势减小   D. 不确定

8. 三相合成磁动势中的 5 次空间磁动势谐波，在气隙空间以（　　）基波旋转磁动势的转速旋转。

A. 5 倍   B. 相等   C. 1/5 倍   D. 无法确定

三、简答题

1. 为什么说交流绕组产生的磁动势既是时间的函数，又是空间的函数？试以三相合成磁动势的基波来说明。

2. 脉振磁动势和旋转磁动势各有哪些基本特性？产生脉振磁动势、圆形旋转磁动势和椭圆形旋转磁动势的条件有什么不同？

3. 把一台三相交流电机定子绕组的三个首端和末端分别连在一起，通以交流电流，合成的磁动势基波是多少？如将三相绕组依次串联起来后通以交流电流，合成磁动势的基波又是多少？为什么？

四、计算题

1. 一台三相四极感应电动机，$P_N = 132$ kW，$U_N = 380$ V，$I_N = 235$ A，定子绕组采用三角形连接，双层叠绕组，槽数 $Z = 72$，$y_1 = 15$，每槽导体数为 72，$a = 4$，回答下列问题：

（1）计算脉振磁动势基波和 3、5、7 次谐波的振幅，并写出各相基波脉振磁动势的表达式；

（2）计算三相合成磁动势基波及 5、7 次谐波的幅值，写出它们的表达式，并说明各次谐波的转向、极对数和转速；

（3）分析基波和 5、7、11 次谐波的绕组系数值，说明采用短距和分布绕组对磁动势波形有什么影响。

2. 一台三相四极汽轮发电机，$P_N = 50\,000$ kW，$U_N = 10.5$ kV，采用 Y 连接，$\cos\varphi_N = 0.85$（滞后），槽数 $Z = 72$，$y_1 = 28$，$N_c = 1$，$a = 2$，双层绕组。试求额定电流时：

（1）相绕组磁动势的基波幅值及瞬时值表达式；

（2）三相合成磁动势的基波幅值及瞬时值表达式；

（3）画出 A 相电流为最大值时的三相磁动势空间矢量及其合成磁动势空间矢量图。

第5章　同　步　电　机

　　同步发电机是一种旋转交流电机，也是基于电磁感应原理工作的。同步电机既可以用作发电机，也可作为电动机或调相机运行，世界上的电能多由同步发电机发出，近年来同步电动机也广泛用于拖动系统中。同步电机的转子转速与定子磁场维持同步关系。本章主要分析三相同步发电机的工作原理、主要类型和基本结构、励磁方式、运行原理、功率调节和并联运行等。

5.1　同步发电机基础知识

▶▶ 内容导学

同步电机的发展
历史与课程思政

　　如图 5-1 所示是电力系统中的一种重要设备。辨识图片内容，说明这是一台什么设备？学校是否有这种设备？查阅资料，了解设备的工作原理、基本结构和励磁方式。

图 5-1　电力系统某设备图

▶▶ 知识目标

- ▶ 理解同步发电机的工作原理；
- ▶ 熟悉同步发电机的主要类型和基本结构；
- ▶ 掌握同步发电机的主要励磁方式。

▶▶ 能力目标

- ▶ 能应用电磁感应原理分析同步发电机的基本工作原理；
- ▶ 能辨识同步发电机的主要类型和基本组成；
- ▶ 能辨别现实中同步发电机的励磁方式。

5.1.1 同步发电机的基本工作原理

【内容导入】

学校的柴油发电机是基于什么原理发电的？这种同步发电机的名称由来是什么？输出的交流电有什么特点？如何实现机械能向电能的转换？

【内容分析】

同步发电机是通过电磁感应原理把机械能转变成电能的。

同步发电机主要由定子和转子两部分组成，通过转子磁场和定子绕组的相对运动，实现能量转换。如图 5-2 所示为凸极同步发电机工作原理，定子部分与三相异步电动机相同，凸极转子上装有励磁绕组，通入直流电流 I_f 时形成 N、S 磁极。原动机拖动转子旋转形成旋转磁场，对称三相定子绕组的有效边切割磁力线，产生感应电动势，其方向可用右手定则判断。如果转子磁极产生的气隙磁通密度沿气隙圆周按正弦规律分布，则对称三相绕组的感应电动势也按正弦规律变化，可对外输出对称三相交流电，从而把机械能转变成电能输出给负载。

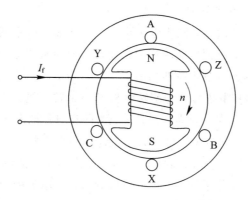

图 5-2 凸级同步发电机工作原理

（1）三相绕组 AX、BY、CZ 在空间上互差 120°电角度，产生三相对称感应电动势：

$$\left. \begin{aligned} e_A &= E_m \sin\omega t \\ e_B &= E_m \sin(\omega t - 120°) \\ e_C &= E_m \sin(\omega t + 120°) \end{aligned} \right\} \qquad (5-1)$$

感应电动势的有效值为

$$E_0 = 4.44 f N_1 K_{w1} \Phi_1 \qquad (5-2)$$

（2）三相电动势的相序与转子的转向一致，即相序由转子的转向决定。

（3）感应电动势频率。转子每转过一对磁极，感应电动势就变化一个周期；如果转子转一周有 p 对磁极，则绕组感应电动势就变化 p 个周期；当转子每分钟的转速为 n 时，感应电动势每分钟变化 pn 个周期，每秒变化 $pn/60$ 个周期，所以电动势的频率为

$$f = \frac{pn}{60} \qquad (5-3)$$

我国交流市电的标准频率为 50 Hz，所以同步发电机的极对数和转速成反比。如一台

汽轮机的转速 $n = 1500$ r/min，则被其拖动的发电机极对数应为两对极；一台水轮机的转速 $n = 62.5$ r/min，则被其拖动的发电机极对数 $p = 48$。

5.1.2　同步发电机的类型和基本结构

【内容导入】

和异步电机一样，同步电机也是由定子和转子两大部分组成的，其定子、转子结构和异步电动机完全相同吗？在汽轮机和水轮机中的同步发电机是一种类型吗？

转子的主要部件有铁心、励磁绕组。按照转子的磁极形状不同，同步发电机可分为隐极式和凸极式两种。隐极同步电机的转子直径较小而长度较长，主要应用于转速较高的汽轮发电机；凸极同步电机又分为卧式和立式两种，水轮发电机是立式凸极同步电机的典型结构，电机直径大，轴向长度短，外形短粗。

【内容分析】

一、同步电机的类型

同步电机可以按以下方式分类：

（1）按能量转换方式和用途，同步电机可分为发电机、电动机和调相机 3 类。发电机把机械能转换成电能；电动机把电能转换为机械能；调相机用来调节电网的无功功率，改善电网的功率因数，基本上不输出有功功率。

（2）按转子功能，同步电机可分为旋转电枢式和旋转磁极式两种，前者在小容量同步电机中得到某些应用，后者应用较为广泛，并成为同步电机的基本结构形式。

（3）按转子结构形式，同步电机可分为隐极式和凸极式两种。如图 5-3(a)所示为隐极同步电机，其气隙均匀，转子呈细长圆柱状，适合于高速旋转的汽轮发电机。如图 5-3(b)所示为凸极同步电机，其气隙不均匀，转子呈扁盘状，适用于中速或低速旋转的水轮发电机。凸极式还可用于同步电动机和调相机。

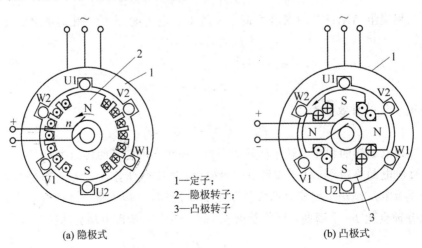

1—定子；
2—隐极转子；
3—凸极转子

(a) 隐极式　　　　　　　　　　　　(b) 凸极式

图 5-3　同步电机

二、同步发电机的基本结构

下面分别介绍电力系统中常用的汽轮发电机和水轮发电机。

1. 汽轮发电机的基本结构

汽轮发电机由定子和隐极转子两大部分组成。

1）定子

汽轮发电机的定子由铁心、定子绕组（电枢绕组）、机座及其他附属部件构成。为了减少铁损耗，定子铁心一般采用两面涂有绝缘漆膜的硅钢片分组叠压而成。每组含十多片铁心冲片，厚度为 30～60 mm。每组叠片之间有宽 10 mm 的径向通风沟，如图 5 - 4 所示。采用拉紧螺杆和非导磁端压板将硅钢片压紧成整体后固定在机座上，定子绕组嵌放在铁心的内圆槽内。

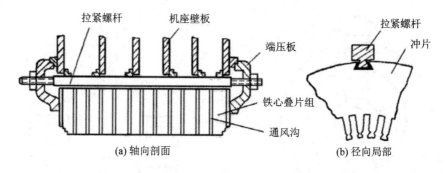

(a) 轴向剖面　　　　　　　　　　(b) 径向局部

图 5 - 4　定子铁心结构

2）隐极转子

汽轮发电机的隐极转子由铁心、励磁绕组、护环、中心环等组成。

（1）转子铁心（转子本体）是汽轮发电机最关键的部件之一，它是巨大离心力的受体，所以采用铬镍钼合金钢锻制而成，和转轴锻为一体。它呈细长的圆柱形，现代汽轮发电机转子长度与直径之比 $l/D = 2.5 \sim 6.5$，且容量愈大，比值愈大。

在铁心表面，以主极轴线为对称中心，1/3 极距宽度范围内不开槽，形成"大齿"，即磁极；2/3 极距宽度内均匀分布开口式平行槽，用来嵌放励磁绕组，如图 5 - 5 所示。

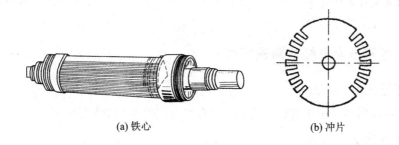

(a) 铁心　　　　　　　　　　　(b) 冲片

图 5 - 5　隐极转子铁心及冲片

（2）励磁绕组采用分布式同心线圈，由扁铜线绕制而成。为了承受高速旋转的离心力，槽楔用高强度硬质铝合金等金属材料制作，绕组的出线端连接到集电环上，外接直流电源。

（3）护环为两只金属圆筒，采用高强度非导磁合金钢制成，用来保护励磁绕组的两个端部，使之不会因离心力作用而甩出。

（4）中心环用于支持护环并阻止励磁绕组的轴向移动。

2. 水轮发电机的主要结构

水轮发电机的定子结构和汽轮发电机的相同，区别主要在转子部分，水轮发电机采用了凸极转子。凸极同步电机有卧式和立式两类。

凸极同步电机的凸极转子由磁极、励磁绕组、磁轭、转子支架和转轴，以及阻尼绕组等组成，如图 5-6 所示。

磁极一般由 1～1.5 mm 厚的钢板冲片叠成，在磁极的两端加上磁极压板，用拉紧螺杆紧固成整体，并用 T 尾与磁轭的 T 尾槽连接。磁轭可用铸钢，也可用冲片叠压。磁极与磁轭之间的连接应牢固，以满足旋转受力要求。阻尼绕组和异步电机的笼型结构相似，由若干插在极靴槽中的铜条经两端环短接而成。凸极转子的磁极和绕组如图 5-7 所示。

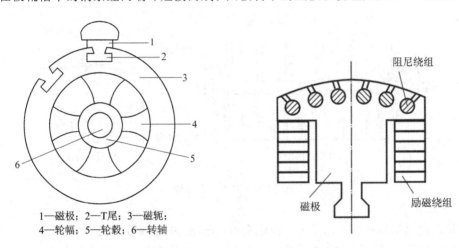

1—磁极；2—T尾；3—磁轭；
4—轮幅；5—轮毂；6—转轴

图 5-6　凸极转子结构　　　　　　　图 5-7　凸极转子的磁极和绕组

励磁绕组采用绝缘扁铜线绕制而成，套在磁极的极身上。励磁绕组外接直流电源，产生恒定磁场，经原动机拖动旋转，切割定子电枢绕组而产生感应电动势。

立式水轮发电机根据推力轴承的不同安放位置，可分为悬式和伞式两种形式。悬式结构将推力轴承装在转子上部，整个转子悬挂在上机架上。伞式结构的推力轴承放在发电机转子下部，形状像张开的伞。

5.1.3　三相同步发电机的励磁方式

【内容导入】

励磁系统在同步电机中起什么作用？实际发电机是如何获取励磁电源的？

【内容分析】

由同步发电机的工作原理可知，励磁绕组需要外接直流电源通入直流电流，建立励磁磁场，通过磁场调节，可以改变发电机的输出电压。

根据励磁电源的不同连接方式，同步发电机励磁方式可分为直流发电机励磁系统、静止式交流整流励磁系统、旋转式交流整流励磁系统和自励式静止整流励磁系统 4 种形式。

一、直流发电机励磁系统

这是一种经典的励磁系统，并称该系统中的直流发电机为直流励磁机。直流励磁机多采用他励或永磁励磁方式，且与同步发电机同轴旋转，输出的直流电流经电刷、滑环输入同步发电机转子励磁绕组。采用他励接法时，励磁机的励磁电流由另一台被称为副励磁机的同轴的直流发电机供给，如图 5-8 所示。

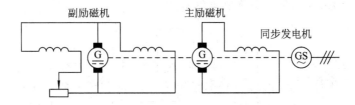

图 5-8 直流发电机励磁系统

直流励磁机励磁系统与外部交流电网无直接联系，整个系统运行可靠且比较简单，故在中小型汽轮发电机中广泛应用。但对于现在越来越广泛投入的大容量汽轮发电机，由于励磁容量需相应地增大，制造上就非常困难，所以大容量的汽轮发电机不宜采用同轴直流励磁机的励磁方式。

二、静止式交流整流励磁系统

这种励磁系统是将同轴旋转的交流励磁机的输出电流经整流后供给发电机励磁绕组，他励式系统应用最普遍。与传统直流系统相比，其主要区别是变直流励磁机为交流励磁机，从而解决了换向火花问题。

同轴上有 3 台交流发电机，即主发电机、交流主励磁机和交流副励磁机。交流副励磁机的励磁电流开始时由外部直流电源提供，待电压建立起来后再转为自励（有时采用永磁发电机）。副励磁机的输出电流经过静止晶闸管整流器整流后供给主励磁机，而主励磁机的交流输出电流经过静止的三相桥式硅整流器整流后供给主发电机的励磁绕组，如图 5-9 所示。

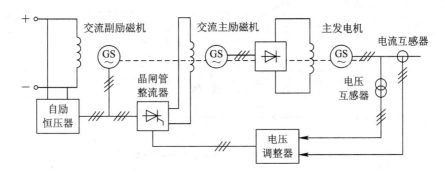

图 5-9 静止式交流整流励磁系统

三、旋转式交流整流励磁系统

静止式交流整流励磁系统去掉了直流励磁机的换向器，解决了换向火花问题，但电刷和滑环依然存在，还是有触点系统。对于大容量的同步发电机，其励磁电流达到数千安培，使得滑环严重过热。如果把交流励磁机做成转枢式同步发电机，并将整流器固定在转轴上一道旋转，就可以将整流输出直接供给发电机的励磁绕组，如图 5-10 所示。主励磁机是转枢式同步发电机，旋转电枢的交流电流经与主轴一起旋转的硅整流器整流后，直接送到主发电机的转子励磁绕组。交流主励磁机的励磁电流由同轴的交流副励磁机经静止的晶闸管整流器整流后供给。由于这种励磁系统取消了电刷和滑环，构成旋转的无触点（或称无刷）交流整流励磁系统，所以简称无刷励磁系统。

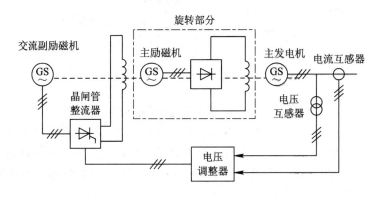

图 5-10 旋转式交流整流励磁系统

四、自励式静止整流励磁系统

如果取消交流励磁机，则交流励磁电源直接取自同步发电机本身，如图 5-11 所示。主发电机的励磁电流由整流变压器取自自身输出端，经过三相晶闸管整流后变为直流电。静止的交流整流励磁系统没有直流励磁机的换向器火花等问题，运行维护方便，技术性能较好，国内外已广泛使用。

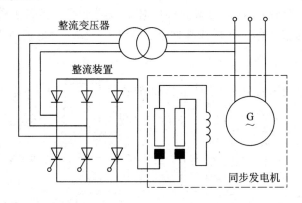

图 5-11 自励式静止整流励磁系统

5.1.4 同步发电机的铭牌

【内容导入】

同步发电机的额定值有哪些？如何根据同步发电机的铭牌读出发电机的型号、额定电压、额定电流、额定容量、功率因数、同步转速等?

【内容分析】

同步发电机机座外壳醒目的地方放置有铭牌,它是电机制造厂用来向用户介绍该台电机的特点和额定数据的,通常标有型号、额定值、绝缘等级等内容。铭牌上标示的容量、电压、电流都是额定值。所谓额定值,就是能保证电机正常连续运行的最大限值。当电机在额定数据规定的情况下运行时,发电机寿命可以达到设计的预期年限,效率也较高。

下面介绍铭牌上标示的主要项目:

1. 型号

我国生产的发电机型号都是由汉语拼音大写字母与阿拉伯数字组成的。如一台汽轮发电机的型号为 QFSN - 300 - 2,其意义为:

QF——汽轮发电机;

SN——“水内”两个汉字的第一个拼音字母,表示该发电机的冷却方式是水内冷;

300——发电机的额定功率,单位为 MW;

2——发电机的磁极个数。

又如一台水轮发电机的型号为 TS - 900/135 - 56,其意义为:

T——同步;

S——水轮发电机;

900——定子铁心外径(cm);

135——定子铁心长度(cm);

56——磁极个数。

2. 额定容量 P_N(或 S_N)

额定容量是指该台发电机长期安全运行的最大允许输出功率。有的发电机用有功功率 kW 或 MW 来表示,有的发电机用视在功率 kVA 或 MVA 来表示。

3. 额定电压 U_N

额定电压是指该台发电机额定运行时,定子三相线端的线电压,单位为 V 或 kV。

4. 额定电流 I_N

额定电流是指该台发电机额定运行时,流过定子绕组的线电流,单位为 A。

5. 额定功率因数 $\cos\varphi_N$

额定功率因数是指该台发电机额定运行时的功率因数。在输出有功功率一定的条件下,提高功率因数,可提高发电机有效材料利用率、减轻发电机的总质量、提高效率、降低输电线损耗,但会使发电机的视在容量减小、稳定性降低。现代发电机由于采用快速励磁系统来保证稳定性要求,额定功率因数有所提高。

6. 额定励磁电压 U_{fN}

额定励磁电压是指该台发电机额定运行时,转子励磁绕组两线端的直流电压,单位为 V。

7. 额定励磁电流 I_{fN}

额定励磁电流是指该台发电机额定运行时,流过转子励磁绕组的直流电流,单位为 A。

8. 额定转速

额定转速是指该台发电机额定运行时对应电网频率的同步转速,单位为 r/min(转/分)。

三相同步发电机额定功率、额定电压、额定电流之间的关系为

$$P_N = \sqrt{3} U_N I_N \cos\varphi_N \qquad (5-4)$$

【例 5 - 1】　一台汽轮发电机,额定功率 $P_N = 15$ MW,额定电压 $U_N = 10.5$ kV(Y 连接),额定功率因数 $\cos\varphi_N = 0.85$(滞后),试求发电机的额定电流 I_N、额定容量 S_N 和额定运行时发出的无功功率 Q_N。

例 5 - 1

解　发电机的额定电流为

$$I_N = \frac{P_N}{\sqrt{3} U_N \cos\varphi_N} = \frac{15 \times 10^6}{\sqrt{3} \times 10.5 \times 10^3 \times 0.85} = 970.3 \text{ (A)}$$

额定容量为

$$S_N = \frac{P_N}{\cos\varphi_N} = \frac{15 \times 10^6}{0.85} = 17\ 647 \text{ (kVA)}$$

额定运行时发出的无功功率为

$$Q_N = \sqrt{S_N^2 - P_N^2} = \sqrt{17\ 647^2 - 15\ 000^2} = 9296 \text{ (kvar)}$$

或

$$Q_N = S_N \sin\varphi_N = S_N \sqrt{1 - \cos^2\varphi_N} = 17\ 647\sqrt{1 - 0.85^2} = 9296 \text{ (kvar)}$$

■ 小结

同步发电机是遵循电磁感应原理工作的,由于转子磁场在气隙空间按正弦规律分布,三相绕组中能够感应出三相对称的正弦波形电动势,电动势频率和转速之间保持严格不变的关系,即

$$f = \frac{pn}{60}$$

按运行方式和功率转换方式,同步电机可分为发电机、电动机和调相机 3 类。按结构形式,同步电机可分为旋转电枢式和旋转磁极式两种,对于旋转磁极式结构,按照磁极的形状又可分为隐极式和凸极式两种。

同步电机主要由定子和转子两大部分组成,隐极同步电机都采用卧式结构,转速较高,转子的直径较小而长度较长。凸极同步电机有卧式和立式两类,低速、大型水轮发电机常采用立式结构,极对数多,电机直径大,轴向长度短,外形短粗,呈扁盘形。

同步发电机的励磁方式主要有直流发电机励磁系统、静止式交流整流励磁系统和旋转式交流整流励磁系统。

■ 思考与练习

一、填空题

1. 一台汽轮机的转速为 $n = 3000$ r/min,则被其带动的发电机极对数应为 _____ 极,一台水轮机的转速为 $n = 125$ r/min,则被其带动的发电机的极对数 $p = $ _____。

2. 同步发电机定子铁心的作用是 _____ 和 _____。定子绕组又叫 _____ 绕组,作用是 _____。

3. 汽轮同步发电机转子槽排列有_____和_____。

4. 水轮发电机导轴承作用是_____，主要承受_____，推力轴承承受_____。

5. 同步发电机的主要励磁方式有_____、_____、_____和_____。

二、选择题

1. 已制造好的同步发电机，电动势频率和转速之间保持(　　)的关系。

A. 近似不变　　　　　　　　　　B. 严格不变

C. 近似转差　　　　　　　　　　D. 严格转差

2. 隐极同步电机都采用卧式结构，转速较高，转子的直径(　　)。

A. 较大而长度较短　　　　　　　B. 较大而长度较长

C. 较小而长度较短　　　　　　　D. 较小而长度较长

3. 以下正确的是(　　)。

A. 汽轮发电机常采用隐极式发电机　　B. 水轮发电机常采用隐极式发电机

C. 隐极同步电机的气隙不均匀　　　　D. 凸极同步电机适合于高速旋转

三、简答题

1. 同步电机和异步电机在结构上有哪些区别？

2. 汽轮发电机和水轮发电机的主要结构特点是什么？为什么有这样的特点？

3. 伞式和悬式水轮发电机的特点和优、缺点如何？

4. 同步发电机怎样产生三相交流电能？

5. 为什么水轮发电机要用阻尼绕组，而汽轮发电机却可以不用？

6. 同步发电机的励磁方式主要有哪几种？各有什么优、缺点？

四、计算题

1. 一台同步发电机，原动机拖动转子的转速为 75 r/min，电枢感应电动势的频率为 50 Hz，求电机的极对数。

2. 某三相同步发电机，额定容量 $S_N = 20$ kVA，额定电压 $U_N = 400$ V，额定功率因数 $\cos\varphi_N = 0.8$(滞后)，求该发电机的额定电流 I_N 及额定运行时发出的有功功率 P_N 和无功功率 Q_N。

5.2　同步发电机的空载运行

▶▶ 内容导学

根据同步发电机的基础知识，分析如图 5 - 12 所示的同步电机的组成部分、极对数以及电机类型。查阅资料了解该电机空载运行时的电磁现象。

▶▶ 知识目标

▶ 理解同步发电机空载运行时形成的气隙磁场；

▶ 掌握同步发电机空载运行特性，了解其实际应用。

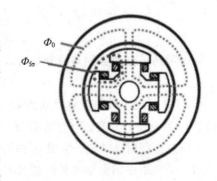

图 5 - 12　四极凸极电机的空载磁路

▶▶ 能力目标

- ▶ 能分析同步发电机内部的空载磁路、空载主磁通和励磁电动势；
- ▶ 能分析同步发电机的空载特性曲线。

5.2.1　同步发电机的空载气隙磁场

【内容导入】

空载运行是同步发电机最简单的运行方式，其气隙磁场是如何建立的？同步发电机空载时的相量图如何？

【内容分析】

三相同步发电机作为实际的交流电源供给特定负载或者向电网输送电能时，必须要建立起稳定的幅值、频率和波形较好的三相对称交变电势。发电机的感应电势由电枢绕组切割转子旋转磁场产生，其大小和性质与旋转磁场紧密相关。本节从气隙中旋转磁场入手，讨论发电机空载运行的特点。

原动机拖动同步发电机以同步转速旋转，励磁绕组（转子绕组）中通入直流励磁电流，电枢绕组（定子绕组）开路的运行方式，称为同步发电机的空载运行。空载运行时定子（电枢）电流为零，电机气隙中只有转子的励磁电流 I_f 单独产生的主极磁场。若励磁绕组匝数为 N_f，则转子直流励磁磁势为

$$F_f = N_f I_f \tag{5-5}$$

如图 5-12 所示为一台四级凸极电机的空载磁路图。从图中可见，主极磁通主要分为主磁通 Φ_0 和转子主极漏磁通 $\Phi_{f\sigma}$ 两部分。主磁通通过气隙并与定子（电枢绕组）相交链，漏磁通不通过气隙，仅与励磁绕组自身相交链。主磁通所经过的主磁路包括空气隙、电枢齿、电枢轭、主极极身和转子磁轭 5 部分。

如果忽略气隙磁场中高次谐波的影响，可认为气隙磁场在空间中按正弦规律分布，并随转子一起以同步转速旋转，正弦波最大值与磁极中线重合。主磁场在气隙中形成一个旋转磁场，并切割定子的对称三相绕组，会在定子绕组中感应出一组频率为 f 的对称的三相电动势 $\dot{E}_{0A}$、$\dot{E}_{0B}$、$\dot{E}_{0C}$，称为励磁电动势，分别为

$$\dot{E}_{0A} = E_0 \angle 0°$$
$$\dot{E}_{0B} = E_0 \angle -120° \tag{5-6}$$
$$\dot{E}_{0C} = E_0 \angle 120°$$

每相励磁电动势的基波分量有效值为

$$E_0 = 4.44 f N_1 k_{w1} \Phi_0 \tag{5-7}$$

式中，N_1 为定子每相绕组串联匝数；Φ_0 为每极基波磁通（Wb）；k_{w1} 为基波电动势绕组系数；E_0 为电动势的基波分量有效值（V）。

空载运行时，以定子绕组 A 相为例，当 A 相绕组中的感应电动势为最大值时，主极磁通与定子绕组中感应电动势的相量关系如图 5-13 所示。通常定义主磁极的轴线为直轴（d 轴），与直轴正交（滞后于 d 轴 90°电角度）的轴线为交轴（q 轴）。

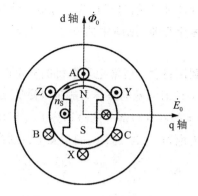

图 5 - 13　同步电机空载运行时的相量图

5.2.2　同步发电机的空载特性及实际应用

【内容导入】

同步发电机空载时的转子励磁电流和励磁电动势之间有什么样的关系？发电机的空载特性是怎样的？

【内容分析】

一、同步发电机的空载特性

当空载运行时，励磁电动势随励磁电流变化的关系 $E_0 = f(I_f)$ 称为同步发电机的空载特性。励磁电动势 E_0 的大小（有效值）与转子每极磁通 Φ_0 成正比，励磁电流 I_f 的大小与励磁磁动势 F_f 成正比，所以 $E_0 = f(I_f)$ 与电机磁路的磁化曲线 $\Phi_0 = f(F_f)$ 有类似的规律，如图 5-14 所示。

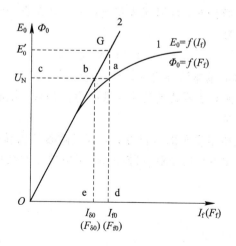

图 5 - 14　同步发电机空载特性曲线

由图 5-14 可见，在空载特性初始端，I_f 较小，磁通 Φ_0 较小，电机磁路不饱和，E_0 和 I_f

成正比,空载特性呈直线(将其延长后的射线称为气隙线,见图中曲线 2)。随着 I_f 增大,磁路逐渐饱和,空载特性曲线逐渐弯曲(见图中曲线 1)。当 $E_0 = U_N$ 时,所加的励磁电流为 I_{f0},称为空载励磁电流。

设计发电机时为了充分利用材料,通常把发电机的额定电压点设计在磁化曲线的弯曲处,如图 5-14 曲线 1 上 a 点,此时的磁动势称为额定励磁磁动势 F_{f0}。线段 $\overline{ab}$ 表示消耗在铁心部分的磁动势,线段 $\overline{bc}$ 表示消耗在气隙部分的磁动势 $F_{\delta0}$。F_{f0} 与 $F_{\delta0}$ 的比值反映发电机磁路的饱和程度,用 K_s 表示,称为饱和系数。通常,同步发电机的饱和系数 K_s 值为 1.1～1.25。

$$K_s = \frac{F_{f0}}{F_{\delta0}} = \frac{\overline{ac}}{\overline{bc}} = \frac{\overline{dG}}{\overline{da}} = \frac{E_0'}{U_N} \tag{5-8}$$

式中,E_0' 为磁路不饱和时,对应于励磁磁动势 F_{f0} 的空载电动势。

二、同步发电机空载特性的实际应用

空载特性可以通过计算或试验得到,试验测定的方法与直流发电机的类似。同步发电机的空载特性也常用标幺值表示,空载电动势以额定电压为基值。用标幺值表示的空载特性具有典型性,不论电机容量的大小、电压的高低,其空载特性彼此非常接近。

空载特性在同步发电机理论中有着如下重要作用:

(1) 将设计好的电机的空载特性与相应数据相比较,如果两者接近,说明电机设计合理;反之,则说明该电机的磁路过于饱和或者材料没有充分利用。

(2) 空载特性结合短路特性可以求取同步电机的参数。

(3) 发电厂可通过测量空载特性来判断三相绕组的对称性以及励磁系统的故障。

■ 小结

用原动机把同步发电机拖动到同步转速,励磁绕组通入直流励磁电流,电枢绕组开路(或电枢电流为零)的情况称为同步发电机的空载运行。此时所建立的主极磁场主要分成主磁通和漏磁通两部分。

若主磁场在气隙中正弦分布,且以同步转速旋转,则在定子绕组中产生对称三相电动势,其基波分量的有效值为

$$E_0 = 4.44 f N_1 k_{w1} \Phi_0$$

空载特性是同步电机的基本特性之一。空载特性的下部是一条直线,与其相切的直线称为气隙线。随着励磁电流和主磁通的增大,铁心逐渐饱和,铁心内所消耗的磁动势增加得较快,空载特性逐渐弯曲。

空载运行是同步发电机最简单的运行方式,其气隙磁场由转子磁动势单独建立,分析较为简单。通过分析同步发电机的空载气隙磁场,可以建立空载特性方程。

■ 思考与练习

一、填空题

1. 同步发电机空载运行时电机气隙中的磁场由_____产生。

2. 励磁磁通通过气隙并与定子绕组交链的部分称为_____,仅与励磁绕组自身相

交链的部分称为_____。

3. 同步发电机空载运行时励磁电动势的有效值为_____。

4. 同步发电机空载运行时，磁路不饱和时的空载曲线为_____，称为气隙线。

5. 为充分利用材料，在设计同步发电机时，通常把额定电压点设计在空载特性曲线的

_____。

二、选择题

1. 空载运行的同步发电机，转子绕组中通入的是(　　)励磁电流。

A. 正弦波　　　　　　　　　　B. 直流

C. 交流　　　　　　　　　　　D. 方波

2. 同步发电机的饱和系数值约为(　　)。

A. 0.5～1　　　　　　　　　　B. 0.1～1

C. 1.1～1.25　　　　　　　　 D. 2～3

3. 同步发电机的气隙设计得越大，静态稳定性(　　)。

A. 越差　　　　　　　　　　　B. 越好

C. 不受影响　　　　　　　　　D. 无法确定

三、简答题

1. 同步电机空载特性的实际应用有哪些？

2. 如何利用同步发电机的空载特性曲线计算发电机磁路的饱和程度？

5.3　同步发电机的负载运行

▶▶内容导学

电机有限元仿真
软件与课程思政

如图 5-15 所示是汽轮发电机组。

同步发电机正常带负载运行时，内部的磁场是如何发出电能的？根据电磁感应理论，分析直流励磁和三相交流磁场共同作用下的同步发电机负载运行时的电磁现象。

图 5-15　汽轮发电机组

▐▶ 知识目标

▶ 理解同步发电机负载运行时的电磁关系；
▶ 掌握三相同步发电机电枢反应的概念和电枢反应性质的确定方法。

▐▶ 能力目标

▶ 能够利用相量图分析同步发电机负载运行情况；
▶ 能分析同步发电机负载性质不同时，同步发电机电枢反应情况。

5.3.1　同步发电机的电枢反应

【内容导入】

同步发电机空载运行时，气隙磁场完全由空载电流激励产生，负载运行时还是这样吗？气隙磁场状况如何呢？

【内容分析】

负载后的同步电机中的旋转磁动势分析如图 5-16 所示。当电枢绕组接上三相对称负载后，电枢绕组和负载一起构成闭合通路，通路中流过的是三相对称的交流电流 I_a、I_b、I_c。当三相对称交流电流通过三相对称交流绕组时，将会形成一个以同步速度旋转的旋转磁动势 F_a，也称为电枢旋转磁动势。同步发电机接上三相对称负载以后，电机中除了随轴一起旋转的转子磁动势 F_0（称为机械旋转磁动势）外，又加上了电枢旋转磁动势 F_a。这两个旋转磁动势的转速转向一致，大小均为同步转速，二者在空间处于相对静止状态，可以利用矢量加法将其合成为一个合成磁动势 $F_δ$。合成磁动势 $F_δ$ 在电机的气隙中建立起来了气隙磁场 $B_δ$。所以，同步发电机负载运行时，气隙内的合成磁场是由主极磁动势和电枢磁动势共同作用产生的。

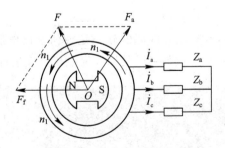

图 5-16　同步电机负载后的旋转磁动势

下面以隐极同步发电机为例说明负载运行时各物理量的相位关系。当定子三相绕组接三相对称负载阻抗时，由于旋转的主极磁场在绕组中感应的三相对称电动势 E_0 的作用，将有电枢电流 I 流向负载。若规定电动势和电流的正方向相同，且与磁通正方向之间满足右手螺旋关系，而负载的相位取决于负载的性质。若为感性负载，$\dot{I}$ 将落后于 $\dot{E}_0$；若为容性负载，$\dot{I}$ 可能领先 $\dot{E}_0$。$\dot{I}$ 比 $\dot{E}_0$ 滞后 ψ 角度时的相量图如图 5-17 所示。

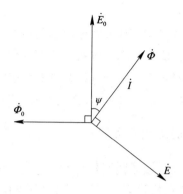

图 5-17　隐极同步发电机负载运行相量图

同步发电机在负载时，随着电枢磁动势的产生，气隙中的磁动势从空载时的主极磁动势改变为负载时的合成磁动势。电枢磁动势使气隙中磁场的大小和位置发生变化的这种现象称为电枢反应，相应的电枢磁动势又称为电枢反应磁动势。电枢反应会对电机性能产生重大影响。

5.3.2　不同内功率因数角的电枢反应性质

【内容导入】

电枢反应的情况决定于空间相量 F_a 和 F_0 之间的夹角，这一角度与时间相量 I 和 E_0 之间的相位差 ψ 有关，ψ 称为内功率因数角，其大小由负载的性质决定。ψ 与两个同步旋转磁动势 F_a 和 F_0 之间夹角的关系如何？同步发电机电枢反应与负载性质之间的内在联系是什么？

【内容分析】

同步发电机负载运行的某个特殊瞬间的空间矢量图如图 5-18 所示，此时转子磁通 Φ_f 被 A 相绕组垂直切割，A 相绕组中的感应电动势 $\dot{E}_0$ 在这一时刻达到最大值，当 A 相绕组及其负载所构成的回路为纯电阻性质时，A 相电流 $\dot{I}_a$ 与感应电动势 $\dot{E}_0$ 同相位，即内功率因数角 $\psi=0°$。对于三相对称交流电流产生的旋转磁动势而言，当某一相电流达到最大值时，三相合成磁动势的轴线将和该相线圈的轴线重合。所以在 $\psi=0°$ 时，三相电枢电流产生的合成旋转磁动势（电枢磁动势 F_a）与 A 相绕组的轴线重合，即 F_a 和 F_f 之间的夹角为 90°电角度。

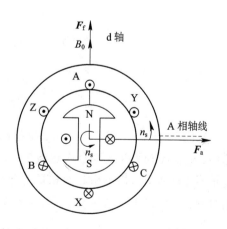

图 5-18　同步发电机负载运行
某瞬间的空间矢量图

将上述结论推广到一般性负载。假设 A 相所带负载使得 A 相电流 $\dot{I}_a$ 滞后于 $\dot{E}_0$ 的电角度为 ψ，当 $\dot{E}_0$ 达到最大值，转子再转过 ψ 电角度之后，A 相电流才达到最大值。此时电枢磁动势 F_a 和 A 相绕组轴线重合，F_a 滞后 F_f 的电角度为 $\psi+90°$。对于 $\dot{I}_a$ 超前于 $\dot{E}_0$ 的情况，可以得到类似结论，ψ 取负值即可。

以上结论虽然是在一个特殊的瞬间（A 相电流达到最大值时）得出的，但由于 $\boldsymbol{F}_a$ 和 $\boldsymbol{F}_f$ 总是同步速旋转，在负载一定的情况下，$\boldsymbol{F}_a$ 和 $\boldsymbol{F}_f$ 的空间相位差是固定的，而且总等于 $\psi+90°$ 的电角度。可见，在对称负载情况下，同步电机的电枢反应主要取决于每相空载电势 $\dot{E}_0$ 与每相负载电流 $\dot{I}_0$ 之间的相位差 ψ，即取决于负载的性质。下面分 4 种情况进行讨论。

一、$\dot{I}$ 和 $\dot{E}_0$ 同相（$\psi=0$）时的电枢反应

当电枢电流 $\dot{I}$ 与空载电动势 $\dot{E}_0$ 之间的相位差为 $0°$ 时，如图 5-19(a) 所示，电枢磁动势 $\boldsymbol{F}_a$ 与转子磁动势 $\boldsymbol{F}_f$ 之间的夹角为 $90°$，即二者正交（见图 5-19(b)），转子磁动势作用在直轴（d 轴）上，电枢磁动势作用在交轴（q 轴）上，电枢反应的结果使得合成磁动势的轴线位置产生一定的偏移，幅值发生一定的变化，这种作用在交轴上的电枢反应称为交轴电枢反应，简称交磁作用。此时，$\boldsymbol{F}_a$ 和 $\boldsymbol{F}_f$ 共同作用产生了气隙合成磁动势 $\boldsymbol{F}_\delta$，由于交轴磁动势的作用，使得负载时气隙合成磁场滞后于主极磁场一定角度，因此主磁极上将受到一个来自气隙合成磁场的电磁转矩，所以交轴电枢反应与电磁转矩的产生密切相关。

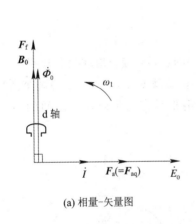

(a) 相量-矢量图

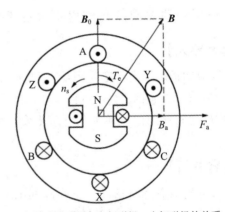

(b) 气隙合成磁场与主极磁场、电枢磁场的关系

图 5-19　$\psi=0$ 时的电枢反应

在图 5-19 中，感应电动势、电枢电流和主磁通是变化频率为 f 的时间相量；主极磁动势、电枢磁动势和气隙合成磁场是以同步转速旋转的空间矢量。由于以 f 频率变化的速度是同步转速，所以图中时间相量的变化速度与空间矢量的变化速度相同，各量之间保持相对静止。可以将其画在一个图上，称为相量-矢量图。

二、$\dot{I}$ 滞后 $\dot{E}_0$（$\psi=90°$）时的电枢反应

当电枢电流 $\dot{I}$ 滞后空载电势 $\dot{E}_0$ 的相位为 $90°$ 时，其相量-矢量图如图 5-20 所示，此时电枢磁动势与直轴重合，称为直轴电枢磁动势 $\boldsymbol{F}_{ad}$。电枢磁动势 $\boldsymbol{F}_{ad}$ 与转子磁动势 $\boldsymbol{F}_f$ 之间的夹角为 $180°$，即二者反相，转子磁动势和电枢磁动势作用在直轴相反的方向上，电枢反应为纯去磁作用，合成磁势的幅值减小，这一电枢反应称为直轴去磁电枢反应。

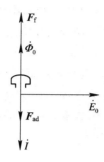

图 5 - 20　$\psi = 90°$时的相量-矢量图

三、$\dot{I}$ 超前 $\dot{E}_0$($\psi = -90°$)时的电枢反应

当电枢电流 $\dot{I}$ 超前空载电动势 $\dot{E}_0$ 的相位为 $90°$ 时，其相量-矢量图如图 5 - 21 所示，此时电枢磁动势仍与直轴重合，但直轴电枢磁动势 F_{ad} 与转子磁动势之间的夹角变为 $0°$，即二者同相。转子磁动势和电枢磁动势作用在直轴相同方向上，电枢反应为增磁作用，合成磁动势幅值增大，这一反应称为直轴增磁电枢反应。

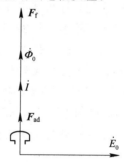

图 5 - 21　$\psi = -90°$时的相量-矢量图

四、ψ 为任意角度时的电枢反应

以 $\dot{I}$ 滞后于 $\dot{E}_0$ 相位角 ψ 的情况为例进行分析，如图 5 - 22 所示，可将 $\dot{I}$ 分解为直轴分量 $\dot{I}_d$ 和交轴分量 $\dot{I}_q$，$\dot{I}_d$ 滞后于 $\dot{E}_0$ $90°$，它产生的直轴电枢磁动势 F_{ad} 与 F_f 反相，起去磁作用；$\dot{I}_q$ 与 $\dot{E}_0$ 同相位，它产生的交轴电枢磁动势 F_{aq} 与 F_f 正交，起交磁作用。根据矢量分析可得

$$\left.\begin{array}{l} I = I_d + I_q \\ I_d = I\sin\psi \\ I_q = I\cos\psi \end{array}\right\} \qquad (5-9)$$

$$\left.\begin{array}{l} F_a = F_{ad} + F_{aq} \\ F_{ad} = F_a\sin\psi \\ F_{aq} = F_a\cos\psi \end{array}\right\} \qquad (5-10)$$

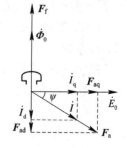

图 5 - 22　ψ 为任意角度时的
相量-矢量图

通过分析同步发电机电枢反应的性质与内功率因数角之间的关系可知，直轴电枢反应改变了主磁极磁场的大小，直接影响电机的运行性能。发电机单机运行时，会引起端电压

波动；并网运行时，会影响发电机的无功功率和功率因数。交轴电枢反应改变了电枢合成磁动势与主极磁动势之间的夹角，该夹角的大小决定了能量传递的方向，是同步发电机进行能量转换的基础。

【例 5-2】 一台三相凸极同步发电机，额定电压 $U_N = 10.5\ kV$，额定电流 $I_N = 480\ A$，定子绕组采用 Y 连接，$\cos\varphi = 0.85$（滞后），已知该发电机在额定状态下运行，内功率因数角 $\psi = 52.4°$，忽略定子电阻，求电枢电流的直轴分量 I_d 和交轴分量 I_q。

例 5-2

解 额定相电流为

$$I_{N\varphi} = I_N = 480\ (A)$$

电枢电流的直轴分量为

$$I_d = I_{N\varphi}\sin\psi = 480\sin52.4° = 380.3\ (A)$$

电枢电流的交轴分量为

$$I_q = I_{N\varphi}\cos\psi = 480\cos52.4° = 292.9\ (A)$$

■ 小结

对称负载运行时，电枢绕组中将通过对称负载电流，产生电枢磁动势 F_a，F_a 和 F_f 均以同步转速旋转，在空间中处于相对静止状态，F_a 对 F_f 的影响称为电枢反应。

电枢反应的性质取决于空载电动势 $\dot{E}_0$ 和电枢电流 $\dot{I}$ 的夹角 ψ（内功率因数角）。当 $\psi = 0°$ 时，电枢反应表现为交轴电枢反应，使气隙磁场轴线偏离主磁场轴线形成电磁转矩，与发电机的能量转换密切相关；当 $\psi = \pm90°$ 时，电枢反应表现为直轴增磁或去磁的直轴电枢反应，使主极磁动势增加或减少，与电机的电压变化和励磁调节有关。从负载角度来看，ψ 反映了负载的性质，电枢反应的实质是由负载性质决定的。

■ 思考与练习

一、填空题

1. 同步发电机带纯电阻负载运行时，其电枢反应属于＿＿＿＿。

2. 同步发电机带纯电感负载运行时，其电枢反应属于＿＿＿＿。

3. 同步发电机带纯电容负载运行时，其电枢反应属于＿＿＿＿。

4. 同步电机中，定子绕组每一相绕组产生的磁场为＿＿＿＿，三相合成磁场为＿＿＿＿。

二、选择题

1. 同步电机负载运行时电枢反应的性质与（　　）有关。

A. 功率因数角　　　　　　　　　　B. 内功率因数角

C. 功角　　　　　　　　　　　　　D. 以上都不对

2. 同步发电机中，只有存在（　　）电枢反应，才能实现机电能量转换。

A. 直轴　　　　　　　　　　　　　B. 交轴

C. 直轴和交轴　　　　　　　　　　D. 不确定

3. 同步发电机稳定运行时，若所带负载为感性 $\cos\varphi = 0.8$，则电枢反应的性质为（　　）。

A. 交轴电枢反应　　　　　　　　　B. 直轴去磁电枢反应

C. 直轴去磁与交轴电枢反应　　　　D. 直轴增磁与交轴电枢反应

4. 同步发电机的电枢反应性质取决于(　　)。

A. 负载性质　　　　　　　　　　　B. 发电机本身参数

C. 负载性质和发电机本身参数　　　D. 负载大小

5. 同步发电机带三相对称负载稳定运行时，转子励磁绕组中(　　)。

A. 感应低频电动势　　　　　　　　B. 感应基频电动势

C. 感应直流电动势　　　　　　　　D. 不感应电动势

6. 一台同步发电机以额定功率因数 $\cos\varphi=0.85$(滞后)，带额定负载稳定运行时，定子旋转磁场与转子主磁场相比，(　　)。

A. 定子旋转磁场转速低、转向与主磁场相同

B. 定子旋转磁场转速高、转向与主磁场相同

C. 定子旋转磁场转速与主磁场相同、转向与主磁场不同

D. 定子旋转磁场转速与主磁场相同、转向与主磁场相同

7. 同步发电机带额定负载运行时，转子主极磁动势与气隙合成磁动势的相对空间位置是(　　)。

A. 转子主极磁场超前气隙合成磁场

B. 转子主极磁场与气隙合成磁动势同相位

C. 转子主极磁动势滞后气隙合成磁动势

D. 条件不足，没有明确的相位关系

8. 在同步电机中，若电枢电流 I 滞后于励磁电动势 E_0，内功率因数角 ψ 为(　　)，直轴电枢反应为(　　)。

A. 正，增磁性　　　　　　　　　　B. 正，去磁性

C. 负，增磁性　　　　　　　　　　D. 负，去磁性

三、简答题

1. 同步电机在对称负载下稳定运行时，电枢电流产生的磁场是否与励磁绕组交链？是否会在励磁绕组中感应电动势？

2. 同步发电机在对称负载下运行时，气隙磁场是由哪些磁动势建立的？它们各自的特点是什么？

3. 同步发电机的内功率因数角 ψ 由什么因素决定？

4. 什么是同步电机的电枢反应？电枢反应的性质决定于什么？

5.4　同步发电机的电动势方程和相量图

▶ 内容导学

　　和直流电机、变压器、交流电机一样，同步发电机的机电能量变换过程可以用数学的方式表达。根据前面所学电机的知识，分析同步发电机的运行性能是如何通过电动势方程、相量图和等效电路来描述的呢？

电机分析方法
与课程思政

▶ 知识目标

▶ 掌握磁路不饱和时隐极同步发电机的电磁过程、电动势方程式、相量图及等效电路;

▶ 理解凸极同步发电机磁路不饱和的双反应理论,掌握采用双反应理论分析凸极式同步发电机的电磁过程、电动势方程式、相量图及等效电路。

▶ 能力目标

▶ 掌握三相隐极同步发电机运行时相量图的绘制、电机参数的计算;

▶ 掌握三相凸极同步发电机运行时相量图的绘制、电机参数的计算。

5.4.1　隐极同步发电机的电动势方程式和相量图

【内容导入】

根据同步电机在不同运行方式时内部磁场的作用关系,结合电磁感应定律和基尔霍夫定律,推导出隐极同步发电机的电动势方程式,并画出相应的相量图和等效电路。

【内容分析】

一、不考虑磁路饱和

同步发电机负载运行时,电机内部存在两个磁动势的叠加,分别是由励磁电流 I_f 产生的主极磁动势 $\mathbf{F}_f$ 和由电枢电流 $\dot{I}$ 产生的电枢磁动势 $\mathbf{F}_a$。当不考虑磁路饱和时,根据叠加原理,分别考虑主极磁场和电枢磁场在定子绕组中产生的感应电动势。主极磁场 $\mathbf{F}_f$ 产生主磁通 Φ_0,感应电动势 $\dot{E}_0$;电枢磁动势 $\mathbf{F}_a$ 产生电枢反应磁通 Φ_a,感应电枢感应电动势 $\dot{E}_a$。将 $\dot{E}_0$ 和 $\dot{E}_a$ 相量叠加,可得定子一相绕组的合成电动势 $\dot{E}$(又称为气隙电动势)。此外,电枢相电流产生的电枢漏磁通所感应的漏电动势为 $\dot{E}_\sigma$。则可以写出定子一相绕组回路的电压方程为

$$\dot{E}_a + \dot{E}_0 + \dot{E}_\sigma = \dot{E} + \dot{E}_\sigma = \dot{U} + \dot{I}R_a \qquad (5-11)$$

式中, $\dot{I}R_a$ 为每相电枢绕组的电阻压降; $\dot{U}$ 为定子绕组的端电压。

电压方程中的正方向规定按发电机惯例,以输出电流作为电枢电流的正方向。

由于电枢反应电动势 $\dot{E}_a$ 正比于电枢反应磁通 Φ_a,在不计磁路饱和时, Φ_a 与 $\dot{I}$ 成正比。在时间相位上, $\dot{E}_a$ 滞后于 Φ_a 90°相位,不计定子铁耗时, Φ_a 与 $\dot{I}$ 同相位,故 $\dot{E}_a$ 也滞后电枢电流 90°相位。因此 $\dot{E}_a$ 与 $\dot{I}$ 之间的关系可以写为

$$\dot{E}_a = -\mathrm{j}X_a\dot{I} \qquad (5-12)$$

式中, X_a 为电枢反应电抗。

在电枢电流不变时, X_a 越大,电枢反应电动势也就越大,电枢电流产生磁场的影响越大。因此, X_a 的大小说明了电枢反应的强弱。

电枢电流 $\dot{I}$ 产生的漏磁场主要包括槽漏磁场、端部漏磁场和谐波漏磁场等。这些漏磁场在定子绕组中感应交变电动势 $\dot{E}_\sigma$,其大小和 $\dot{I}$ 成正比,相位滞后于 $\dot{I}$ 90°。漏电动势可表示为

$$\dot{E}_\sigma = -\mathrm{j}X_\sigma \dot{I} \tag{5-13}$$

式中，X_σ 为定子绕组的漏阻抗。

将式(5-12)、式(5-13)代入式(5-11)中，整理可得

$$\dot{E}_0 = \dot{U} + \dot{I}R_a + \mathrm{j}\dot{I}X_\sigma + \mathrm{j}\dot{I}X_a = \dot{U} + \dot{I}R_a + \mathrm{j}\dot{I}X_s \tag{5-14}$$

式中，X_s 为隐极同步发电机的同步电抗，$X_s = X_a + X_\sigma$。

X_s 是同步发电机稳态运行时的重要参数，综合反映了电枢反应磁通和电枢漏磁通的作用，当不计磁路饱和时为常数。与式(5-14)对应的等效电路和相量图如图 5-23 所示。图中 δ 为 $\dot{E}_0$ 与 $\dot{U}$ 的夹角，称为功角，是同步发电机运行时的重要参数，δ 的大小决定了同步电机的运行状态。$\dot{I}$ 与 $\dot{U}$ 之间的相位差为负载功率因数角 φ。

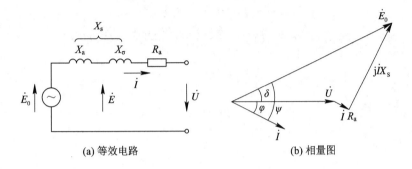

(a) 等效电路　　　　　　　　　　　(b) 相量图

图 5-23　不考虑磁路饱和时的隐极同步发电机

与式(5-14)对应的简化等效电路和相量图如图 5-24 所示。此电路图简单明了，在工程中有广泛应用。电流滞后于电压时，隐极同步发电机相量图可按以下步骤作出：

(1) 在水平方向作出相量 $\dot{U}_1$；

(2) 根据 φ 角找出 $\dot{I}$ 的方向并作出相量 $\dot{I}$；

(3) 在 $\dot{U}_1$ 的尾端，加上同步电抗压降 $\mathrm{j}X_s\dot{I}$，超前 $\dot{I}$ 角度为 $90°$；

(4) 作出由 $\dot{U}_1$ 的首端指向 $\mathrm{j}X_s\dot{I}$ 尾端的相量，该相量便是励磁电势 $\dot{E}_0$。

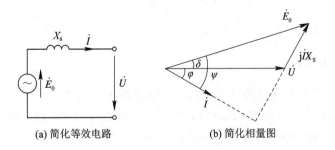

(a) 简化等效电路　　　　　　　　　　(b) 简化相量图

图 5-24　隐极同步发电机

根据图 5-24 中的相量关系，可确定隐极同步电机的内功率因数角 ψ 和励磁电动势 E_0 的解析式为

$$\psi = \arctan \frac{U\sin\varphi + IX_s}{U\cos\varphi} \tag{5-15}$$

$$E_0 = \sqrt{(U\cos\varphi)^2 + (U\sin\varphi + IX_s)^2} \tag{5-16}$$

【例 5 - 3】 有一台三相隐极同步发电机,电枢绕组采用 Y 接法,额定电压 $U_N = 6300$ V,额定电流 $I_N = 572$ A,额定功率因数 $\cos\varphi = 0.8$(滞后),该电机在同步转速下运转,励磁绕组开路,电枢绕组端点外施加三相对称线电压 $U = 2300$ V,测得定子电流为 572 A。如果不计电阻压降,求此电机在额定运行下的励磁电动势 E_0 和功角 δ。

例 5 - 3

解法 1 根据图 5 - 24(b)计算:

定子电流为 572 A 时产生的感应电动势为 2300 V,即额定运行时,IX_s 的值为 $\dfrac{2300}{\sqrt{3}}$ V。

额定运行时的功率因数为

$$\varphi = \arccos 0.8 = 36.87°$$

$$\begin{aligned}
\dot{E}_0 &= \dot{U} + j\dot{I}X_s = \frac{6300}{\sqrt{3}} + j\frac{2300}{\sqrt{3}}\angle -36.87° \\
&= 3637.3 + j\frac{2300}{\sqrt{3}}\angle 53.13° \\
&= 3637.3 + 796.75 + j1062.3 \\
&= 4434.05 + j1062.3 = 4559.53\angle 13.473° \text{ (V)}
\end{aligned}$$

所以

$$E_0 = 4559.53 \text{ V}, \quad \delta = 13.473°$$

解法 2 根据式(5 - 15)、式(5 - 16)计算:

$$\psi = \arctan\frac{U\sin\varphi + IX_s}{U\cos\varphi} = \arctan\frac{\dfrac{6300}{\sqrt{3}}\sin 36.87° + \dfrac{2300}{\sqrt{3}}}{\dfrac{6300}{\sqrt{3}}0.8} = 50.343°$$

$$\delta = \psi - \varphi = 50.343° - 36.87° = 13.473°$$

$$E_0 = \sqrt{(U\cos\varphi)^2 + (U\sin\varphi + IX_s)^2} = \sqrt{\left(\frac{6300}{\sqrt{3}}\times 0.8\right)^2 + \left(\frac{6300}{\sqrt{3}}\times 0.6 + \frac{2300}{\sqrt{3}}\right)^2}$$

$$= 4559.53 \text{ (V)}$$

二、考虑磁路饱和

考虑磁路饱和时,由于磁路的非线性,叠加原理不再适用。此时,应先将主极磁动势 F_f 和等效的电枢磁动势 k_aF_a 进行矢量相加,求出合成磁动势 F,然后利用电机的磁化曲线(空载曲线)求出负载时的气隙磁通及相应的气隙电动势:

$$F_f + k_aF_a = F \tag{5-17}$$

式中,k_a 为产生同样大小的基波气隙磁场时,1 安匝的电枢磁动势相当于多少安匝的梯形波主极磁动势。对于汽轮发电机,$k_a = 0.93 \sim 1.03$,主要取决于大齿的宽度。

通常磁化曲线用主极磁动势 F_f 的幅值表示。隐极电机的励磁磁动势是阶梯波,如图 5 - 25 所示。电枢磁动势 F_a 的幅值是基波的幅值,需要把基波电枢磁动势幅值换算成等效的阶梯波幅值后,再将 F_f 和 F_a 进行矢量相加。

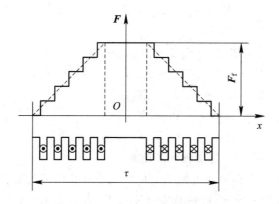

图 5 - 25 隐极同步发电机主极磁动势分布

5.4.2 凸极同步发电机的电动势方程式和相量图

【内容导入】

凸极同步发电机与隐极同步发电机的区别在于凸极的气隙不均匀，因此直轴与交轴磁路的磁阻不相同，那么，同样大小的电枢磁动势作用在直轴和交轴磁路上时，所产生的电枢反应磁通有什么不同？如何进行分析？

【内容分析】

对称负载运行时，由于凸极同步发电机的气隙沿电枢圆周是不均匀的，电枢磁动势波作用在气隙的不同位置时，电枢磁场的大小不同，给分析带来极大的困难。因此在定量分析电枢反应作用时，需应用双反应理论。将电枢反应磁动势分解为作用在 d 轴上的直轴电枢反应磁动势 F_{ad} 和作用在 q 轴上的交轴电枢反应磁动势 F_{aq}；不计磁路饱和的影响，和隐极同步发电机相似，分别计算相应的磁通和感应电动势，再叠加得到总电动势。上述关系可表述为

$$I_f \rightarrow F_f \rightarrow \dot{\Phi}_0 \rightarrow \dot{E}_0$$

$$I \rightarrow F_a \begin{cases} F_{ad} \rightarrow \dot{\Phi}_{ad} \rightarrow \dot{E}_{ad} \\ F_{aq} \rightarrow \dot{\Phi}_{aq} \rightarrow \dot{E}_{aq} \end{cases} \dot{E}_a \Big\} \dot{E} \Big\} \dot{U}$$

$$\rightarrow \dot{\Phi}_\sigma \rightarrow \dot{E}_\sigma \quad \dot{I}R_a$$

与隐极电机类似，E_{ad}、E_{aq} 分别正比于 Φ_{ad}、Φ_{aq}，不计磁路饱和时，Φ_{ad}、Φ_{aq} 也分别正比于 F_{ad}、F_{aq}，而 F_{ad}、F_{aq} 又正比于电枢电流的直轴和交轴分量 I_d、I_q。不计定子铁耗时，$\dot{E}_{ad}$、$\dot{E}_{aq}$ 应分别滞后 $\dot{I}_d$、$\dot{I}_q$ 90°电角度，因此 $\dot{E}_{ad}$、$\dot{E}_{aq}$ 可以用相应的负电抗压降来表示，即

$$\dot{E}_{ad} = -jX_{ad}\dot{I}_d$$

$$\dot{E}_{aq} = -jX_{aq}\dot{I}_q$$

式中，X_{ad} 为直轴电枢反应电抗；X_{aq} 为交轴电枢反应电抗。

因为直轴气隙比交轴气隙小，直轴磁阻也比交轴磁阻小，所以 $X_{ad} > X_{aq}$，这是凸极电机和隐极电机的不同。

与隐极电机情况相似，漏磁场在电枢绕组中的感应电动势为 $\dot{E}_\sigma = -jX_\sigma\dot{I}$，电枢绕组电阻压降为 $R_a\dot{I}$，定子绕组端电压为 $\dot{U}$，定子绕组电压方程可表示为

$$\dot{E}_0 + \dot{E}_{aq} + \dot{E}_{ad} + \dot{E}_\sigma = \dot{U} + R_a\dot{I} \tag{5-18}$$

将式(5-17)代入式(5-18)，整理得

$$\dot{E}_0 = \dot{U} + R_a\dot{I} + jX_{ad}\dot{I} + jX_{aq}\dot{I}_q + jX_\sigma\dot{I}$$
$$= \dot{U} + R_a\dot{I} + j(X_{ad} + X_\sigma)\dot{I}_d + j(X_{aq} + X_\sigma)\dot{I}_q$$
$$= \dot{U} + R_a\dot{I} + jX_d\dot{I}_d + jX_q\dot{I}_q \tag{5-19}$$

$$X_d = X_{ad} + X_\sigma$$
$$X_q = X_{aq} + X_\sigma \tag{5-20}$$

式中，X_d 为直轴同步电抗；X_q 为交轴同步电抗。

对于凸极电机，由于电枢绕组电流 I_d、I_q 的大小和相位都与 ψ 有关，必须要先确定 ψ，才能求出 I_d、I_q。在式(5-19)两边各减去 $j(X_d - X_q)\dot{I}_d$，则有

$$\dot{E}_0 - j(X_d - X_q)\dot{I}_d = \dot{U} + R_a\dot{I} + jX_d\dot{I}_d + jX_q\dot{I}_q - j(X_d - X_q)\dot{I}_d$$
$$= \dot{U} + R_a\dot{I} + j(\dot{I}_d + \dot{I}_q)X_q$$
$$= \dot{U} + (R_a + jX_q)\dot{I} \tag{5-21}$$

令

$$\dot{E}_Q = \dot{E}_0 - j(X_d - X_q)\dot{I}_d$$

则有

$$\dot{E}_Q = \dot{U} + \dot{I}(R_a + jX_q) \tag{5-22}$$

式(5-22)与隐极发电机的电压方程形式相同，表明凸极同步发电机可以等效为一个内电动势为 E_Q(虚拟电动势)、内阻抗为 $(R_a + jX_q)$ 的交流电源，根据以上方程可画出凸极同步发电机的等效电路和电动势相量图，如图 5-26 所示。

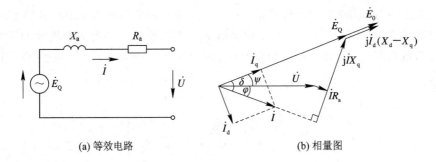

(a) 等效电路　　　　　　　　　　(b) 相量图

图 5-26　凸极同步发电机

由于凸极同步发电机方程中多了一个修正项 $j(X_d - X_q)\dot{I}_d$，实际上是把交直轴电抗的影响都计入内电动势中，所以 $\dot{E}_Q$ 不仅与励磁电流 $\dot{I}_f$ 有关，也与 $\dot{I}_d$ 有关。根据图 5-26(b) 可知，$\dot{E}_Q$ 和 $\dot{E}_0$ 的相位相同。可确定隐极同步电机的内功率因数角 ψ 和励磁电动势 E_0 的解析分别为

$$\psi = \arctan\frac{U\sin\varphi + IX_q}{U\cos\varphi + IR_a} \tag{5-23}$$

$$E_0 = U\cos\delta + I_d X_d \tag{5-24}$$

若已知凸极同步发电机的参数 X_d、X_q、R_a、端电压 $\dot{U}$、电流 $\dot{I}_a$ 和负载功率因数角 φ，可先通过式(5-23)求出 ψ，然后求出 I_d 和 I_q，即可直接画出与式(5-19)对应的相量图，如图 5-27 所示。

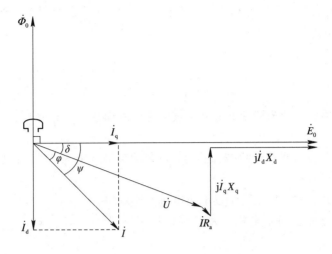

图 5-27 凸极同步发电机的相量图

【例 5-4】 一台凸极同步发电机，电枢绕组采用 Y 接法，额定电压 $U_N = 230$ V，额定电流 $I_N = 6.45$ A，额定功率因数 $\cos\varphi = 0.9$（滞后），同步电抗 $X_d = 18.6$ Ω，$X_q = 12.8$ Ω，不计电阻压降，试求在额定状态下运行时的 I_d、I_q 和 E_0。

例 5-4

解 额定运行时的功率因数角 $\varphi = \arccos 0.9 = 25.84°$。

根据式（5-23）求 ψ 角：

$$\psi = \arctan\frac{U\sin\varphi + IX_q}{U\cos\varphi + IR_a} = \frac{230 \times \sin25.84° + 6.45 \times 12.8}{230 \times \cos25.84°}$$

$$= \arctan 0.883 = 41.45°$$

$$\delta = \psi - \varphi = 41.45° - 25.84° = 15.61°$$

$$I_d = I\sin\psi = 6.45 \times \sin41.45° = 4.27 \text{ (A)}$$

$$I_q = I\cos\psi = 6.45 \times \sin41.45° = 4.83 \text{ (A)}$$

$$E_0 = U\cos\delta + I_dX_d = 230 \times \cos15.61° + 4.27 \times 18.6 = 300.94 \text{ (V)}$$

■ 小结

电动势方程式、相量图和等效电路是分析同步电机运行性能的重要方法。这 3 种方法是对电机内部电磁关系的不同描述，其中电动势方程式和相量图在计算电机工作过程中更常用到。

同步发电机的电抗参数 X_s 是发电机的重要电磁参数，反映的是发电机对称稳态运行时电枢反应磁场与发电机漏磁场的磁路情况，与发电机的运行性能密切相关，必须深入理解其物理意义。由于转子结构不同，隐极和凸极同步发电机的分析方法略有不同。对于隐极发电机，由于气隙均匀，不计磁路饱和的情况下，隐极发电机直轴电抗和交轴电抗相等，并且都等于同步电抗，即 $X_d = X_q = X_s$。可根据电磁关系得到电枢绕组的电动势平衡方程式、等效电路和相量图。

分析凸极同步发电机的电磁关系时，由于气隙不均匀，同样大小的电枢磁动势作用在直轴和交轴磁路上产生的磁通不同，因此可以利用双反应理论，把电枢电动势分解为直轴磁动势和交轴磁动势，然后分别求出相应磁场在电枢绕组中的感应电动势，再把它们叠加，并进一步写出电枢绕组的电动势平衡方程式。在分析过程中为了方便，将电枢反应的效应简化成一个电抗压降来处理。

■ 思考与练习

一、填空题

1. 凸极同步发电机带感性负载运行，气隙合成磁动势由＿＿＿＿、＿＿＿＿和＿＿＿＿共同产生。

2. 已知某同步发电机所带负载为感性，负载功率因数角为 26°，内功率因数角为 40°，则功角为＿＿＿＿。

3. 对称负载运行时，凸极同步发电机电抗大小顺序为＿＿＿＿。

4. 同步电抗是表征同步电机三相对称稳定运行时＿＿＿＿和＿＿＿＿的一个综合参数。

二、选择题

1. 同步发电机带滞后功率因数的额定负载运行时，在其相量图中，其内功率因数角的大小等于(　　)。

A. 功率因数角的大小与功角大小的和

B. 功率因数角的大小减去功角的大小

C. 功角的大小减去功率因数角的大小

D. 功角的大小

2. 同步发电机带功率因数等于 1 的额定负载运行时，在其相量图中，其内功率因数角的大小等于(　　)。

A. 功率因数角的大小　　　　　　　　B. 功率因数角的大小减去功角的大小

C. 内功率因数角的大小　　　　　　　D. 功角的大小

3. 功角 δ 是(　　)之间的时间相位差。

A. $\dot{U}$ 与 $\dot{I}$　　　B. $\dot{E}_0$ 与 $\dot{I}$　　　C. $\dot{E}_0$ 与 $\dot{U}$　　　D. $\dot{E}$ 与 $\dot{I}$

4. 在不计磁路饱和情况下，对于隐极同步发电机，在相位关系上，电枢反应电动势 $\dot{E}_0$ 和电枢电流 $\dot{I}$ 的关系是(　　)。

A. $\dot{E}_0$ 与 $\dot{I}$ 同相位　　　　　　　B. $\dot{E}_0$ 超前 $\dot{I}$ 角度 90°

C. $\dot{E}_0$ 滞后于 $\dot{I}$ 角度 90°　　　　　D. $\dot{E}_0$ 与 $\dot{I}$ 反相位

5. 对称负载运行时，凸极发电机阻抗大小顺序排列为(　　)。

A. $X_\sigma > X_{ad} > X_d > X_{aq} > X_q$　　　　B. $X_{ad} > X_d > X_{aq} > X_q > X_\sigma$

C. $X_q > X_{aq} > X_d > X_{ad} > X_\sigma$　　　　D. $X_d > X_{ad} > X_q > X_{aq} > X_\sigma$

三、简答题

1. 为什么说三相同步电抗是与三相有关的电抗，但是它的数值又是每相值？

2. 隐极电机和凸极电机的同步电抗有何异同？

3. 分析下面几种情况对同步电抗有何影响？

(1) 铁心饱和程度增加；

(2) 气隙增大；

(3) 电枢绕组匝数增加；

（4）励磁绕组匝数增加。

四、计算题

1. 有一台 400 kW、6300 V（星形连接），$\cos\varphi=0.8$（滞后）的三相凸极同步发电机，在额定状态下运行时，$\psi=60°$，$E_0=7400$ V（每相值），试求该机的 X_d 和 X_q（不计磁饱和与电枢电阻）。

2. 有一台三相隐极同步发电机，电枢绕组采用 Y 接法，额定功率 $P_N=25\,000$ kW，额定电压 $U_N=10\,500$ V，额定转速 $n_N=3000$ r/min，额定电流 $I_N=1720$ A，并知同步电抗 $X_s=2.3$ Ω，不计电阻，求：

（1）$I=I_N$，$\cos\varphi=0.8$（滞后）时的电动势 E_0 和功角 δ；

（2）$I=I_N$，$\cos\varphi=0.8$（超前）时的电动势 E_0 和功角 δ。

3. 有一台 70 000 kVA、60 000 kW、13.8 kV（星形连接）的三相水轮发电机，交、直轴同步电抗的标幺值分别为 $X_d^*=1.0$，$X_q^*=0.7$，试求额定负载时发电机的励磁电动势 E_0^*（不计磁饱和与定子电阻）。

5.5　同步发电机的运行特性

▶ 内容导学

同步发电机的运行特性有哪些？根据同步发电机的运行特性可测量哪些基本参数？

▶ 知识目标

▶ 掌握同步发电机的短路特性、外特性、调整特性、效率特性；
▶ 了解同步发电机的损耗和效率。

永磁同步牵引电机与课程思政

▶ 能力目标

▶ 能分析同步发电机的短路特性、外特性、调整特性、效率特性；
▶ 能根据同步发电机的运行特性计算出相关参数。

5.5.1　同步发电机短路特性

【内容导入】

同步发电机的短路特性是什么样的？如何根据短路特性衡量发电机的性能？

【内容分析】

一、短路特性

同步发电机的短路特性反映的是电机定子三相稳态短路下，短路电流与励磁电流之间的关系。根据发电机的空载特性和短路特性，可确定短路比，从而衡量发电机的性能。

短路特性是指在额定转速下，电枢绕组三相稳态短路时，电枢短路电流与励磁电流的关系曲线，即

$$\begin{cases} n = n_{\mathrm{N}} \\ U = 0 \\ I_{\mathrm{k}} = f(I_{\mathrm{f}}) \end{cases} \tag{5-25}$$

同步发电机短路特性如图 5-28(a)所示。同步发电机短路时，发电机端电压 $U=0$，电枢绕组电阻 R_{a} 很小可忽略不计，电枢回路是纯电感电路，$\psi=90°$。电枢发电性质为直轴去磁，励磁磁动势和电枢反应磁动势相互抵消，合成总磁动势和总磁通很小，所以发电机特性不饱和，短路情况下电动势相量图如图 5-28(b)所示。铁心不饱和时，感应电动势 E_0 与 I_{f} 成正比(按气隙线变化)，X_{d} 为常数，因此 I_{k} 与 I_{f} 呈线性关系，即

$$I_{\mathrm{k}} = \frac{E_0}{X_{\mathrm{d}}} \propto I_{\mathrm{f}} \tag{5-26}$$

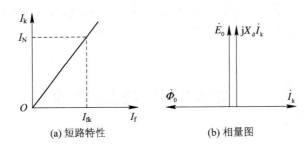

(a) 短路特性　　　　(b) 相量图

图 5-28　同步发电机

二、利用空载、短路特性确定 X_{d} 和短路比

在一定励磁电流 I_{f} 下，从短路特性曲线可以得到短路电流 I_{k}，从空载特性曲线可以求出对应的空载电动势 E_0，则同步电抗 X_{d} 为

$$X_{\mathrm{d}} = \frac{E_0}{I_{\mathrm{k}}} \tag{5-27}$$

由于短路时铁心不饱和，E_0 与 I_{f} 成正比，E_0 可由空载特性气隙线求得，此时求得的同步电抗为不饱和值，可由空载、短路特性计算 X_{d}。

发电机在额定电压附近运行时，磁路一般处于饱和状态，同步电抗的饱和值和发电机的短路比有关。短路比定义为产生空载电压为额定电压的励磁电流 I_{f0} 与产生额定短路电流所需的励磁电流 I_{fk} 之比，用 K_{c} 表示。短路比无量纲，为

$$K_{\mathrm{c}} = \frac{I_{\mathrm{f0}(U_0=U_{\mathrm{N\varphi}})}}{I_{\mathrm{fk}(I_{\mathrm{k}}=I_{\mathrm{N\varphi}})}} \tag{5-28}$$

当同步发电机磁路不饱和时，有

$$K_{\mathrm{c}} = \frac{I_{\mathrm{f0}}}{I_{\mathrm{fk}}} = \frac{I_{\mathrm{k}}}{I_{\mathrm{N\varphi}}} = \frac{E_0}{X_{\mathrm{d(不饱和)}} I_{\mathrm{N\varphi}}} = \frac{K_{\mathrm{s}} U_{\mathrm{N\varphi}}}{X_{\mathrm{d(不饱和)}} I_{\mathrm{N\varphi}}} = \frac{K_{\mathrm{s}}}{X_{\mathrm{d(不饱和)}}^*} \tag{5-29}$$

式中，$K_{\mathrm{s}} = \frac{E_0}{U_{\mathrm{N\varphi}}} = \frac{I_{\mathrm{f0}}}{I_{\mathrm{f0}}'}$，称为额定电压下的饱和系数。

因为 I_{f0} 代表铁心饱和产生电压 $U_{\mathrm{N\varphi}}$ 所需的励磁电流，而 I_{f0}' 代表铁心不饱和时产生同样电压所需的励磁电流，两者之比是由于铁心饱和使磁路磁阻增加的倍数，故将 K_{s} 称为饱和系数。由于饱和同步电抗可近似为

$$X_{d(饱和)} \approx \frac{X_{d(不饱和)}}{K_s} \qquad (5-30)$$

短路比可表示为 X_d（饱和值）的标幺值的倒数，即

$$K_c = \frac{1}{X_{d(饱和)}^*} \qquad (5-31)$$

短路比与发电机尺寸、造价和发电机运行稳定性等因素有关，并且容易通过空载、短路试验测量，在工程上常用短路比作为衡量发电机性能的参数。

5.5.2 同步发电机外特性

【内容导入】

同步发电机的外特性可用于确定发电机单机运行电压变化率，电压变化率是同步发电机运行的一项重要指标。

【内容分析】

同步发电机外特性指在 $n=n_N$、$I_f=$常数、$\cos\varphi=$常数时，发电机单机运行时端电压 U 与负载电流 I 的关系曲线，即 $U=f(I)$曲线，如图 5-29 所示。

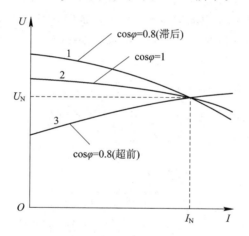

图 5-29 同步发电机的外特性

感性负载时的外特性如曲线 1 所示，空载端电压较高，随着负载电流的增大，电枢反应去磁效应增大，端电压降低，直到电枢电流为额定值，电枢端电压也降低到额定值；容性负载时外特性曲线如曲线 3 所示，当容抗大于同步电抗时，电枢反应为助磁作用，随着电枢电流的增大，电机中总磁通增大，端电压逐渐增高；电阻负载的外特性如曲线 2 所示，介于曲线 1 与 3 之间。

负载性质对外特性曲线的形状有很大影响，在感性负载时空载端电压 U_0 大于额定电压 $U_{N\varphi}$；在容性负载时，空载端电压 U_0 小于额定电压 $U_{N\varphi}$。对于同步发电机，随着负载的变化，端电压变化很大，为保持端电压恒定，需要进行励磁调节。

发电机端电压随着负载变化而变化，通常用电压变化率表示电压变化的程度，电压变化率定义为在励磁电流保持不变的条件下，电机由空载到额定负载运行时电压变化的百分值，即

$$\Delta U^* = \frac{U_0 - U_{N\varphi}}{U_{N\varphi}} \times 100\% = \frac{E_0 - U_{N\varphi}}{U_{N\varphi}} \times 100\% \tag{5-32}$$

凸极同步发电机的电压变化率为 $18\% \sim 30\%$，隐极同步发电机由于电枢反应较强，电压变化率通常为 $30\% \sim 48\%$。

5.5.3　同步发电机调整特性

【内容导入】

同步发电机负载端连接不同的负载，当发电机的负载发生变化时，若要保持端电压不变，发电机励磁电流应如何进行调整？

【内容分析】

同步发电机的调整特性指在 $n = n_N$、$U_N =$ 常数、$\cos\varphi =$ 常数时，发电机负载电流 I 与励磁电流 I_f 之间的关系曲线，即 $I_f = f(I)$ 曲线。

调整特性反映的是当发电机的负载发生变化时，为保持端电压不变，发电机励磁电流的调节特性，如图 5-30 所示。当发电机的端电压为额定电压时，不同功率因数的负载，其调整特性的变化趋势不同：感性负载和纯电阻性负载的电流增大时，为补偿电枢反应的去磁作用和漏阻抗压降，必须相应地增加励磁电流才能维持端电压不变，调整特性是上升的曲线；容性负载时，调整特性有可能下降，需减少励磁电流来平衡电枢反应的增磁作用，维持端电压恒定。

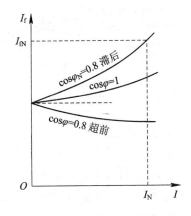

图 5-30　同步发电机的调整特性

5.5.4　同步发电机的损耗和效率

【内容导入】

同步发电机在工作时，效率特性是需要重点考虑的运行指标。同步发电机的效率与哪些参数有关？如何使同步发电机尽可能地高效率运行？

【内容分析】

同步发电机的效率特性指转速为同步转速、端电压为额定电压、功率因数为额定功率因数时，发电机输出效率 η 与输出功率 P_2 的关系，即 $n = n_N$、$U_N = U_{N\varphi}$、$\cos\varphi = \cos\varphi_N$、$\eta = f(P_2)$。

　　同步发电机的效率可以通过损耗分析法求出。同步发电机的损耗可分为基本损耗和杂散损耗两部分。基本损耗包括电枢的基本铁耗 p_{Fe}、电枢基本铜耗 p_{Cu1}、励磁损耗 p_{Cu2} 和机械损耗 p_{mec}。电枢基本铁耗指主磁通在电枢铁心齿部和轭部中交变所引起的损耗；电枢基本铜耗指换算到基准工作温度时，电枢绕组的直流电阻损耗；励磁损耗包括励磁绕组的基本铜耗、电刷的摩擦损耗和通风损耗。杂散损耗包括电枢漏磁通在电枢绕组和其他金属结构部件中引起的涡流损耗、高次谐波磁场略过主极表面所引起的表面损耗。总损耗 $\sum p$ 求出后，效率就可求出

$$\eta = \left(1 - \frac{\sum p}{P_2 + \sum p}\right) \times 100\% \qquad (5-33)$$

　　现代空冷大型水轮发电机的额定效率一般为 96%～98.5%，空冷汽轮发电机的额定效率为 94%～97.8%；氢冷时，额定效率可提高 0.8%。如图 5-31 所示是国产 300 MW 双水内冷水轮发电机的效率特性。

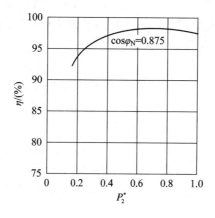

图 5-31　300 MW 双水内冷水轮发电机的效率特性

小结

　　同步发电机的特性可分为两类：一类是空载特性、短路特性，主要用于测定同步发电机的电抗参数；另一类是外特性、调整特性和效率特性，主要用于表示单机运行时的运行性能。外特性体现的是发电机的电压变化率，调整特性反映的是发电机的励磁调节，效率特性体现的是发电机的运行指标。

■ 思考与练习

一、填空题

　　1. 同步发电机短路特性是指在额定转速下，电枢绕组三相稳态短路时，_____ 与励磁电流的关系曲线。

　　2. 同步发电机外特性指在 $n = n_N$、$I_f =$ 常数、$\cos\varphi =$ 常数时，发电机单机运行时 _____ 与负载电流 I_a 的关系曲线。

　　3. 同步发电机短路比大，对同步发电机的运行特性的影响有 _____，_____，_____。

二、选择题

1. 同步发电机连接感性负载和纯电阻性负载的电流增大时，调整特性是（　　　）的曲线。

A. 上升　　　　　　B. 下降　　　　　　C. 先上升后下降　　　　　　D. 不变

2. 一台同步发电机，空载电压为 100 V，额定负载时的电压为 80 V，则该电机额定运行时的电压调整率为（　　　）。

A. 20%　　　　　　B. −20%　　　　　　C. 25%　　　　　　D. −25%

3. 同步发电机带感性负载运行时，随着负载电流的增大，外特性是（　　　）。

A. 水平直线　　　　　　　　　　B. 下降的曲线

C. 上升的曲线　　　　　　　　　D. 都有可能

4. 同步发电机的调整特性是指当发电机的转速为同步转速、端电压保持为额定电压、负载的功率因数保持不变时，发电机（　　　）之间的关系。

A. 励磁电流与电枢电流　　　　　B. 端电压与电枢电流

C. 励磁电动势与电枢电流　　　　D. 励磁电动势与端电压

5. 同步发电机的效率特性是指当发电机的转速为同步转速、端电压保持为额定电压、功率因数为额定功率因数时，发电机的（　　　）之间的关系。

A. 效率与输出功率　　　　　　　B. 效率与励磁电动势

C. 效率与端电压　　　　　　　　D. 效率与输入功率

6. 同步发电机供给一对称电阻负载，当负载电流上升时，保持端口电压不变的方法是（　　　）。

A. 增加励磁电流　　　　　　　　B. 减小励磁电流

C. 增加转速　　　　　　　　　　D. 减小转速

7. 同步发电机带感性负载单机运行，在保持励磁电流不变，减少负载电流时，其端电压将（　　　）。

A. 变小　　　　　　B. 变大　　　　　　C. 不变　　　　　　D. 无法确定

三、简答题

1. 什么叫短路比？它与哪些量有关？

2. 在稳态短路时，同步发电机的短路电流为什么不是很大？

5.6　同步发电机并联运行的方法和条件

大型交直流混合
电网与课程思政

▶▶ **内容导学**

　　同步发电机单机运行时，随着负载的变化，同步发电机的频率和端电压将发生变化，供电质量和可靠性比较差。为了克服这一缺点，现代的电力系统通常将许多发电厂并联，每个电厂内又由多台发电机并联运行，称为无穷大电网。负载的变化对无穷大电网的电压和频率的影响减小，电网的供电质量和可靠性提高。风力发电机组并网示意图如图 5−32 所示。通过查阅相关资料，分析发电机并联到无穷大电网上后，与发电机单机运行的情况有什么不同？

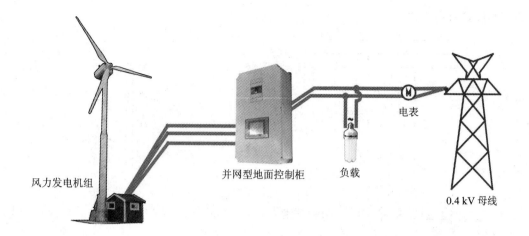

图 5 - 32 风力发电机组并网示意图

▶ 知识目标

▶ 掌握同步发电机并联运行的条件；

▶ 了解同步发电机并联运行的方法。

▶ 能力目标

▶ 掌握同步发电机并网运行的条件；

▶ 运用准确整步法、自整步法将同步发电机投入并联运行。

5.6.1 同步发电机并联运行的条件

【内容导入】

发电机并联到电网上时，需要满足哪些条件？多台发电机并联运行有何优点？

【内容分析】

同步发电机并联时，为了避免电机和电网中产生冲击电流，以及由此在电机转轴上产生的冲击转矩，待并联的发电机应当满足如下条件：

(1) 发电机的端电压和电网电压有效值相等，相位和极性相同。

(2) 发电机电压频率与电网的频率相等。

(3) 对三相同步发电机，要求相序和电网一致。

(4) 发电机的电压波形和电网电压波形相同。

以上 4 个条件在建立发电厂过程中的不同阶段加以考虑。第(4)个条件在制造发电机时考虑，第(3)个条件在安装发电机时根据发电机的转向，确定发电机的相序。一般在并网操作时只需考虑第(1)、(2)个条件。

同步发电机的并网运行示意图如图 5-33 所示。当发电机和电网频率不等时，应调节发电机的转速；电压有效值大小不等时，应调节发电机的励磁电流；相序不一致时，应将发电机接至并联开关的任意两根线对调；初相角不同时，应调节发电机的瞬时转速使转子的相对位置有所变化。

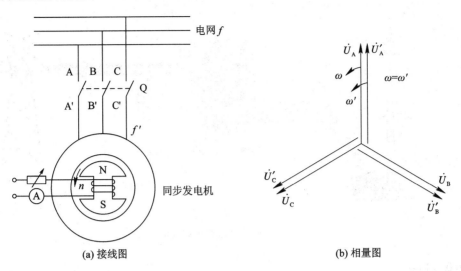

(a) 接线图　　　　　　　　　　　　　(b) 相量图

图 5 - 33　同步发电机的并网运行示意图

多台发电机并联运行有以下优点：

（1）提高供电的可靠性。在系统中一台发电机发生故障或需要检修时，系统中其他发电机可承担该发电机的负载，提高了供电的可靠性。

（2）提高发电厂的运行效率。多台发电机并联运行供电时，可根据负载的变化，决定投入并联运行发电机的台数，并使每台发电机工作在最高效率，提高系统的运行效率。

（3）减少备用容量。

5.6.2　同步发电机投入并联运行的方法

【内容导入】

为避免发电机投入电网时引起电流、功率和转矩的冲击，在发电机准备投入并联运行时，如何测定和调整电压大小、频率和相序，使之与电网一致？

【内容分析】

工程应用中，电压大小可用电压表测量，相序可以用相序指示器测定，此条件和操作过程称为整步过程。整步过程一般分为准确整步法和自整步法两种。

一、准确整步法

发电机投入电网的时机通常用同步指示器来确定。最简单的同步指示器由 3 个指示灯组成。同步指示灯的连接方法包括直接接法和交叉接法。直接接法如图 5 - 34(a)所示，电网 A1 相和发电机 A 相之间连接指示灯 1，电网 B1 相和发电机 B 相之间连接指示灯 2，电网 C1 相和发电机 C 相之间连接指示灯 3；交叉接法如图 5 - 34(b)所示，电网 A1 相和发电机 A 相之间连接指示灯 1，电网 B1 相和发电机 C 相之间连接指示灯 2，电网 C1 相和发电机 B 相之间连接指示灯 3。

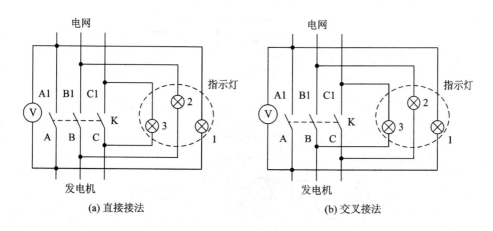

图 5-34　同步指示灯接线图

　　准确整步法是使发电机投入并联的条件全部满足。当指示灯采用直接接法时，电压相量图如图 5-35(a)所示，每个指示灯上所承受的电压分别为 $\Delta\dot{U}=\dot{U}-\dot{U}_1$，如果电网电压与发电机电压大小、相位和频率一致，并且两者相序相同，$\Delta\dot{U}=0$，三相的指示灯全熄灭，此时可以合上开关 S，将发电机投入电网进行并联运行，因此该方法也称为熄灯法。当指示灯采用交叉接法时，电压相量图如图 5-35(b)所示，指示灯 1 上所加的电压为 $\dot{U}_{A1}-\dot{U}_A=0$，指示灯 1 是灭的，电压表显示为 0；指示灯 2 所加的电压为 $\dot{U}_{B1}-\dot{U}_C$，指示灯 3 所加的电压为 $\dot{U}_{C1}-\dot{U}_B$，均不为零，指示灯 2、3 全亮，此时可以合上开关 S，将发电机投入电网并联运行，因此该方法又称为亮灯法。

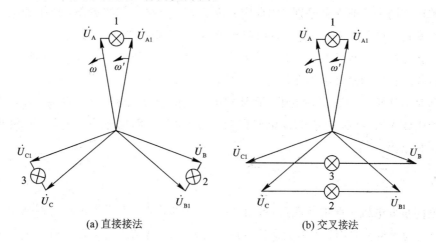

图 5-35　准确整步法电压相量图

二、自整步法

　　准确整步法的优点是投入瞬间电网和电机没有（或很少）冲击；缺点是步骤比较复杂，时间长，不能满足快速并网要求。特别是当电网出现事故后，电网电压和频率都在变化，准确整步比较困难，这时可采用自整步法。自整步法电路图如图 5-36 所示。

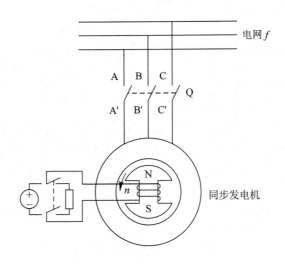

图 5 - 36　自整步法电路图

自整步的操作步骤如下:

(1) 励磁绕组不接励磁电源,经外电阻短路。

(2) 起动原动机将发电机驱动至接近同步转速。

(3) 将发电机接入电网,在电机定子绕组中产生电网频率的电流并产生同步转速的旋转磁场。

(4) 将励磁绕组外接电阻切除,接上励磁电源,通入的励磁电流产生主极磁场。此时因转子转速与同步转速尚有差别,因此定、转子磁场间有一定的滑差,产生的电磁转矩也按此滑差变化,时而使转子加速,时而使转子制动。在制动阶段牵入同步。

(5) 牵入同步后再调节原动机的输入功率和励磁电流使电机进入正常运行状态。

自整步过程中励磁绕组不允许开路,因定子电流产生的旋转磁场与转子不同步,转子绕组开路时会在转子中感应高电压,损坏转子绕组的绝缘,励磁绕组直接短路时会在转子绕组中产生较大的电流,并引起发电机振动。因此,外接阻值适当的电阻,可避免产生过高的电压和电流。

■ 小结

大型同步发电机一般都并联运行,由多台发电机并联,多个发电厂并联所组成的电力系统,定义为无穷大电网,无穷大电网的电压和频率为常值。同步发电机并入无穷大电网运行时,因发电机工作状态的改变对电网影响极小,可认定端电压、频率恒定不变,发电机内合成磁场幅值近似不变,转速恒定。

同步发电机并网运行时,必须在相序、频率、电压大小与相位相同的条件下,才能实现无冲击电流的并网操作。在发电机准备投入并联运行时,必须要测定和调整电压大小、频率和相序,使之与电网一致。工程应用中,电压大小可用电压表测量,相序可以用相序指示器测定,此条件和操作过程称为整步过程。一般分为准确整步法和自整步法两种。

■ 思考与练习

一、填空题

1. 无穷大电网的_____和_____这两个物理量近似为常值。

2. 同步发电机并联运行需要满足的条件是_____,_____,_____,_____。

3. 发电机投入并联时,如果相序不同,会产生_____与_____等故障。

二、选择题

1. 并网时,当同步发电机和电网频率不相等时,应该(　　)。

A. 调节发电机的转速　　　　　　　　B. 调节发电机的励磁电流

C. 任意调换发电机的两根线　　　　　D. 调节转子的相对位置

2. 并网时,发电机的端电压和电网电压有效值不相等时,应该(　　)。

A. 调节发电机的转速　　　　　　　　B. 调节发电机的励磁电流

C. 任意调换发电机的两根线　　　　　D. 调节转子的相对位置

3. 并网时,三相同步发电机的相序和电网不一致时,应该(　　)。

A. 调节发电机的转速　　　　　　　　B. 调节发电机的励磁电流

C. 任意调换发电机的两根线　　　　　D. 调节转子的相对位置

三、简答题

1. 什么是无穷大电网?它对并联于其上的同步发电机有什么约束?

2. 怎样检查发电机是否满足并网条件?如果不满足某一条件并网时,会有什么现象?

5.7　并联运行时有功功率的调节和静态稳定

▶ 内容导学

同步发电机并网后,因为受到电网电压和频率不变的影响,并网后的运行与单机运行时的有功功率有怎样的变化?如何调节发电机使其达到静态稳定?

▶ 知识目标

▶ 掌握同步发电机的转矩和功率平衡关系;

▶ 掌握同步发电机的功角特性和静态稳定的概念。

▶ 能力目标

▶ 会分析同步发电机与无限大电网并联运行时有功功率如何调节;

▶ 会分析同步发电机与无限大电网并联运行时的功角特性。

5.7.1　同步发电机功率和转矩平衡方程

【内容导入】

同步发电机在进行能量转换时,功率和转矩是两个重要的物理量。同步发电机的功率转换过程是什么样的?

【内容分析】

一、功率方程

同步发电机的功能是将转轴上由原动机输入的机械功率，通过电磁感应作用，转化为电枢绕组输出的电功率。转轴输入的机械功率 P_1 减去空载损耗 p_0，得到通过定、转子磁场的相互作用转换为电能的功率，称为电磁功率 P_M，即

$$P_M = P_1 - p_0 \tag{5-34}$$

空载损耗 p_0 一般包括由机械摩擦和风阻引起的机械损耗 p_{mec}，定子铁心中的涡流和磁滞损耗 p_{Fe} 和附加损耗 p_{ad}，即

$$p_0 = p_{mec} + p_{Fe} + p_{ad} \tag{5-35}$$

从电磁功率 P_M 中减去电枢铜耗 p_{Cu1}，可得发电机输出的电功率 P_2。

$$P_2 = P_M - p_{Cu1} \tag{5-36}$$

由式(5-34)~式(5-36)可以画出同步发电机的功率流程图，如图5-37所示。

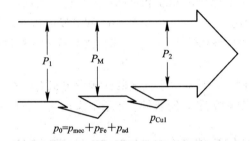

图 5-37　同步发电机的功率流程图

二、电磁功率

在同步发电机中，电磁功率是通过电磁感应作用由机械功率转换而来的全部电功率，因此电磁功率是能量转换的基础。在大型同步发电机中，电枢绕组电阻很小，可忽略不计，从式(5-36)可知，此时电磁功率近似等于输出功率，即

$$P_M = mUI\cos\varphi + mI^2 R_a \approx mUI\cos\varphi \tag{5-37}$$

如图5-38所示为同步发电机的电动势相量图，从图5-38中可见，$\varphi = \psi - \delta$，可得

$$P_M \approx mUI\cos(\psi - \delta) = mUI[\cos\psi\cos\delta + \sin\psi\sin\delta] = mUI_q\cos\delta + mUI_d\sin\delta \tag{5-38}$$

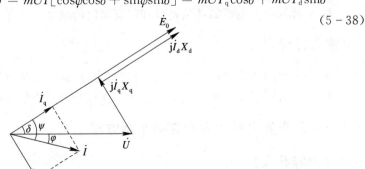

图 5-38　同步发电机的电动势相量图

考虑到 $I_q X_q = U\sin\delta$，$I_d X_d = E - U\cos\delta$，则有

$$\begin{cases} I_q = \dfrac{U\sin\delta}{X_q} \\ I_d = \dfrac{E - U\cos\delta}{X_d} \end{cases} \tag{5-39}$$

将式(5-39)代入式(5-38)，可得

$$P_M = m\frac{E_0 U}{X_d}\sin\delta + \frac{m}{2}U^2\left(\frac{1}{X_q} - \frac{1}{X_d}\right)\sin2\delta \tag{5-40}$$

式(5-40)中，第一项 $m\dfrac{E_0 U}{X_d}\sin\delta$ 称为基本电磁功率，第二项 $\dfrac{m}{2}U^2\left(\dfrac{1}{X_q} - \dfrac{1}{X_d}\right)\sin2\delta$ 称为附加电磁功率。一般情况下，基本电磁功率的数值远大于附加电磁功率。

三、转矩方程

把电磁功率方程(5-34)除以同步角速度 Ω_1，可得到同步发电机的转矩方程

$$T = T_1 - T_0 \tag{5-41}$$

式中：T 为发电机的电磁转矩；T_1 为原动机的驱动转矩；T_0 为发电机的空载转矩。

转矩与功率之间的关系为

$$\begin{cases} T = \dfrac{P_M}{\Omega_1} \\ T_1 = \dfrac{P_1}{\Omega_1} \\ T_0 = \dfrac{p_0}{\Omega_1} = \dfrac{p_{mec} + p_{Fe} + p_{ad}}{\Omega_1} \end{cases} \tag{5-42}$$

5.7.2　同步发电机功角特性

【内容导入】

为了研究与电网并联运行时的有功功率是如何发送和调节的，首先要分析同步发电机的功角特性。

【内容分析】

一、功角特性

功角 δ 是励磁电动势 $\dot{E}_0$ 和端电压 $\dot{U}$ 两个相量之间的夹角。由电磁功率方程式(5-40)可知，当励磁电动势 E_0 和端电压 U 保持不变时，电磁功率的大小取决于功角 δ，电磁功率 P_M 与功角 δ 之间的关系曲线 $P_M = f(\delta)$ 称为发电机的功角特性，如图5-39所示。由图可知，当 δ 略小于 $90°$ 时，发电机发出最大电磁功率 P_{Mmax}，称为发电机的功率极限，且励磁电流越大，E_0 越小，同步电抗 X_d 越小，功率极限越大。

对于隐极同步发电机，因为 $X_d = X_q = X_s$，由式(5-40)可知，此时的附加电磁功率为零，只有基本电磁功率，此时最大电磁功率为 $P_{Mmax} = m\dfrac{E_0 U}{X_d}$，发生在 $\delta = 90°$ 处，如图5-39(a)所示。

对于凸极同步发电机，由于 $X_q \neq X_d$，直轴和交轴磁路不一致，因此磁阻不等，电机仍会有附加电磁功率产生。并且，由于附加电磁功率是由磁阻原因引起的，因此又称为磁阻功率。与附加电磁功率对应的转矩称为磁阻转矩或凸极转矩。只要端电压 $U \neq 0$，且 $X_d \neq X_q$，就能产生磁阻转矩，磁阻转矩与励磁无关。此时最大电磁功率为 P_{Mmax}，发生在 $0° < \delta < 90°$ 处，如图 5 - 39(b)所示。

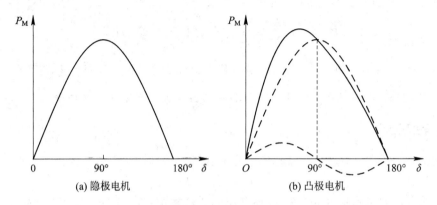

(a) 隐极电机　　　　　　　　　　　(b) 凸极电机

图 5 - 39　同步发电机的功角特性

最大功率与额定功率的比值定义为同步发电机的过载能力，即

$$K_M = \frac{P_{Mmax}}{P_N} \qquad (5-43)$$

对隐极电机来说

$$K_M = \frac{P_{Mmax}}{P_N} = \frac{1}{\sin \delta_N} \qquad (5-44)$$

二、功角的空间概念

当忽略定子绕组电阻和定子漏抗压降时，由式(5 - 18)可知定子绕组端电压近似等于各磁场在定子绕组中的感应电动势的和，即

$$\dot{U} = \dot{E}_0 + \dot{E}_{ad} + \dot{E}_{aq} = \dot{E}_\delta \qquad (5-45)$$

$\dot{E}_\delta$ 称为气隙合成电动势。功角 δ 是 $\dot{E}_0$ 与 $\dot{U}$ 的时间相位差角，可近似认为是气隙合成电动势 $\dot{E}_\delta$ 与空载电动势 $\dot{E}_0$ 的夹角，如图 5 - 40(a)所示。由于空载电动势 $\dot{E}_0$ 是由主极磁场 B_0 感应产生的，气隙合成电动势 $\dot{E}_\delta$ 由气隙合成磁场 B_δ 感应产生，在时空统一相量—矢量图中，$\dot{E}_0$ 与 $\dot{E}_\delta$ 之间的时间相位差角等于 B_0 与 B_δ 之间的空间电角度差。功角 δ 还可以近似

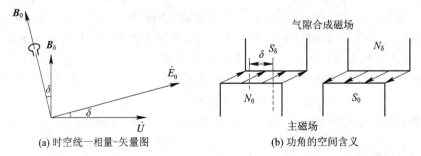

(a) 时空统一相量-矢量图　　　　　(b) 功角的空间含义

图 5 - 40　功角的空间概念

认为是主极磁场与气隙合成磁场在空间的夹角，如图 5-40(b)所示。用磁极 N 和 S 表征电枢合成磁场的等效磁极，N_0 和 S_0 表征主磁极。主磁极和合成磁极之间的相位差即为功角 δ。

5.7.3　有功功率调节

【内容导入】

　　同步发电机与电网并联运行的目的是向电网输出功率，并能根据负载需要调节其输出功率。由于现代电网的容量很大，电网的频率和电压基本不会受到负载变化或其他扰动的影响而保持为常值。此时的有功功率是如何进行调节的呢？

【内容分析】

　　下面以隐极同步发电机为例，说明同步发电机是怎样调节输出的有功功率的。为简化分析，不计电枢电阻和磁场饱和的影响。如图 5-41(a)所示为将一台同步发电机接到一个无穷大电网。设开始投入并联时，$\dot{E}_0 = \dot{U}$，此时功角 $\delta = 0$，发电机输出功率 $P_2 \approx P_M = m\dfrac{E_0 U}{X_s}\sin\delta = 0$，发电机处于空载状态，如图 5-41(b)所示。空载时，原动机的驱动转矩很小，仅需要克服发电机的空载转矩。

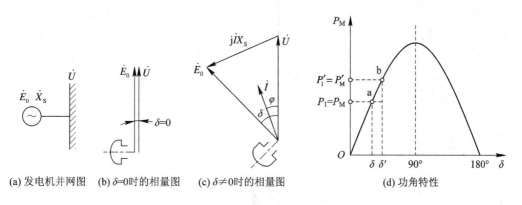

(a) 发电机并网图　(b) $\delta=0$时的相量图　(c) $\delta\neq0$时的相量图　　(d) 功角特性

图 5-41　同步发电机有功功率调节

　　欲使发电机输出有功功率，根据能量守恒原理，需要增加原动机的输入功率。对水轮发电机可以调节水轮机的水门，改变输入的进水量，对汽轮发电机可以调节汽轮机的气门，改变输入的蒸汽量。输入能量的变化将使输入转矩 T_1 发生相应的变化，进一步使输出有功功率发生变化。增加输入功率 P_1，发电机的输入转矩增大，转子加速，因电网电压频率固定不变，合成磁场的转速仍为同步转速，因此转子磁极与合成磁场间产生相对运动，转子磁极轴线沿旋转方向向前移，使转子主极磁场超前于气隙合成磁场，功角 δ 增大，如图 5-41(c)所示。电磁功率增加，发电机输出有功功率，同时转子上受到一个制动的电磁转矩 T。当 $T_1 = T + T_0$ 时，发电机达到新的平衡，发电机进入负载运行，转子仍保持同步转速，如图 5-41(d)中的 a 点所示。

　　接下来讨论减少输入功率时的有功功率调节。设开始时，发电机运行在功角特性的 b 点上，如图 5-41(d)所示。此时减少原动机输入功率，即发电机驱动转矩减小，从而使转子减速，转子主极磁场的转速低于气隙合成磁场的转速，使功角由原来的 δ' 减小为 δ，在图 5-41(d)中运行点由 b 点移动至 a 点，电磁功率由 P'_M 减少为 P_M，发电机输出功率减少。

在 a 点发电机电磁转矩与原动机驱动转矩又重新平衡，转子又恢复至同步转速，功角维持在 δ。由此可见，减少原动机的输入功率可以减少发电机的输出功率；反之，增加原动机的输入功率可以增加发电机的输出功率。

5.7.4　静态稳定

【内容导入】

与电网并联运行，工作在某一运行点的同步发电机，当电网或原动机发生微小的扰动且扰动消失后，发电机能恢复到原先的稳定运行状态，说明该发电机是静态稳定运行的。如何维持同步发电机的静态稳定呢？

十二相同步发电机与课程思政

【内容分析】

同步发电机静态稳定的判据是：当功角 δ 有微小变化后，电磁功率 P_M 随着变化，以微分形式表示为

$$P_r = \frac{\mathrm{d}P_M}{\mathrm{d}\delta} \tag{5-46}$$

式中，P_r 为整步功率系数，当 $P_r > 0$ 时，同步发电机能保持静态稳定运行；当 $P_r < 0$ 时，同步发电机不能维持静态稳定运行。$P = f(\delta)$ 的关系曲线如图 5-42 中虚线所示。由曲线可以看出，对于隐极发电机，$\delta > 90°$ 时，P_r 为负值，发电机将失去静态稳定；在 $\delta = 90°$ 时，达到稳定极限，此时对应的电磁功率为稳定极限功率。对于凸极发电机，稳定极限对应的功角略小于 $90°$。

在图 5-42 中，功角 $\delta > 90°$ 的区域称为不稳定区，在该区间随着功角增加，电磁转矩反而减小，即 $\frac{\mathrm{d}P_M}{\mathrm{d}\delta} < 0$ 或 $\frac{\mathrm{d}T}{\mathrm{d}\delta} < 0$。

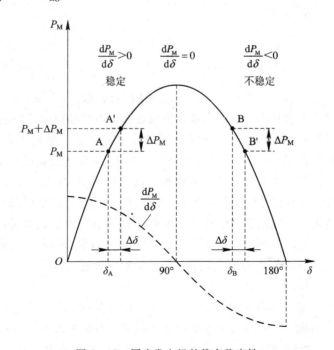

图 5-42　同步发电机的静态稳定性

在不稳定区，发电机运行是不稳定的。例如在 B 点，转子上作用的驱动转矩产生扰动，若增加 ΔT_1，转子就开始加速，功角会增加，而电磁制动转矩变得更小，转子还要进一步加速。输入的驱动转矩大于电磁转矩，发电机不能保持同步，这一现象称为"失步"，失步后感应电动势频率高于电网端电压的频率，在发电机和电网中产生很大的环流，对发电机不利，也会危及电网的稳定，因此失步之后，断路器应自动动作将发电机从电网上切除。

在实际运行中，发电机应在稳定极限范围内运行，并且留有一定的静态稳定裕度，发电机正常运行的功角一般为 $30°\sim45°$。

【例 5-5】 一台凸极同步发电机，额定电压 $U_N=400$ V，每相空载电动势 $E_0=370$ V，电枢绕组采用 Y 接法，每相直轴同步电抗 $X_d=3.5\ \Omega$，交轴同步电抗 $X_q=2.4\ \Omega$，该发电机并网运行，不计电阻压降，试求：

例 5-5

(1) 额定功角 $\delta_N=24°$时，向电网输入的有功功率是多少？

(2) 能向电网输送的最大电磁功率是多少？

(3) 过载能力为多大？

解

$$U=\frac{U_N}{\sqrt{3}}=230.94\ (\text{V})$$

$$P_M=m\frac{E_0U}{X_d}\sin\delta+\frac{m}{2}U^2\left(\frac{1}{X_q}-\frac{1}{X_d}\right)\sin2\delta$$

$$=\frac{3\times230.94\times370}{3.5}\sin\delta+\frac{3\times230.94^2}{2}\times\left(\frac{1}{2.4}-\frac{1}{3.5}\right)\sin2\delta$$

$$=73.24\sin\delta+10.48\sin2\delta$$

(1) $P_M|_{\delta=24°}=73.24\times\sin24°+10.48\times\sin48°=37.58\ (\text{kW})$

(2) $\dfrac{dP_M}{d\delta}=73.24\cos\delta+10.48\times2\times\cos2\delta=0$

即

$$73.24\cos\delta+10.48\times2\times(2\cos^2\delta-1)=0$$

解得

$$\cos\delta=0.25\ \text{或}\ \cos\delta=-1.997(\text{舍去})$$

$$\delta=75.52°$$

$$P_{Mmax}=73.24\times\sin75.52°+10.48\times\sin(2\times75.52°)=75.99\ (\text{kW})$$

(3) $K_M=\dfrac{P_{Mmax}}{P_N}=\dfrac{75.99}{37.58}=2.02$

■ 小结

同步发电机功率方程反映了电机能量转换过程中的功率流程，转矩方程体现了电磁转矩在发电机能量转换过程中的作用。

只有改变原动机输入的机械功率才能改变发电机输出的有功功率，电磁功率（近似于输出功率）与功角的关系为

$$P_M=m\frac{E_0U}{X_d}\sin\delta+\frac{m}{2}U^2\left(\frac{1}{X_q}-\frac{1}{X_d}\right)\sin2\delta$$

当励磁保持恒定时(E_0＝常数），电磁功率 P_M 有一最大值，对应的功角为 90°电角度（隐极发电机）或略小于 90°电角度（凸极发电机）。在 $dP_M/d\delta > 0$ 的区域发电机能稳定运行，若输入功率超过最大电磁功率，发电机将失步运行。

■ 思考与练习

一、填空题

1. 同步发电机的电磁功率等于_____。

2. 若忽略同步发电机的电枢电阻，则发电机的电磁功率与输出功率_____。

3. 同步发电机额定运行的电磁转矩等于_____。

4. 功角特性是指当励磁电动势 E_0 和端电压 U 保持不变时，同步发电机_____与_____之间的关系。

5. 对于隐极同步发电机，附加电磁功率等于_____。

二、选择题

1. 当功角在 0°到 180°范围时，隐极同步发电机的功角特性曲线是（　　）。

　A. 双峰的正弦波　　　　　　　　B. 单峰的正弦波
　C. 畸变的正弦波　　　　　　　　D. 近似的三角波

2. 利用隐极同步发电机的功角特性曲线分析可知，当功角（　　）时，发电机与大电网并联运行时处于静态稳定区。

　A. 大于 180°　　　　　　　　　B. 大于 90°，小于 180°
　C. 大于 0°　　　　　　　　　　D. 在 0°和 90°之间

3. 当功角在 0°到 180°范围时，凸极同步发电机的功角特性曲线是（　　）。

　A. 单峰的正弦波　　　　　　　　B. 双峰的正弦波
　C. 单峰的三角波　　　　　　　　D. 畸变的正弦波

4. 当三相隐极同步发电机与无穷大电网并联时，保持发电机的励磁电流不变，增大发电机的输入功率，此时，该发电机输出的有功功率将（　　）。

　A. 减小　　　　　　　　　　　　B. 增大
　C. 不变　　　　　　　　　　　　D. 以上都不对

5. 对于同步发电机，额定功率因数一般为 0.8～0.9（　　）。

　A. 滞后　　　　　　　　　　　　B. 超前
　C. 超前或滞后　　　　　　　　　D. 以上都不对

6. 一台并联在无穷大电网上运行的汽轮发电机，采用 Y 接法，其参数为 P_N＝25 000 kW，U_N＝10.5 kV，$\cos\varphi$＝0.8（$\varphi > 0$)，同步电抗 X_s＝7 Ω，则该发电机在额定状态下运行时，功角 δ 为（　　）。

　A. 34.5°　　　　B. 35.93°　　　　C. 17.06°　　　　D. 36.87°

7. 一台并联在无穷大电网上运行的凸极发电机，采用 Y 接法，其参数为 P_N＝25 000 kW，U_N＝10.5 kV，$\cos\varphi$＝0.8（$\varphi > 0$)，直轴同步电抗 X_d＝9 Ω，交轴同步电抗 X_q＝7 Ω，则该发电机在额定状态下运行时，功角 δ 为（　　）。

　A. 34.5°　　　　B. 35.93°　　　　C. 17.06°　　　　D. 36.87°

8. 要增加发电机的输出功率，必须（　　），使功角 δ 适当（　　）。

A. 增大原动机的输入功率，增大

B. 增大原动机的输入功率，减小

C. 减小原动机的输入功率，增大

D. 减小原动机的输入功率，减小

9. 采取(　　)措施，可以提高同步发电机的静态稳定极限。

A. 增大励磁电流 　　　　　　　B. 减小励磁电流

C. 增大同步电抗 　　　　　　　D. 增大负载电流

三、简答题

1. 功角在时间及空间上各表示什么含义？功角改变时，有功功率如何变化？无功功率会不会变化？为什么？

2. 同步发电机的功率因数，在并网运行时由什么因素决定？在单机运行时由什么因素决定？

四、计算题

1. 一台汽轮发电机，$P_N = 12\,000$ kW，额定电压 $U_N = 6300$ V，定子电枢绕组采用 Y 连接，$m = 3$，$\cos\varphi_N = 0.8$(滞后)，$X_s = 4.5\ \Omega$，发电机并网运行，输出额定频率 $f_N = 50$ Hz 时，求：

(1) 每相空载电动势 E_0；

(2) 额定运行时的功角 δ_N；

(3) 最大电磁功率 P_{Mmax}；

(4) 过载能力 K_M。

2. 一台隐极三相同步发电机并联于无穷大电网运行，额定运行时功角 $\delta = 30°$，若因故障，电网电压降为 $0.8U_N$，假定电网频率仍不变，求：

(1) 若保持输出有功功率及励磁不变，此时发电机能否继续稳定运行，功角 δ 为多少？

(2) 在(1)的情况下，若采用加大励磁的办法，使 E_0 增大到原来的 1.6 倍，这时的功角 δ 为多少？

3. 一台凸极三相同步发电机并网运行，额定数据为 $S_N = 8750$ kVA，$U_N = 11$ kV，电枢绕组采用 Y 接法，$\cos\varphi_N = 0.8$(滞后)，每相同步电抗 $X_d = 18.2\ \Omega$，$X_q = 9.6\ \Omega$，不计电阻压降。试求：

(1) 额定运行状态时，发电机的功角 δ 和每相空载电动势 E_0；

(2) 最大电磁功率 P_{Mmax}。

5.8　并联运行时无功功率的调节和 V 形曲线

▶▶ 内容导学

电网上连接的负载除了消耗有功功率外，还要消耗电感性无功功率，如接在电网上运行的异步电机、变压器、电抗器等。因此电网除了供应有功功率外，还要提供大量滞后的无功功率。并联运行时的同步发电机的无功功率是如何调节的？

电力事业建设
与课程思政

▶ 知识目标

　▶ 掌握同步发电机与无穷大电网并联运行时无功功率的调节方法；
　▶ 理解 V 形曲线的物理意义。

▶ 能力目标

　▶ 能利用相量图分析无功功率的调节；
　▶ 掌握无功功率调节时的 V 形曲线。

5.8.1　无功功率的调节

【内容导入】

　　电网的电压和频率不会因为一台发电机运行情况的改变而改变，如果保持原动机的拖动转矩不变，那么发电机输出的有功功率将保持不变，此时调节发电机励磁电流的大小，发电机的运行状态会发生怎样的变化呢？

【内容分析】

一、有功功率保持不变的条件

　　电网所供给的全部无功功率一般由并网的发电机分担，因此调节并网发电机输送给电网的无功功率对于电力系统的正常运行有着重要意义。以隐极发电机为例，同步发电机并网运行时，忽略电枢电阻和磁饱和的影响，假定调节励磁时原动机的输入有功功率保持不变。根据功率平衡关系可知，在调节励磁前后，发电机的电磁功率和输出的有功功率也保持不变，则

$$\begin{cases} P_2 = mUI\cos\varphi = 常数 \\ P_M = m\dfrac{E_0 U}{X_d}\sin\delta = 常数 \end{cases} \tag{5-47}$$

由于端电压 U 和直轴同步电抗 X_d 均为常数，因此

$$\begin{cases} I\cos\varphi = 常数 \\ E_0\sin\delta = 常数 \end{cases} \tag{5-48}$$

二、无功功率的调节

　　同步发电机与电网并联时无功功率调节的相量图如图 5-43 所示。由式(5-47)可知，仅调节无功功率时，电枢电流 I 有功功率分量 $I\cos\varphi$ 保持不变，相量 $\dot{I}$ 的轨迹沿着直线 CD 移动，又因为 $E_0\sin\delta$ 等于常数，相量 $\dot{E}_0$ 的轨迹应沿着直线 AB 变化。直线 CD 与电压相量 $\dot{U}$ 垂直，直线 AB 与电压相量 $\dot{U}$ 平行。在电力系统中通常把 AB 线称为有功功率线，CD 线称为有功电流线。

　　励磁电势 E_0 与励磁电流 I_f 之间有着一一对应的变化关系，即空载特性 $E_0 = f(I_f)$。通过调节励磁电流 I_f，就可以改变励磁电势 E_0。下面分析在保持有功功率不变的前提下，调节励磁电流 I_f 时，发电机的相量图以及无功功率的变化情况。

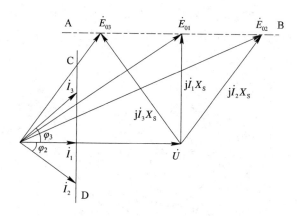

图 5 - 43　同步发电机无功功率的调节相量图

（1）当励磁电流为 I_{f1} 时，对应的电动势为 E_{01} 时，因为 $\dot{E}_{01}=\dot{U}+j\dot{I}_1X_s$，由图 5 - 43 可知，此时 $j\dot{I}_1X_s$ 超前端电压 $\dot{U}$ 90°，即 $\dot{I}_1$ 与 $\dot{U}$ 同相位，功率都为有功功率，无功功率为 0，此时 $\cos\varphi=1$，$\sin\varphi=0$，称为发电机的正常励磁状态。

（2）当励磁电流大于正常励磁电流时，相应的励磁电动势 E_{01} 将增大到 E_{02}，如图5 - 43 所示，$\dot{E}_0$ 的轨迹将沿直线 AB 右移，此时电枢电流相量 $\dot{I}_2$ 仍与 $j\dot{I}_2X_s$ 垂直，将滞后于端电压 $\dot{U}$，发电机输出滞后电流和感性的无功功率，发电机运行在过励磁状态。

（3）当励磁电流小于正常励磁电流时，相应的励磁电动势 E_{01} 将减小到 E_{03}，如图5 - 43 所示，$\dot{E}_0$ 的轨迹将沿直线 AB 左移，此时电枢电流相量 $\dot{I}_3$ 仍与 $j\dot{I}_3X_s$ 垂直，将超前于端电压 $\dot{U}$，发电机输出超前电流和容性的无功功率，即吸收感性无功功率，发电机运行在欠励磁状态。

同步发电机并网运行时无功功率条件具有上述特性的原因：电网电压是固定不变的，气隙合成磁场不变。过励磁时，励磁电流超出了产生气隙合成磁场所需的数值，必须有一个具有去磁电枢反应作用的无功电流送入电网，由电枢反应的分析可知，该电流滞后于 $\dot{E}_0$ 角度为 90°，即为发出滞后无功功率；反之，欠励磁时励磁电流不足以产生端电压 $\dot{U}$，则必须送入电网一个具有增磁电枢反应的超前电流，以弥补励磁电流的不足。

由于电网的负载大多是交流电机，需要感性无功功率，因此大多数同步发电机都工作在过励磁状态下，虽然发电机发出滞后的无功功率时不会增加能量的消耗，但增大励磁会增大励磁损耗、定子绕组铜耗和线路损耗。

5.8.2　同步发电机的 V 形曲线

【内容导入】

调节励磁电流可以达到调节同步发电机无功功率的目的。电枢电流随励磁电流的变化规律可以用 V 形曲线表示。

【内容分析】

当发电机并网运行时，电枢电流与励磁电流的关系曲线如图 5 - 44 所示，该曲线称为 V 形曲线。V 形曲线是一簇曲线，每一条曲线对应一定的有功功率，每一条曲线都有一个最低点，对应的是 $\cos\varphi=1$ 的情况。将所有的最低点连接起来，得到一条与 $\cos\varphi=1$ 对应的线，该线左边为欠励磁状态，输出超前性（容性）无功功率，右边对应过励磁状态，输出滞后性（感性）无功功率。

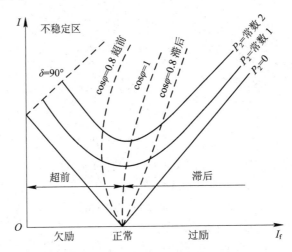

图 5-44　同步发电机的 V 形曲线

在 V 形曲线中有一个不稳定区。在不稳定区，发电机不能保持静态稳定，因为对应一定的有功功率，减小励磁电流有一个最低限值，当 $\delta=90°$ 时，电动势 $\dot{E}$ 的端点处于静态极限位置，若再减小励磁电流，发电机的功率极限将降低而小于输入的机械功率。由于功率不平衡会导致发电机失去同步。

■ 小结

通过调节励磁电流的大小可以达到调节发电机无功功率的目的。处于过励磁状态时，发电机向电网输送滞后的无功功率；处于欠励磁状态时，发电机向电网输送超前的无功功率。在有功功率一定时，电枢电流随励磁电流的变化曲线称为发电机的 V 形曲线。

■ 思考与练习

一、填空题

1. 三相隐极同步发电机与无穷大电网并联运行时，保持发电机的励磁电流不变，增大发电机的输入功率，此时该发电机的有功功率_____。

2. 并网的同步发电机励磁不作调整，调整原动机的输入有功功率，相应的变化量为_____和_____。

3. 并网运行的同步发电机，当增加励磁电流时，电枢电流会_____。

4. 同步发电机自动励磁调压装置系统是根据_____、_____、_____来调节励磁电流的。

二、选择题

1. 当三相隐极同步发电机与无穷大电网并联运行时，保持发电机输出的有功功率不变，增大发电机的励磁电流，此时，该发电机的无功功率属于（　　）。

A. 容性无功功率　　　　　　　　　　B. 感性无功功率

C. 不变　　　　　　　　　　　　D. 不确定

2. 当三相隐极同步发电机与无穷大电网并联运行时，保持发电机输出的有功功率不变，减小发电机的励磁电流，此时，该发电机的无功功率属于（　　）。

A. 容性无功功率　　　　　　　　B. 感性无功功率

C. 不变　　　　　　　　　　　　D. 不确定

3. 并网运行的同步发电机，依靠调节（　　）来调节有功功率。

A. 输入端的有功功率　　　　　　B. 输入端的无功功率

C. 励磁电流　　　　　　　　　　D. 负载性质

4. 并网运行的同步发电机，依靠调节（　　）来调节无功功率。

A. 输入端的有功功率　　　　　　B. 输入端的无功功率

C. 励磁电流　　　　　　　　　　D. 负载性质

5. 发电机带感性负载，输出有功功率不变，励磁电流增加时，功率因数 $\cos\varphi$ 将（　　）。

A. 变大　　　　　　　　　　　　B. 不变

C. 变小　　　　　　　　　　　　D. 不能确定

三、简答题

1. 为什么 V 形曲线的最低点随有功功率增大而右移？

2. 并联在电网上运行的同步发电机过励磁状态发出什么性质的无功功率？欠励磁状态发出什么性质的无功功率？

四、计算题

1. 一台三相隐极同步发电机并网运行，电网电压 $U=400$ V，发电机每相同步电抗 $X_s=1.2$ Ω，定子绕组采用 Y 接法，当发电机输出有功功率为 80 kW 时，$\cos\varphi=1$，若保持励磁电流不变，减少有功功率至 20 kW，不计电阻压降，求此时的：

（1）功角 δ；

（2）电枢电流 I；

（3）功率因数 $\cos\varphi$；

（4）输出的无功功率 Q 是超前还是滞后？

2. 一台隐极三相同步发电机并网运行，电枢绕组采用 Y 接法，在状态 1 下运行时，每相空载电势 $E_0=270$ V，功率因数 $\cos\varphi=0.8$（滞后），功角 $\delta=12.5°$，输出电流 $I=120$ A。现调节发电机励磁使得每相空载电势变为 236 V，减少原动机输入功率使得功角变为 9°（状态 2），不计电阻压降，试求：

（1）状态 2 的输出电流和功率因数；

（2）两种状态下，发电机输出的有功功率和无功功率各为多少？

5.9　同步电动机与同步调相机

▶ 内容导学

同步电动机和同步调相机是同步电机的另外两种运行方式。在要求转速恒定和需要改善功率因数的场合，常优先选用三相同步电动机，

同步电机的不同
状态与课程思政

如图 5 - 45 所示。同步调相机主要用来补偿电网的无功功率和功率因数。查阅资料，了解
同步电动机和同步调相机是如何工作的。

图 5 - 45　三相同步电动机

▌▶ 知识目标

　　▶ 了解同步电动机的工作原理、基本电磁关系、功角特性和起动方法；
　　▶ 了解同步调相机的原理和特点。

▌▶ 能力目标

　　▶ 能分析同步电动机的工作过程，从电动机角度推导出电动势方程和相量图；
　　▶ 能分析同步调相机的工作过程。

5.9.1　同步电动机

【内容导入】

　　同步电机在不同运行方式下内部磁场的关系如何？同步电动机的电动势方程、相量图
和等效电路和同步发电机有何不同？

【内容分析】

一、同步电动机工作原理

　　同步电机工作在同步电动机状态如图 5 - 46(a)所示。同步电动机的定子对称三相绕组
接到三相电源上，转子轴上连接机械负载。

　　定子绕组中通过三相对称电流时，产生一个在空间以同步转速 n_1 旋转的旋转磁动势
F_a。同步电动机的转子绕组通直流励磁电流，产生一个励磁磁动势 F_f。假设同步电动机以
某种方式使转子升至同步转速 n_1，这时定子磁动势 F_a 和转子磁动势 F_f 均以同步速 n_1 旋
转，空间上相对静止，忽略高次谐波，其基波合成磁动势 $F_\delta = F_a + F_f$ 以同步速 n_1 在气隙
中旋转。如用等效合成磁极模拟气隙磁动势 F_δ，如图 5 - 46(b)所示，等效合成磁极将与转
子磁极异性相吸，转子在气隙合成磁极的磁拉力下以同步速 n_1 旋转。同步电动机将输入的
电功率转换成机械功率输出，拖动机械负载运转。由于转子的转速始终与定子旋转磁场的
同步速 n_1 相同，故称为同步电动机。

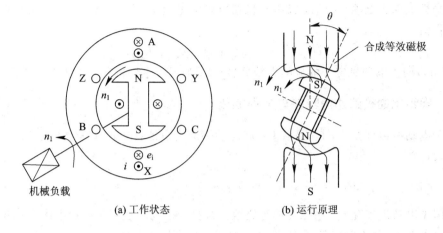

(a) 工作状态　　　　　　　(b) 运行原理

图 5-46　三相同步电动机工作原理

二、同步电动机的电压方程和相量图

同步电机中作为发电机和电动机两种运行方式的差别是因为功角的不同。在发电机工况下沿旋转方向看，主磁极轴线超前于电枢合成磁场轴线，故 $\dot{E}_0$ 超前于 $\dot{U}$，功角 $\delta>0°$；在电动机工况下，电枢合成磁场轴线超前于磁极轴线，故 $\dot{E}_0$ 滞后于 $\dot{U}$，功角 $\delta<0°$。因此，同步发电机的电动势平衡方程也适用于同步电动机，如果按发电机惯例确定电流的正方向（流入电网方向为电流正方向），隐极同步电动机的电动势平衡方程为式(5-49)，与之对应的相量图如图 5-47(a)所示。

$$\dot{E}_0 = \dot{U} + \mathrm{j}\dot{I}X_a + \dot{I}R_a \qquad (5-49)$$

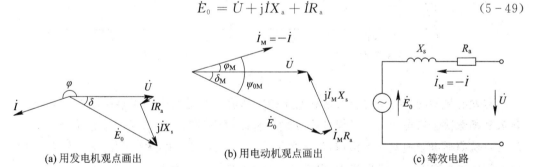

(a) 用发电机观点画出　　　　(b) 用电动机观点画出　　　　(c) 等效电路

图 5-47　隐极同步电动机的相量图和等效电路

由图 5-47(a)可见，因为 $\dot{U}$ 相对于 $\dot{E}_0$ 超前 δ 角，$\dot{I}$ 与 $\dot{U}$ 之间的夹角大于 90°，同步电机送入电网的功率 $P=mUI\cos\varphi<0$。在研究同步电动机时，可以按电动机的惯例确定电流的正方向，即流入电动机方向作为电流正方向（见图 5-47(c)）。这样一来，原来 $\varphi>90°$ 的输出电流相量 $\dot{I}$ 转 180°，变成从电网流入电动机的电流相量 $\dot{I}_M$，将 $\dot{I}=-\dot{I}_M$ 代入式(5-49)，即可得到按电动机惯例表示的隐极式同步电动机电动势平衡方程为

$$\dot{E}_0 = \dot{U} + \mathrm{j}\dot{I}X_a + \dot{I}R_a = \dot{U} - \mathrm{j}\dot{I}_M X_s - \dot{I}_M R_a \qquad (5-50)$$

与式(5-50)相对应的相量图如图 5-47(b)所示，电动机电流 $\dot{I}_M$ 领先于端电压 $\dot{U}$ 一个 φ_M 角。这时，从电网送入电动机的有功功率 $P=mUI_M\cos\varphi_M$ 为正值。送入电动机的无功功率是超前的，类似于电容性负载。

与隐极式同步电动机类似，按电动机惯例确定电流正方向，凸极同步电动机的电动势平衡方程为

$$\dot{U} = \dot{E}_0 + \dot{I}_M R_s + j\dot{I}_{dM} X_d + j\dot{I}_{qM} X_q \tag{5-51}$$

式中，$\dot{I}_{dM}$ 为同步电动机定子电流的直轴分量；$\dot{I}_{qM}$ 为同步电动机定子电流的交轴分量。

三、同步电动机的功角特性与 V 形曲线

对于电动机运行方式，$\dot{E}_0$ 滞后 $\dot{U}$，因此功率应为负值，以负功角代入同步发电机功角特性公式可得

$$P_M = -\left[m\frac{E_0 U}{X_d}\sin\delta + m\frac{U^2}{2}\left(\frac{1}{X_q} - \frac{1}{X_d}\right)\sin 2\delta \right] \tag{5-52}$$

在同步电动机工况下，电磁功率为负值。为符合电动机的惯例，将电磁功率定义为输入功率，功角 δ_M 定义为 $\dot{U}$ 超前 $\dot{E}_0$ 的电角度，可得到同步电动机的功角特性为

$$P_{eM} = m\frac{E_0 U}{X_d}\sin\delta_M + m\frac{U^2}{2}\left(\frac{1}{X_q} - \frac{1}{X_d}\right)\sin 2\delta_M \tag{5-53}$$

由式(5-53)可画出同步电动机的功角特性曲线图，如图 5-48 所示。

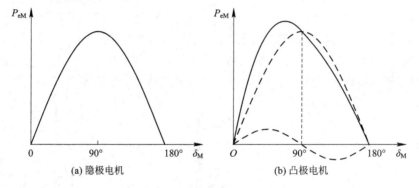

图 5-48　同步电动机的功角特性

与发电机情况类似，同步电动机电流相位超前还是滞后取决于励磁电流的大小。由于合成磁场取决于端电压 U，是保持不变的，所以过励磁时，电枢反应电流应当是去磁的。按发电机惯例确定电流正方向时(流入电网为正)，滞后 $\dot{E}_0$ 电角度 90°的电流有去磁电枢反应，则改变电流正方向后超前 $\dot{E}_0$ 电角度 90°的电流有去磁电枢反应。

因此，同步电动机在过励磁时吸收超前电流，电动机为电感性负载。所以说同步电动机的功率因数是可调的。同步电动机电枢电流与励磁电流 I_f 的关系曲线也是 V 形，如图 5-49 所示。与同步发电机相似，当同步电动机的输入有功功率恒定而调节励磁电流时，也有 3 种励磁状态，"正常励磁"时，电动机没有无功功率输出；"过励"时电动机从电网吸收容性无功功率(或发出感性无功功率)；"欠励"时电动机从电网吸收感性无功功率(或发出容性无功功率)，也可以调节无功功率。

因实际工业应用的多为异步电机，为电感性负载，因此利用同步电动机在过励磁状态下呈现电容性的这一特点，可以改善系统的功率因数，这是同步电动机的最大优点。为了改善电网的功率因数和提高电机的过载能力，现代同步电动机的额定功率因数一般均设计为 0.8~1(超前)。

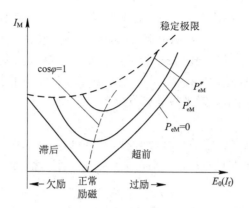

图 5 - 49　同步电动机的 V 形曲线

四、同步电动机的起动和调速

同步电动机仅在同步转速时才产生恒定的同步电磁转矩。起动时若把定子直接投入电网,转子加上直流励磁,则定子旋转磁场以同步转速旋转,而转子磁场静止不动,定、转子磁场之间具有相对运动,所以作用在转子上的同步电磁转矩正、负交变,平均转矩为零,电机不能自行起动。因此,要把同步电动机起动起来,必须借助其他方法。常用的起动方法有:辅助电动机起动法、变频起动法和异步起动法。其中异步起动法应用最广泛。

同步电动机的转速正比于频率,因此可采用变频调速。在具有三相变频器供电的场合,改变供电电源的频率,就可以使转子的转速连续、平滑地调节。同步电动机变频调速的原理和方法都与异步电动机变频调速基本相同。只是由于同步电动机在励磁方式等方面不同,在变频调速的控制要求方面与异步电动机有所不同。同步电动机的变频调速可分为他控式变频和自控式变频两大类。

5.9.2　同步调相机

【内容导入】

同步调相机是如何工作的? 如何利用电压方程和相量图分析?

【内容分析】

在空载状态下运行的同步电动机称为同步调相机,也称为同步补偿机,它是一种用于改善电网功率因数的同步电动机。由于不带任何机械负载,同步调相机的输入功率仅供给电机本身的损耗,所以运行时电机的电磁功率和功率因数都近似为零。忽略同步调相机的全部损耗,电枢电流全部为无功分量,按电动机惯例,同步调相机的电动势方程为

$$\dot{U} = \dot{E}_0 + j\dot{I}_c X_s \qquad (5-54)$$

式中, $\dot{I}_c$ 为流入电枢绕组的电流。

与式(5-54)对应的相量图如图 5-50 所示。图5-50(a)对应过励情况,电流 $\dot{I}_c$ 超前 $\dot{U}$ 90°,同步调

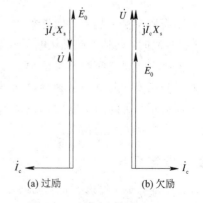

(a) 过励　　　　(b) 欠励

图 5 - 50　同步调相机相量图

相机从电网吸收超前无功电流；欠励时，电流 $\dot{I}_c$ 滞后 $\dot{U}90°$，如图 5-50(b)所示，调相机从电网吸收滞后的无功电流。调节励磁电流，就能调节同步调相机无功功率的性质和大小。

现代电力系统中的主要负载为感性负载，同步调相机主要工作在过励状态。如图 5-51(a)所示，设感应电机从电网吸收滞后的电流 $\dot{I}_a$，同步调相机在过励状态下运行，从电网吸收超前的无功电流 $\dot{I}_c$，则线路电流 $\dot{I}$ 为

$$\dot{I} = \dot{I}_a + \dot{I}_c \tag{5-55}$$

根据式(5-55)可画出相应的相量图如图 5-51(b)所示，由于同步调相机从电网吸收的超前无功电流补偿了异步电机所需的滞后无功电流，使线路电流减少，功率因数明显提高。

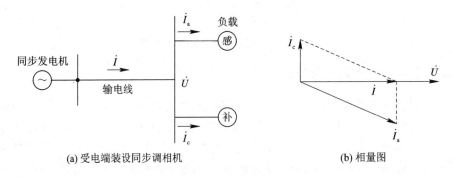

(a) 受电端装设同步调相机　　　　　　　　(b) 相量图

图 5-51　同步调相机补偿原理

■ 小结

同步电机有发电机、电动机和调相机 3 种运行状态，其特性如表 5-1 所示。

表 5-1　同步电机 3 种运行状态的特性

运行状态	功角	电磁转矩	机械功率	电功率
发电机	$\delta > 0°$	制动转矩	吸收原动机机械能	发出电功率
电动机	$\delta < 0°$	拖动转矩	向负载输出机械能	吸收电功率
调相机	$\delta = 0°$	无电磁转矩	空转	无有功功率

作为电动机运行是同步电机的一种重要的运行方式。同步电动机接于频率一定的电网上运行，其转速恒定，不会随负载变动而变动；其功率因数可以调节，在需要改变功率因数和不需要调速的场合，优先采用。通过调节励磁电流可以方便地改变同步电动机的无功功率。过励时，同步电动机从电网吸收超前电流；欠励时，同步电动机从电网吸收滞后电流。

同步电动机没有自起动能力。可以加装起动绕组，利用异步起动方法解决起动问题，也可以利用变频起动或者辅助电动机起动法。由于同步电动机的转速与电源功率有着严格的对应关系，所以同步电动机最常用的调速方法是变频调速。同步电动机变频调速主要有他控式和自控式调速两类。

■ 思考与练习

一、填空题

1. 同步电动机的起动方法有_____、_____和_____。

2. 过励时,同步调相机从电网吸收_____的无功电流;欠励时,同步调相机从电网吸收_____的无功电流。

3. 对于长距离的输电线路,轻载时,由于输电线路的电容电流,可使负载端的电压升高,此时,负载端的同步调相机应作_____运行。

二、选择题

1. 同步调相机的作用是(　　　)。

A. 补偿电网电力不足　　　　　　　　B. 作为同步发电机的励磁电源

C. 作为用户的备用电源　　　　　　　D. 改善电网功率因数

2. 同步调相机的额定容量是指(　　　)。

A. 电机轴上输出的最大功率　　　　　B. 欠励时电机发出的最大无功容量

C. 电机输入的最大容量　　　　　　　D. 过励时电机发出的最大无功容量

3. 同步电动机过励时,下列说法错误的是(　　　)。

A. 从电网吸收有功功率　　　　　　　B. 电枢电流滞后

C. 发出容性无功　　　　　　　　　　D. 电枢反应起去磁作用

4. 同步电动机负载输出功率不变,当处于欠励状态而继续增加励磁电流时,下列说法正确的是(　　　)。

A. 电枢电流先减少后增大　　　　　　B. 电枢电流先增大后减小

C. 电枢电流会增加　　　　　　　　　D. 电枢电流会一直减小

5. 同步调相机的额定功率是指额定状态下输出的最大(　　　)。

A. 视在功率　　　B. 有功功率　　　C. 无功功率　　　D. 以上都可以

三、简答题

1. 怎样使同步电机从发电机运行方式过渡到电动机运行方式?其功角、电流、电磁转矩如何变化?

2. 增加或减少同步电动机的励磁电流时,对电机内的磁场产生什么效应?

3. 比较同步电动机与异步电动机的优缺点。

4. 同步调相机的原理和作用是什么?

第6章　异步电动机及电力拖动

异步电动机是交流电动机的一种，以异步电动机为原动机的电力拖动系统称为交流异步电力拖动系统，主要用于拖动各种生产机械。

异步电动机的优点是结构简单、制造成本低、运行可靠、检修维护方便、运行效率较高。其缺点是异步电动机运行时，必须从电网里吸收感性的无功功率，功率因数较低，电网需要进行功率因数补偿，增加了运行成本。

随着电力电子技术的飞速发展，异步电力拖动系统的起动、调速性能得到进一步改善，软起动技术得到进一步推广。尤其是近20年来国产变频器技术的发展，大大降低了变频调速技术应用的成本，使变频技术得到更多的应用，目前已具有取代传统的直流调速系统的趋势。

6.1　三相异步电动机基础知识

▶▶ 内容导学

如图6-1所示为一台小型卧式异步电动机，仔细观察一下电动机整个外形结构，并查阅相关资料了解异步电动机的内部基本结构、工作原理及其铭牌参数的含义。

图6-1　小型卧式异步电动机

我国异步电动机应用
发展史与课程思政

▶▶ 知识目标

- ▶ 熟悉三相异步电动机的工作原理和基本结构；
- ▶ 掌握三相异步电机的转差率概念及其3种运行状态的分析；
- ▶ 理解三相异步电动机的铭牌数据含义，掌握额定值的计算。

▶▶ 能力目标

- ▶ 能叙述三相异步电动机的基本工作原理；
- ▶ 能认识三相异步电动机的主要部件并了解其作用；

▶ 能读懂三相异步电动机的铭牌并进行基本计算。

6.1.1　三相异步电动机的工作原理

【内容导入】

日常生活中，大家有没有注意到生活小区的加压给水泵是如何给高层建筑供水的？为什么电梯能够载人、载货自动地上下行走？这些设备的正常工作均离不开三相异步电动机的拖动。

风力发电技术
与课程思政

【内容分析】

一、异步电动机的工作原理

三相异步电动机定子绕组接三相电源后，电机内便形成了圆形旋转磁动势，假设沿逆时针即 n_1 的方向转，如图 6-2 所示。

若转子不转，转子导体与旋转磁场有相对运动，导体中有感应电动势 e，方向由右手定则确定。由于转子导体彼此在端部短路，于是导体中有电流，不考虑电动势与电流的相位差时，电流方向同电动势方向。这样，导体就在磁场中受到电磁力 f 的作用，用左手定则可确定受力方向如图 6-2 所示。转子受力，产生电磁转矩 T，方向与旋转磁动势同方向，转子便在该方向上旋转起来。

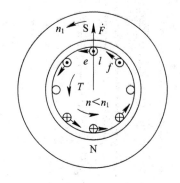

图 6-2　异步电动机的工作原理

转子旋转后，转速为 n，只要 $n<n_1$（n_1 为旋转磁动势同步转速），转子导体与磁场就有相对运动，就会产生与转子不转时相同方向的电动势、电流及电磁力，电磁转矩 T 仍旧为逆时针方向，转子继续旋转。异步电动机在 $T=T_{\mathrm{L}}$ 情况下稳定运行。转子转速不可能达到同步转速 n_1，因为如果 $n=n_1$，转子绕组与气隙旋转磁场之间没有相对运动，转子绕组里就不会产生感应电动势、电流，进而不可能产生电磁转矩，转子就不会连续旋转下去。可见，异步电动机转子转速 n 总是小于同步转速的 n_1，异步电动机的名称就是由此而得来的。

异步电动机运行时，定子绕组接到交流电源上，转子绕组自身短路，由于电磁感应的作用，在转子绕组中产生电动势、电流，从而产生电磁转矩。所以，异步电动机又称为感应电动机。

异步电动机的转子旋转方向始终与旋转磁场的方向一致，而旋转磁场的方向又取决于通入定子的三相电源相序，因此只要改变定子电源的相序，即任意对调接入电动机的两根电源线，便可使电动机反转。

二、转差率

前面介绍过，当异步电动机的定子绕组接三相对称电源，转子绕组短路，这时便有电磁转矩作用在转子上。正常情况下，转子就会随着气隙旋转磁场的旋转方向转动。

1. 定义

通常把同步转速 n_1 和电动机转子转速 n 之差与同步转速 n_1 的比值定义为转差率(也叫转差或者滑差),用 s 表示,即

$$s = \frac{n_1 - n}{n_1} \tag{6-1}$$

根据转差率 s,可以求电动机的实际转速 n,即

$$n = (1-s)n_1 \tag{6-2}$$

当异步电动机转子的转速 n 为某一确定值时,这时产生的电磁转矩 T 恰好等于作用在电机转轴上的负载转矩 T_L(包括由电机本身摩擦及附加损耗引起的转矩),于是异步电动机转子的转速便会稳定运行在这个恒定的转速下,此时异步电动机处于稳态运行。

异步电动机负载越大,转速就越低,其转差率就越大;反之,负载越小,转速就越高,其转差率就越小,因此转差率可直接反映转速的高低。异步电动机带额定负载时转速很接近同步转速,因此转差率很小,一般 s_N 为 0.01~0.06。

2. 异步电机的 3 种工作状态

转差率 s 是异步电机的一个重要参数,它的大小和正负可以反映异步电机的各种运行状态。根据转差率大小和正负,异步电机分为 3 种运行状态,即电动机运行状态、发电机运行状态和电磁制动运行状态,如图 6-3 所示。

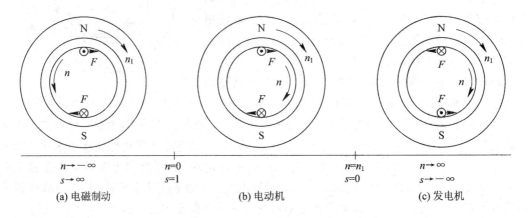

图 6-3 异步电机的 3 种运行状态

(1)电动机运行状态。当定子绕组接至电源,转子会在电磁转矩的驱动下旋转,电磁转矩为驱动转矩,其转向与旋转磁场方向相同。此时电机从电网中吸取电功率转变成机械功率,由转轴传给负载。电动机转速 n 与定子旋转磁场转速 n_1 同方向,如图 6-3(b)所示。当电机静止时,$n=0$,$s=1$;当异步电动机处于理想空载运行时,转速接近于同步转速 n_1,转差率接近于零。故异步电机作电动机运行时,转速变化范围为 $0 \leqslant n < n_1$,转差率变化范围为 $0 < s \leqslant 1$。

(2)发电机运行状态。异步电机定子绕组仍然接至电源,转轴上不再接负载,而是用原动机拖动转子以高于同步转速并顺着旋转磁场的方向旋转,如图 6-3(c)所示。此时磁场切割转子导体的方向与电动机状态时相反,因此转子电动势、转子电流及电磁转矩的方向也与电动机运行状态时相反,电磁转矩变为制动转矩,为克服电磁转矩的制动作用,电

机必须不断地从原动机输入机械功率，由于转子电流改变方向，定子电流跟随改变方向，也就是说，定子绕组由原来从电网吸收电功率，变成向电网输出电功率，使电机处于发电机运行状态。异步电机作发电机状态运行时，$n>n_1$，且 $-\infty<s<0$。

（3）电磁制动运行状态。异步电机定子绕组仍然接至电源，用外力拖动转子逆着旋转磁场的方向转动，此时切割方向与电动机状态时相同，因此转子电动势、转子电流和电磁转矩的方向与电动机运行状态时相同，但电磁转矩与转子转向相反，对转子的旋转起着制动作用，故称为电磁制动运行状态，如图 6-3(a) 所示。为克服这个制动转矩，外力必须通过转轴向转子输入机械功率，同时电机定子又从电网中吸收电功率，这两部分功率都在电机内部以损耗的方式转化为热能消耗了。异步电机作电磁制动状态运行时，转速变化范围为 $-\infty<n<0$，相应的转差率变化范围为 $1<s<\infty$。

由此可知，区分这 3 种运行状态的依据是转差率的大小：当 $0<s<1$ 时，为电动机运行状态；当 $-\infty<s<0$ 时，为发电机运行状态；当 $1<s<\infty$ 时，为电磁制动运行状态。

综上所述，异步电机既可以作电动机运行，也可以运行在发电机状态和电磁制动状态，但异步电机主要作为电动机运行；异步发电机状态主要运行在异步拖动系统中的回馈制动过程中，或者作为单机使用时，用于电网尚未发达且找不到同步发电机的地区和风力发电等特殊场合；而电磁制动状态往往只是异步电机在完成某一生产过程中出现的短时运行状态，如起重机下放重物等。

【例 6-1】 一台三相异步电动机，定子绕组接到频率为 $f_1=50$ Hz 的三相对称电源上，已知它运行在额定转速 $n_N=960$ r/min。问：

（1）该电动机的极对数 p 是多少？

（2）额定转差率 s_N 是多少？

（3）转子的转向与旋转磁场转向相同，转速 n 分别为 950、1000、1040 r/min 和 0 时，转差率分别为多少？

例 6-1

（4）转子的转向与旋转磁场的转向相反，转速 $n=500$ r/min，转差率为多少？

解 （1）求极对数 p。已知异步电动机额定转差率较小，现根据电动机的额定转速 $n_N=960$ r/min 便可判断出它的气隙旋转磁密 $\dot{B}_\delta$ 的转速 $n_1=1000$ r/min，于是

$$p=\frac{60f_1}{n_1}=\frac{60\times 50}{1000}=3$$

（2）额定转差率

$$s_N=\frac{n_1-n_N}{n_1}=\frac{1000-960}{1000}=0.04$$

（3）转子的转向与旋转磁场的转向相同。若 $n=950$ r/min，则

$$s=\frac{n_1-n}{n_1}=\frac{1000-950}{1000}=0.05$$

若 $n=1000$ r/min，则 $s=0$；若 $n=1040$ r/min，则

$$s=\frac{n_1-n}{n_1}=\frac{1000-1040}{1000}=-0.04$$

若 $n=0$，则 $s=1$。

（4）转子的转向与旋转磁场的转向相反，$n=500$ r/min，则

$$s = \frac{n_1 + n}{n_1} = \frac{1000 + 500}{1000} = 1.5$$

6.1.2　三相异步电动机的基本结构

【内容导入】

三相异步电动机是由哪几部分组成的？每部分的作用如何？根据转子结构的不同异步电动机分为哪两大类？

【内容分析】

异步电动机主要由固定不动的定子和旋转的转子两大部分组成。电动机装配时，转子装在定子腔内，定子与转子间有很小的间隙，称为气隙。如图 6-4 所示为鼠笼式异步电动机拆开后的结构图。

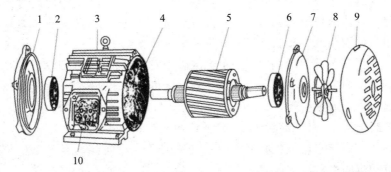

1、7—端盖；2—轴承；3—机座；4—定子绕组；5—转子；6—轴承；8—风扇；9—风罩；10—接线盒

图 6-4　鼠笼式异步电动机拆开后的结构

一、定子部分

定子由定子铁心、定子绕组和机座等部件组成。定子的作用是产生旋转磁场。

1. 定子铁心

定子铁心是电机磁路的一部分，同时也用于安放定子绕组。定子铁心中的磁通为交变磁通，为了减小交变磁通在铁心中引起的铁损耗，定子铁心由导磁性能较好、厚 0.5 mm 或 0.35 mm 的表面涂有绝缘层的硅钢片叠压而成，如图 6-5 所示。当铁心的直径小于 1 m 时，可用整圆的硅钢片叠成；当铁心的直径大于 1 m 时，用扇形的硅钢片叠成，定子铁心叠片内圆开有槽，槽内嵌放定子绕组。如图 6-6 所示

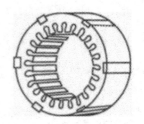

图 6-5　定子铁心

为定子槽，其中，图 6-6(a)所示是开口槽，用于大、中型容量的高压异步电动机中；图 6-6(b)所示是半开口槽，用于中型 500 V 以下的异步电动机中；图 6-6(c)所示是半闭口槽，用于低压小型异步电动机中。定子绕组用绝缘的铜（或铝）导线绕成，嵌在定子槽内。绕组与槽壁间用绝缘隔开，双层绕组中须安放层间绝缘。

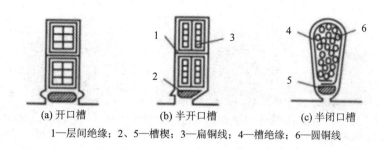

(a) 开口槽　　　　　　(b) 半开口槽　　　　　　(c) 半闭口槽

1—层间绝缘；2、5—槽楔；3—扁铜线；4—槽绝缘；6—圆铜线

图 6-6　定子槽

2. 定子绕组

定子绕组是电机的电路部分，定子绕组嵌放在定子铁心的内圆槽内，由许多线圈按一定的规律连接而成。定子绕组是三相对称绕组，它由 3 个完全相同的绕组组成，3 个绕组在空间互差 120°电角度。三相异步电动机定子绕组的接法有星形和三角形两种。

3. 机座

机座是电机的外壳，用以固定和支撑定子铁心及端盖。机座应具有足够的强度和刚度，同时还应满足通风散热的需要。机座按安装方式可分为立式和卧式。中、小型异步电机的机座一般用铸铁铸成，大型异步电机的机座常用钢板焊接而成。

二、转子部分

转子由转子铁心、转子绕组、转轴和端盖等部件构成。转子的作用是产生感应电流，形成电磁转矩，从而实现机电能量转换。

1. 转子铁心

转子铁心的作用与定子铁心相同，也是电机磁路的一部分。通常用定子冲片内圆冲下来的中间部分作转子叠片，即一般仍用 0.5 mm 或 0.35 mm 厚的硅钢片叠压而成，转子铁心叠片外圆开槽，用于安放转子绕组，如图 6-7 所示。整个转子铁心固定在转轴上，或固定在转子支架上，转子支架再套在转轴上。

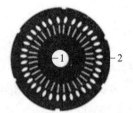

1—转子冲片；2—定子冲片

图 6-7　转子铁心冲片

2. 转子绕组

转子绕组按结构形式可分为鼠笼式和绕线式两种。

（1）鼠笼式转子绕组。在转子铁心的每一个槽中插入一根裸导体，在导体两端分别用两个短路环把导体连成一个整体，形成一个自身闭合的多相短路绕组。如果去掉转子铁心，整个绕组如同一个"鼠笼子"，故称鼠笼式转子绕组。大型异步电动机的鼠笼式转子一般采用铜条转子，中小型异步电动机的鼠笼式转子一般采用铸铝转子，如图 6-8 所示。导体材质一般为铜；小功率的鼠笼式异步电动机还可以用铸铝的方法，把转子导体和端环、风扇叶片用铝液一次浇铸而成，称为铸铝转子。

鼠笼式转子结构简单、制造方便，是一种经济、耐用的转子，所以得到广泛应用。

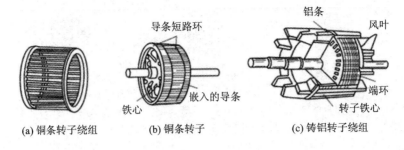

(a) 铜条转子绕组　　　(b) 铜条转子　　　(c) 铸铝转子绕组

图 6-8　鼠笼式转子

（2）绕线式转子绕组。与定子绕组一样，绕线式转子绕组也是对称的三相绕组，一般作 Y 形连接。绕组的 3 根出线端分别接到转轴上彼此绝缘的 3 个滑环（又称集电环）上，通过电刷装置和集电环的紧密接触与外部电路相连，如图 6-9 所示，这样可以把外接电阻串联到转子绕组回路里去。这种转子的结构特点适合在转子绕组回路串入外接电阻，从而改善电动机的起动、制动与调速性能。与鼠笼式转子相比，绕线式转子结构复杂，价格较高，一般用于要求起动转矩大或需要平滑调速的场合。

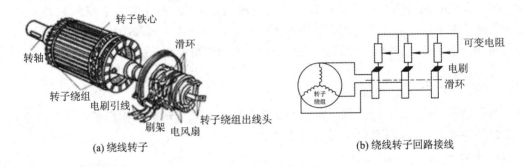

(a) 绕线转子　　　　　　　　　　　　　(b) 绕线转子回路接线

图 6-9　绕线式转子

（3）转轴。转轴的作用是支撑转子和传递机械功率。为保证机械强度和刚度，转轴一般用低碳钢制成；为了便于旋转，转轴还需要嵌入两侧端盖的轴承支撑。

（4）端盖。端盖是电机外壳机座的一部分，一般用铸铁或钢板制成。中小型电机一般采用带轴承的端盖。

三、气隙

异步电动机定子内圆和转子外圆之间有一个很小的间隙，称为气隙。异步电动机气隙一般为 0.2~2 mm。气隙的大小与均匀程度对异步电动机的参数和运行性能影响很大。从性能上看，气隙越小，产生同样大小的主磁通时所需要的励磁电流也越小；由于励磁电流为无功电流，减少励磁电流可提高功率因数。但是气隙过小，会使装配困难，或使定子与转子之间发生摩擦和碰撞，所以气隙的最小值一般由制造、运行和可靠性等因素来决定。

异步电动机种类很多，从不同的角度考虑，有不同的分类方法：按定子相数分单相异步电动机和三相异步电动机；按转子结构分绕线式和鼠笼式异步电动机，而鼠笼式又分为单笼型、双笼型和深槽式异步电动机；按所接电源的高低，又可以分为高压异步电动机和低压异步电动机。

6.1.3　三相异步电动机的额定值

【内容导入】

仔细观察一下，家用电器上是不是都粘贴着设备铭牌？它是如何规定的？都包含哪些技术参数？

【内容分析】

异步电动机的机座上都装有一块铭牌，上面标出电动机的型号和主要技术数据。了解铭牌上有关数据，对正确选择、使用、维护和维修电动机具有重要意义。如表 6 - 1 所示为三相异步电动机的铭牌，分别说明如下。

表 6 - 1　三相异步电动机的铭牌

三相异步电动机						
型号	Y180L－8	功率	15 kW	频率		50 Hz
电压	380 V	电流	30.1 A	接线		△
转速	736 r/min	绝缘等级	F	运行噪声		LW 82 dB(A)
工作制	S1	防护等级	IP44	重量		185 kg
××××电机厂				×××年××月		

一、型号

异步电动机的型号主要包括产品代号、设计序号、规格代号和特殊环境代号等。产品代号表示电机的类型，如电机名称、规格、防护形式及转子类型等，一般采用大写印刷体的汉语拼音字母表示，如图 6 - 10 所示。

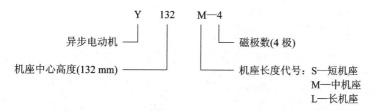

图 6 - 10　三相异步电动机型号

二、额定值

额定值是指制造厂对电机在额定工作条件下长期工作而不至于损坏所规定的一个量值，即电机铭牌上标出的数值。

1. 额定电压 U_N

额定电压是指电动机在额定状态下运行时，按规定加在定子绕组上的线电压，单位为 V 或 kV。按定子绕组所加电压高低，分为高压（$U_N \geq 1000$ V）和低压（$U_N < 1000$ V）异步电机。

2. 额定电流 I_N

额定电流是指电动机在额定状态下运行时，流入电动机定子绕组的线电流，单位为 A

或 kA。

3. 额定功率 P_N

额定功率是指电动机在额定状态下运行时，转轴上输出的机械功率，单位为 W 或 kW。

对于三相异步电动机，其额定功率为

$$P_N = \sqrt{3} U_N I_N \cos\varphi_N \eta_N \tag{6-3}$$

式中，η_N 为电动机的额定效率；$\cos\varphi_N$ 为电动机的额定功率因数。

4. 额定转速 n_N

额定转速是指在额定状态下运行时电动机的转速，单位为 r/min。

5. 额定频率 f_N

额定频率是指电动机在额定状态下运行时，输入电动机交流电的频率，单位为 Hz。我国交流电的频率为工频 50 Hz。

6. 额定功率因数 $\cos\varphi_N$

额定功率因数是指电动机带额定负载运行时，定子边的功率因数。

此外，电机铭牌上还标明了绝缘等级与温升、工作方式、连接方法、防护等级等。对绕线式异步电动机还要标明转子绕组的接法、转子绕组额定电动势 E_{2N}（指定子加额定电压时，转子绕组的开路线电动势）和转子的额定电流 I_{2N}。

三、接线

接线是指电机在额定电压下运行时，定子三相绕组的连接方式。定子绕组有星形连接和三角形连接两种连接方式。无论采用哪种接法，同一台电动机相绕组承受的电压应相等。

国产 Y 系列电动机接线端的首端用 A、B、C 表示，末端用 X、Y、Z 表示，其 Y、△连接方式的接线盒外形如图 6-11 所示。

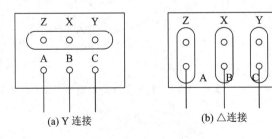

图 6-11 三相异步电动机接线盒外形

■ 小结

异步电动机的基本工作原理是定子三相对称绕组通入三相对称交流电后产生旋转磁场，转子闭合导体切割旋转磁场产生感应电动势和感应电流，转子载流导体在旋转磁场作用下产生电磁力并形成电磁转矩，驱动转子旋转，实现机电能量的转换。异步电动机的转向取决于定子电流的相序，所以改变定子电流的相序就可以改变电动机的转向。

异步电动机基本结构为定子和转子两部分，定子与转子之间必须存在有气隙；按转子结构的不同，异步电动机可分为鼠笼式和绕线式两大类。

转差率 s 是异步电动机的一个重要参数，它的存在是异步电动机工作的必要条件。根据转差率的大小和正负可区分异步电机的运行状态。

异步电动机额定功率 P_N 为额定运行状态下转轴上输出的机械功率，各额定值之间的关系可以表示为

$$P_N = \sqrt{3}U_N I_N \cos\varphi_N \eta_N$$

■ 思考与练习

一、填空题

1. 一笼型转子异步电动机，额定频率 $f_N = 50$ Hz，额定转速 n_N 为 1470 r/min，其极数 $2p$ 为 _____ 极，额定转差率 s_N 为 _____。

2. 三相异步电动机根据转子结构不同可分为 _____ 和 _____ 两大类。

3. 一台 50 Hz 六极的三相异步电机，当 $n = 1010$ r/min 时，其转差率 $s =$ _____，它运行于 _____ 状态；当 $n = 960$ r/min 时，其转差率 $s =$ _____，电机运行于 _____ 状态。

4. 异步电动机由电磁感应产生电磁转矩，所以又称为 _____ 电动机；异步电动机运行时转子的转速 n 总是 _____ 同步转速 n_1。

5. 一台相绕组能承受 220 V 电压的三相异步电动机，铭牌上标有 220/380 V、△/Y 连接，当电源电压为 380 V 时，则应采用 _____ 连接。而电源电压为 220 V 时，则应采用 _____ 连接。

二、选择题

1. 异步电机为电动机运行方式时，转差率变化范围为(　　)。
A. $s < 0$　　　　　B. $0 < s < 1$　　　　　C. $s > 1$　　　　　D. 以上都对

2. 异步电机为发电机运行方式时，转差率变化范围为(　　)。
A. $s < 0$　　　　　B. $0 < s < 1$　　　　　C. $s > 1$　　　　　D. 以上都对

3. 异步电机为电磁制动运行方式时，转差率变化范围为(　　)。
A. $s < 0$　　　　　B. $0 < s < 1$　　　　　C. $s > 1$　　　　　D. 以上都对

三、简答题

1. 简述异步电动机工作原理。怎样改变三相异步电动机的旋转方向？

2. 简述异步电动机的结构和各部件的作用。

3. 试述绕线式异步电动机转子绕组的结构特点。

4. 什么是转差率？通常异步电动机的额定转差率一般为多少？

5. 如何根据转差率 s 的大小判断三相异步电机的运行状态？

四、计算题

1. 一台三相异步电动机，数据如下：$P_N = 75$ kN，$n_N = 975$ r/min，$\cos\varphi_N = 0.87$，$U_N = 3000$ V，$I_N = 18.5$ A，$f = 50$ Hz，试问：(1) 电动机的极数是多少？(2) 额定负载下的转差率 s_N 是多少？(3) 额定负载下的效率 η_N 是多少？

2. 一台三相异步电动机，$P_N = 4.5$ kW，采用 Y/△接线，380/220 V，$\cos\varphi_N = 0.8$，$\eta_N = 0.8$，$n_N = 1450$ r/min，试求接成 Y 或△时的定子额定电流和定子绕组相电流。

6.2　三相异步电动机的运行分析

▶ 内容导学

如图 6-12 所示为是一种大型厂房和码头吊装重要设备时的起重机械——桥式起重机。

图 6-12　桥式起重机

辨识图片，查找相关资料，了解桥式起重机的组成结构。这类设备的拖动系统中包含几台三相异步电动机，各属于什么类型的三相异步电动机？并阐述分析其特性的方法及其步骤。

▶ 知识目标

- ▶ 理解三相异步电动机转子静止时的电磁关系；
- ▶ 掌握转了转动时的电磁关系和电压平衡方程、T 型等效电路图和相量图；
- ▶ 理解转差率对转子回路各物理量的影响；
- ▶ 掌握电磁转矩物理表达式的意义、参数表达式及其实用表达式的计算；
- ▶ 掌握三相异步电动机运行时的功率平衡、转矩平衡的方程及其计算；
- ▶ 了解三相异步电动机的 $T = f(s)$ 曲线的绘制；
- ▶ 掌握最大电磁转矩、临界转差率及起动转矩与各参数的关系；
- ▶ 掌握三相异步电动机固有机械特性和人为机械特性的特点。

▶ 能力目标

- ▶ 能理解三相异步电动机转子静止及转子转动时的电磁关系；
- ▶ 能列写转子转动时定子和转子侧电压平衡方程、绘制等效电路图和相量图；
- ▶ 能说出转差率对转子回路各物理量的影响及附加电阻的物理意义；
- ▶ 能运用电磁转矩的各种表达式及转矩、功率平衡方程进行分析和计算；

> ▶ 能说出最大电磁转矩、临界转差率及起动转矩公式以及影响它们大小的因素；
> ▶ 能说出三相异步电动机各种机械特性的特点。

6.2.1　三相异步电动机转子静止时的运行

【内容导入】

三相异步电动机转子静止状态为非工作状态或者是故障状态，为什么要研究此种状态现象呢？

【内容分析】

当三相异步电动机处于不工作时的静止状态，转子转速 $n=0$，转差率 $s=1$。三相对称定子绕组通入三相交流电流，定子绕组产生圆形旋转磁场，而转子不转。这种现象可以分为两种情况研究：一种是转子绕组开路；一种是转子在机械外力的阻碍下堵转而造成转子不转。下面，我们结合前面变压器章节的电磁理论分析一下。

一、三相异步电动机转子不转、转子绕组开路时的电磁关系

三相异步电动机的定子与转子之间只有磁的耦合，没有电的直接联系，它是依靠电磁感应作用，实现定子、转子之间的机电能量转换的。虽然，异步电动机和变压器的磁场性质、结构与运行方式不同，但它们内部的电磁关系是相似的。异步电动机的定子绕组相当于变压器的一次绕组，转子绕组相当于变压器的二次绕组，故分析变压器内部电磁关系的基本方法也适应于异步电动机。

正常运行的异步电动机转子总是旋转的。但是，为了便于理解，先从转子不转时进行分析，最后再分析转子旋转的情况。在下面的分析过程中，从讨论绕线式异步电动机入手，再讨论笼型异步电动机。

1. 正方向的规定

如图 6 - 13 所示是一台绕线式三相异步电动机在转子绕组开路时的正方向示意图，

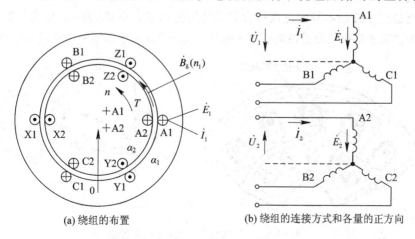

(a) 绕组的布置　　　　　　　　　(b) 绕组的连接方式和各量的正方向

图 6 - 13　绕线式三相异步电动机在转子绕组开路时的正方向

定、转子绕组都是三相 Y 接，定子绕组接在三相对称电源上，转子绕组开路。其中，图
6 - 13(a)是定、转子三相等效绕组在定、转子铁心中的布置图，为了研究方便，假定定子
A1 相绕组与转子 A2 相绕组轴向方向一致；图 6 - 13(b)是定、转子三相绕组的 Y 连接方
式，图中标明了各有关物理量的正方向。定子绕组侧各电磁量参考方向遵循电动机惯例；
转子绕组侧各电磁量参考方向遵循发电机惯例。

2. 磁动势及磁通

1）励磁磁动势

当三相异步电动机的定子绕组接到三相对称的电源上时，定子绕组里就会有三相对称
电流 $\dot{I}_{0A}$、$\dot{I}_{0B}$、$\dot{I}_{0C}$ 流过。由于对称，只考虑 A 相电流 $\dot{I}_{0A}$，并用 $\dot{I}_0$ 表示。三相对称电流流过
三相对称绕组产生合成旋转磁动势 $\dot{F}_0$，其特点如下。

（1）幅值。幅值为

$$F_0 = \frac{3}{2} \frac{4}{\pi} \frac{\sqrt{2}}{2} \frac{N_1 k_{N1}}{p} I_0$$

（2）转向。由于定子电流的相序为 A1→B1→C1 的次序，所以磁动势 $\dot{F}_0$ 的转向是从
+A1→+B1→+C1。在图 6 - 13(a)中，是逆时针方向旋转的。

（3）转速。相对于定子绕组以同步转速 n_1 旋转，单位是 r/min。

（4）瞬间位置。当定子 A1 电流达到正最大值时，$\dot{F}_0$ 就应在+A1 的轴上。把时间参考
轴+j，空间坐标轴+A1、+A2 三者重叠在一起绘制时空相量图，则磁动势 $\dot{F}_0$ 与 $\dot{I}_0$ 同
方向。

由于转子绕组是开路的，转子绕组里电流为零。这时作用在电机磁路上的磁动势只有
$\dot{F}_0$。此时，$\dot{F}_0$ 称为励磁磁动势，$\dot{I}_0$ 称为励磁电流。

此时的三相异步电动机相当于一台二次侧开路的三相变压器，其中定子绕组是一次绕
组，转子绕组是二次绕组，只是在异步电动机定、转子铁心磁路中间增加了一个空气隙磁路。

2）主磁通与定子漏磁通

励磁磁动势 $\dot{F}_0$ 产生的磁通作用在磁通路上如图 6 - 14 所示。像双绕组变压器那样，我
们把通过气隙同时交链着定、转子两个绕组的磁通称为主磁通，用 Φ_1 表示；把不交链转子
绕组而只交链定子绕组本身的磁通称为定子绕组漏磁通，用 $\Phi_{1\sigma}$ 表示。与变压器不同的是，
异步电机的主磁通是指气隙里每极平均磁通量，漏磁通又有槽部漏磁通和端接漏磁通之分。

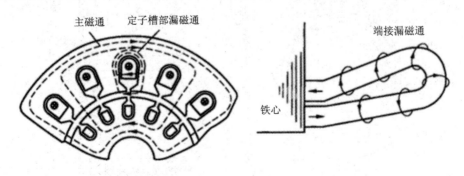

图 6 - 14　异步电机的主磁通与漏磁通

3. 感应电动势

旋转着的气隙每极主磁通 Φ_1 在定、转子绕组中的感应电动势为

$$E_1 = 4.44 f_1 N_1 k_{N1} \Phi_1$$
$$E_2 = 4.44 f_1 N_2 k_{N2} \Phi_1$$

定、转子每相电动势之比称为电压变比，即

$$k_e = \frac{E_1}{E_2} = \frac{N_1 k_{N1}}{N_2 k_{N2}} \tag{6-4}$$

为了分析问题方便，经常采用折算方法把转子绕组向定子侧折算，则 $\dot{E}_2' = \dot{E}_1' = k_e \dot{E}_2$。

4. 励磁电流

由于气隙磁密 $\dot{B}_\delta$ 与定、转子都有相对运动，定、转子铁心中产生铁损耗。与变压器一样，这部分损耗是由电源提供的，励磁电流也分为有功分量和无功分量，即 $\dot{I}_0 = \dot{I}_{Fe} + \dot{I}_\mu$。如图 6-15 所示，有功分量 $\dot{I}_{Fe}$ 很小，因此 $\dot{I}_0$ 领先 $\dot{I}_\mu$ 一个不大的角度。在时空相量图上，$\dot{I}_0$ 与 $\dot{F}_0$ 相位相同，$\dot{I}_\mu$ 与 $\dot{B}_\delta$ 相位一样，$\dot{I}_0$ 和 $\dot{F}_0$ 领先 $\dot{B}_\delta$ 一个不大的角度，$\dot{E}_1$、$\dot{E}_2$ 同相位，并滞后 $\dot{B}_\delta$ 90°电角度。

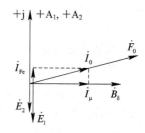

图 6-15　含铁损耗的时空相量图

5. 电压方程、等效电路及相量图

根据图 6-13(b)给出各量的正方向，仿照变压器的空载运行，可以列出定子侧每相回路的电压方程为

$$\dot{U}_1 = -\dot{E}_1 + \dot{I}_0 R_1 - \dot{E}_{1\sigma} = -\dot{E}_1 + \dot{I}_0 R_1 + j\dot{I}_0 X_{1\sigma} = -\dot{E}_1 + \dot{I}_0 Z_1 \tag{6-5}$$

式中：Z_1 为定子绕组的漏阻抗，$Z_1 = R_1 + jX_{1\sigma}$；R_1 为定子绕组的电阻；$X_{1\sigma}$ 为定子绕组的漏电抗。

用励磁电流 $\dot{I}_0$ 在励磁阻抗参数 Z_m 上的压降表示 $-\dot{E}_1$，则

$$-\dot{E}_1 = \dot{I}_0 Z_m = \dot{I}_0 (R_m + jX_m) \tag{6-6}$$

式中，同变压器，$Z_m = R_m + jX_m$ 为励磁阻抗；R_m 为励磁电阻；X_m 为励磁电抗。

于是，定子每相电压平衡方程为

$$\dot{U}_1 = -\dot{E}_1 + \dot{I}_0 (R_1 + jX_{1\sigma}) = \dot{I}_0 (R_m + jX_m) + \dot{I}_0 (R_1 + jX_{1\sigma})$$
$$= \dot{I}_0 (Z_m + Z_1) \tag{6-7}$$

转子侧每相回路的电压方程为 $\dot{U}_2 = \dot{E}_2$。

综上所述，异步电动机转子绕组开路时的等效电路和相量图，同前述变压器的空载情况一致。

二、三相异步电动机转子堵转时的电磁关系

1. 磁动势与磁通

1) 磁动势及磁动势平衡方程

如图 6-16 所示是三相异步电动机转子三相绕组短路并堵转的接线图。定子加额定电压，转子人为堵住不转，各量的正方向如图中所示。如果三相对称转子绕组自我短路，它的线电压就对称且为零；相电压也为零，即 $U_2 = 0$。这种情况与变压器二次侧短路情况相

类似，由于转子绕组感应电动势 $\dot{E}_2$ 是不为零的，于是在转子三相绕组里产生三相对称电流 $\dot{I}_2$，$\dot{I}_2$ 也会产生转子磁动势 $\dot{F}_2$。转子旋转磁动势 $\dot{F}_2$ 的特点如下：

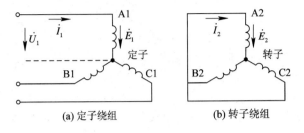

图 6-16　三相异步电动机转子三相绕组短路并堵转的接线图

(1) 幅值。幅值为

$$F_2 = \frac{3}{2} \cdot \frac{4}{\pi} \cdot \frac{\sqrt{2}}{2} \cdot \frac{N_2 k_{N2}}{p} I_2$$

(2) 转向。假设气隙旋转磁密 $\dot{B}_\delta$ 逆时针方向旋转，在转子绕组里感应电动势及产生电流 I_2 的相序与定子电源相序相同，则磁动势 $\dot{F}_2$ 也是逆时针方向旋转的。

(3) 转速。相对于转子绕组的转速为

$$n_2 = \frac{60 f_2}{p} = \frac{60 f_1}{p} = n_1$$

(4) 瞬间位置。把转子电流 $\dot{I}_2$ 理解为转子边 A2 相绕组里的电流。在时空相量图中，当 $\dot{I}_2$ 达正最大值时，转子旋转磁动势 $\dot{F}_2$ 应转到 A2 相绕组的轴线处，即 +A2 轴上。即 $\dot{F}_2$ 与 $\dot{I}_2$ 同方向。

与二次侧短路的三相变压器一样，当异步电动机转子绕组短路时，定子边电流不再是 $\dot{I}_0$，而是 $\dot{I}_1$。由定子电流 $\dot{I}_1$ 产生的气隙空间旋转磁动势用 $\dot{F}_1$ 表示，其幅值表达式、转速、转向、瞬间位置与转子绕组开路时的磁动势 $\dot{F}_0$ 相似。

转子绕组短路的三相异步电动机，作用在磁路上的磁动势有两个：一个为定子旋转磁动势 $\dot{F}_1$；另一个为转子旋转磁动势 $\dot{F}_2$。由于它们的旋转方向相同，转速又相等，彼此是相对静止的，所以可以按相量的关系相加，得到合成的磁动势。由于加于定子绕组的电源电压有效值 U_1 不变，主磁通 Φ_1 也基本不变，合成磁动势不变，依然用 $\dot{F}_0$ 表示，即

$$\dot{F}_1 + \dot{F}_2 = \dot{F}_0 \tag{6-8}$$

式(6-8)称为磁动势平衡方程。这个合成的旋转磁动势 $\dot{F}_0$，依然产生气隙每极主磁通 Φ_1；主磁通 Φ_1 则在定、转子相绕组里感应电动势 $\dot{E}_1$ 和 $\dot{E}_2$。

由此可见，转子绕组短路后，气隙里的主磁通 Φ_1 是由定、转子旋转磁动势共同产生的。这和转子绕组开路时的情况有所区别，但总磁动势不变。

2) 漏磁通

定子电流 $\dot{I}_1$ 产生的漏磁通，对应的漏电抗用 $X_{1\sigma}$ 表示。转子绕组中电流 $\dot{I}_2$ 也要产生漏磁通，由于转子不转，转子每相的漏电抗用 $X_{2\sigma}$ 表示。一般情况下，转子漏电抗 $X_{2\sigma}$ 是一个常数。但当定、转子电流非常大，如异步电动机直接起动时，由于起动电流很大（约为额定电流的 4～7 倍），这时定、转子的漏磁路也会出现饱和现象，磁导减小，使定、转子漏电抗

$X_{1\sigma}$、$X_{2\sigma}$数值变小。

在这里,把磁通分成主磁通和漏磁通的方法虽然和变压器的分析方法是一样的,但是要注意,变压器中的主磁通 $\dot{\Phi}_m$ 是脉振磁通,Φ_m 表示它的最大振幅。在异步电动机中,气隙里的主磁通 $\dot{\Phi}_1$ 是旋转磁通,即对应的磁密波沿气隙圆周方向按正弦分布,相对于定子以同步转速 n_1 旋转,Φ_1 指气隙每极平均磁通。

2. 定、转子回路方程

当转子绕组里有电流 $\dot{I}_2$ 流过时,转子绕组每相电阻 R_2 上产生的压降为 $\dot{I}_2 R_2$,每相漏电抗 $X_{2\sigma}$ 上产生的压降为 $\mathrm{j}\dot{I}_2 X_{2\sigma}$。根据图 6-16 中给定的正方向,则转子绕组每相的回路电压方程为

$$0 = \dot{E}_2 - \dot{I}_2(R_2 + \mathrm{j}X_{2\sigma}) = \dot{E}_2 - \dot{I}_2 Z_2 \tag{6-9}$$

式中,Z_2 为转子绕组的漏阻抗,$Z_2 = R_2 + \mathrm{j}X_{2\sigma}$。

转子相电流 $\dot{I}_2$ 为

$$\left.\begin{aligned} \dot{I}_2 &= \frac{\dot{E}_2}{R_2 + \mathrm{j}X_{2\sigma}} = \frac{E_2}{\sqrt{R_2^2 + X_{2\sigma}^2}}\mathrm{e}^{-\mathrm{j}\varphi_2} \\ \varphi_2 &= \arctan\frac{X_{2\sigma}}{R_2} \end{aligned}\right\} \tag{6-10}$$

式中,φ_2 为转子绕组回路的功率因数角。

可将式(6-8)表示的磁动势平衡方程改写为

$$\dot{F}_1 = \dot{F}_0 + (-\dot{F}_2)$$

由此可以认为定子旋转磁动势里包含着两个分量:一个分量用 $-\dot{F}_2$ 表示,其大小等于 F_2,且方向与 $\dot{F}_2$ 相反,它是用来抵消转子旋转磁动势 $\dot{F}_2$ 对主磁通去磁作用的影响的;另一个分量用 $\dot{F}_0$ 表示,即励磁磁动势,它是用来产生气隙旋转磁密 $\dot{B}_\delta$ 的。

按图 6-16 给定的参考方向,仿照变压器理论,可得定子回路的电压方程为

$$\dot{U}_1 = -\dot{E}_1 + \dot{I}_1(R_1 + \mathrm{j}X_{1\sigma}) = -\dot{E}_1 + \dot{I}_1 Z_1 \tag{6-11}$$

【例 6-2】 有一台三相四极的绕线式异步电动机,电源频率为 50 Hz,转子每相电阻 $R_2 = 0.02\ \Omega$,转子不转时每相的漏电抗 $X_{2\sigma} = 0.08\ \Omega$,电压变比 $k_e = \dfrac{E_1}{E_2} = 10$,当 $E_1 = 200$ V 时,求转子不转时的转子一相电动势、转子相电流以及转子功率因数。

例 6-2

解 转子相电动势

$$E_2 = \frac{E_1}{k_e} = \frac{200}{10} = 20\ (\mathrm{V})$$

转子相电流

$$I_2 \approx \frac{E_2}{\sqrt{R_2^2 + X_{2\sigma}^2}} = \frac{20}{\sqrt{0.02^2 + 0.08^2}} = 242.5\ (\mathrm{A})$$

功率因数

$$\cos\varphi_2 \approx \frac{R_2}{\sqrt{R_2^2 + X_{2\sigma}^2}} = \frac{0.02}{\sqrt{0.02^2 + 0.08^2}} = 0.243$$

3. 转子绕组的折算

异步电动机定、转子之间和变压器一、二次侧绕组之间的情况一样，没有电路上的连接，只有磁路的联系。转子旋转磁动势 $\dot{F}_2$ 对定子旋转磁动势 $\dot{F}_1$ 起去磁作用，从定子侧看只要维持转子旋转磁动势 $\dot{F}_2$ 的大小、相位不变，这种作用就是等效的。为了分析方便，需要进行转子绕组的折算，折算的原则就是在折算前后保证转子绕组侧的磁动势不变。根据这个道理，我们设想把实际电动机的转子抽出，换上一个新转子，它的相数、每相串联匝数以及绕组系数都和定子绕组是一样的。这时在新换的转子中，为了加以区分，各物理量均可用原物理量上标"′"来表示，即每相的感应电动势为 $\dot{E}_2'$、电流为 $\dot{I}_2'$，转子漏阻抗为 $Z_2' = R_2' + jX_{2\sigma}'$；但产生的转子旋转磁动势 $\dot{F}_2$ 却和原转子产生的一样。同理，实际工程计算中也可以将定子绕组向转子绕组侧折算。换上一个新定子，它的相数、每相串联匝数以及绕组系数都和转子绕组是一样的；折算的原则就是在折算前后保证定子绕组侧磁动势不变。

根据定、转子磁动势的关系

$$\dot{F}_1 + \dot{F}_2 = \dot{F}_0$$

可以写成

$$\frac{m_1}{2}\frac{4}{\pi}\frac{\sqrt{2}}{2}\frac{N_1 k_{N1}}{p}\dot{I}_1 + \frac{m_2}{2}\frac{4}{\pi}\frac{\sqrt{2}}{2}\frac{N_2 k_{N2}}{p}\dot{I}_2 = \frac{m_1}{2}\frac{4}{\pi}\frac{\sqrt{2}}{2}\frac{N_1 k_{N1}}{p}\dot{I}_0 \tag{6-12}$$

$$\frac{m_2}{2}\frac{4}{\pi}\frac{\sqrt{2}}{2}\frac{N_2 k_{N2}}{p}\dot{I}_2 = \frac{m_1}{2}\frac{4}{\pi}\frac{\sqrt{2}}{2}\frac{N_1 k_{N1}}{p}\dot{I}_2'$$

则式(6-12)可简化为

$$\dot{I}_1 + \dot{I}_2' = \dot{I}_0 \tag{6-13}$$

而

$$\dot{I}_2' = \frac{m_2}{m_1}\frac{N_2 k_{N2}}{N_1 k_{N1}}\dot{I}_2 = \frac{1}{k_i}\dot{I}_2 \tag{6-14}$$

式中，k_i 为电流变比，$k_i = \dfrac{I_2}{I_2'} = \dfrac{m_1 N_1 k_{N1}}{m_2 N_2 k_{N2}} = \dfrac{m_1}{m_2}k_e$；$m_1$、$m_2$ 为定、转子绕组的相数。

对绕线式三相异步电动机，定、转子绕组也是三相，即 $m_1 = m_2$，则 $k_i = k_e$。

于是转子回路的电压方程(6-9)变为

$$0 = \dot{E}_2' - \dot{I}_2'(R_2' + jX_{2\sigma}') = \dot{E}_2' - \dot{I}_2' Z_2' \tag{6-15}$$

其中

$$Z_2' = R_2' + jX_{2\sigma}' = \frac{\dot{E}_2'}{\dot{I}_2'} = \frac{k_e \dot{E}_2}{\dot{I}_2/k_i} = k_e k_i (R_2 + jX_{2\sigma}) = k_e k_i Z_2$$

而

$$\varphi_2' = \arctan\frac{X_{2\sigma}'}{R_2'} = \arctan\frac{k_e k_i X_{2\sigma}}{k_e k_i R_2} = \varphi_2$$

可见折算前后漏阻抗的阻抗角没有改变。同样，折算前后的功率关系不变，转子里的铜损耗和无功功率也不变。

4. 基本方程、等效电路和相量图

异步电动机折算后，转子不转、转子绕组短路时的五个基本方程为

$$\left.\begin{array}{l}
\dot{U}_1 = -\dot{E}_1 + \dot{I}_1(R_1 + jX_{1\sigma}) \\
-\dot{E}_1 = \dot{I}_0(R_m + jX_m) \\
\dot{E}_1 = \dot{E}_2' \\
\dot{E}_2' = \dot{I}_2'(R_2' + jX_{2\sigma}') \\
\dot{I}_1 + \dot{I}_2' = \dot{I}_0
\end{array}\right\} \tag{6-16}$$

根据以上五个方程，可画出转子不转、转子绕组短路时的等效电路，如图 6-17 所示，相量图如图 6-18 所示。

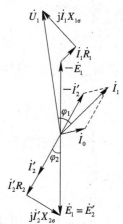

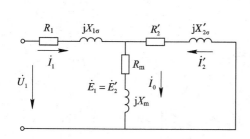

图 6-17　转子不转、转子绕组短路
　　　　时的等效电路

图 6-18　转子不转、转子绕组短路
　　　　时的相量图

通常异步电动机定、转子的漏阻抗是比较小的，如果定子绕组加额定电压，转子堵转时直接起动，定、转子的电流都很大，定子电流大约是额定电流的 4～7 倍。而此时转差率 $s=1$ 为最大，感应电动势 E_2 和感应电流 I_2 最大，电动机很快过热；如果电动机长期工作在这种状态，则有可能将电机烧毁。

【例 6-3】　一台绕线式三相异步电动机，当定子加额定电压而转子开路时，滑环上电压为 260 V，转子绕组采用 Y 连接，转子不转时每相漏阻抗为 0.06+j0.2 Ω（设定子每相漏阻抗 $Z_1' = Z_1 = Z_2$）。求：

（1）定子加额定电压，转子不转时转子相电流为多大？

（2）当在转子回路串入三相对称电阻，每相阻值为 0.2 Ω 时，计算转子每相电流。

例 6-3

解　计算转子电流，可以采用如图 6-19 所示的简化等效电路。

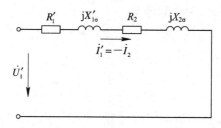

图 6-19　简化等效电路

本题所计算的量是电机转子边的量，为此采用把异步电机定子边向转子边折算的数值计算。

（1）定子加额定电压，转子开路时每相电动势为

$$E_2 = \frac{260}{\sqrt{3}} = 150.1 \ (V)(260 \ V 是线压)$$

定子每相额定电压的折算值近似为

$$U_1' \approx E_1' = E_2 = 150.1 \ (V)$$

转子不转时转子相电流为

$$I_2 = \frac{U_1'}{2Z_2} = \frac{150.1}{2\sqrt{0.06^2 + 0.2^2}} = 359 \ (A)$$

（2）串电阻后的转子电流有效值为

$$I_2 = \frac{U_1'}{\sqrt{(2R_2 + R)^2 + (2X_{2\sigma})^2}} = \frac{150.1}{\sqrt{(2 \times 0.06 + 0.2)^2 + (2 \times 0.2)^2}} = 293 \ (A)$$

6.2.2　三相异步电动机转子转动时的运行

【内容导入】

这一节我们依然沿用变压器负载运行的研究方法，来分析三相异步电动机正常运行时的电磁关系。负载运行时异步电动机的磁动势和电压平衡方程、等效电路和相量图与变压器有什么异同呢？

【内容分析】

三相异步电动机的定子绕组接在三相对称交流电源上，转子带负载的运行，称为异步电动机的负载运行。

三相异步电动机负载运行时，由于负载转矩的存在，电动机的转速比空载时低，此时定子旋转磁场和转子的相对切割速度 $\Delta n = n_1 - n$ 变大，转差率也变大，这样使得转子绕组的感应电动势 E_2、感应电流 I_2 和相应的电磁转矩随之变大；同时从电源输入的定子电流和电功率也相应增加。

一、绕线式异步电动机的负载运行

异步电动机带上负载后，电动机以低于同步转速 n_1 的速度 n 旋转，其转向仍与气隙旋转磁场的方向相同。这时，定子旋转磁场以相对速度 $\Delta n = n_1 - n$ 切割转子绕组，转子绕组中将感应电动势 $\dot{E}_2$ 和电流 $\dot{I}_2$。

1. 转子侧各电磁量与转差率 s 的关系

转子不转时，气隙旋转磁场以同步转速 n_1 切割转子绕组；当转子以转速 n 转动时，旋转磁场就以 $(n_1 - n)$ 的相对速度切割转子绕组，因此，当转子转速 n 变化时，转子绕组各电磁量将随之变化。

1）转子电动势的频率

电动势的频率正比于导体与磁场的相对切割速度，故转子电动势的频率为

$$f_2 = \frac{p\Delta n}{60} = \frac{p(n_1 - n)}{60} = \frac{spn_1}{60} = sf_1 \qquad (6-17)$$

由式(6-17)可知，转子电动势频率与转差率成正比。当转子不转(起动瞬间)时，$n=0$，$s=1$，则 $f_2=f_1$，即转子不转时转子侧频率等于定子侧的频率。

2) 转子绕组的感应电动势

转子转动时，$f_2=sf_1$，此时转子绕组上感应电动势为

$$E_{2s} = 4.44f_2 N_2 k_{N2} \Phi_1 = 4.44sf_1 N_2 k_{N2} \Phi_1 = sE_2 \tag{6-18}$$

式中，$E_2=4.44f_1 N_2 k_{N2}\Phi_1$ 为转子不转时的转子电动势。

3) 转子绕组的漏阻抗

转子转动时，$f_2=sf_1$，此时转子绕组漏电抗为

$$X_{2\sigma s} = 2\pi f_2 L_{2\sigma} = 2\pi sf_1 L_{2\sigma} = sX_{2\sigma} \tag{6-19}$$

式中，$X_{2\sigma}=2\pi f_1 L_{2\sigma}$ 为转子不转时的转子漏电抗。

转子绕组每相漏阻抗为

$$Z_{2s} = R_2 + jX_{2\sigma s} = R_2 + jsX_{2\sigma} \tag{6-20}$$

式中，R_2 为转子每相绕组电阻。

4) 转子绕组电流

异步电动机的转子绕组正常运行时处于短接状态，其端电压 $U_2=0$，所以转子绕组电动势平衡方程为

$$\dot{E}_{2s} = \dot{I}_{2s}(R_2 + jX_{2\sigma s}) = \dot{I}_{2s}Z_{2s} \tag{6-21}$$

则

$$I_{2s} = \frac{E_{2s}}{\sqrt{R_2^2 + X_{2\sigma s}^2}} = \frac{sE_2}{\sqrt{R_2^2 + (sX_{2\sigma})^2}} = \frac{E_2}{\sqrt{\left(\frac{R_2}{s}\right)^2 + X_{2\sigma}^2}} \tag{6-22}$$

5) 转子功率因数 $\cos\varphi_2$

转子功率因数 $\cos\varphi_2$ 为

$$\cos\varphi_2 = \frac{R_2}{\sqrt{R_2^2 + X_{2\sigma s}^2}} = \frac{R_2}{\sqrt{R_2^2 + (sX_{2\sigma})^2}} \tag{6-23}$$

以上各式表明，异步电动机转动时，转子各电磁量的大小与转差率 s 有关。转子频率 f_2、转子漏电抗 $X_{2\sigma s}$、转子电动势 E_{2s} 都与转差率 s 成正比；转子电流 I_{2s} 随转差率增大而增大，转子功率因数 $\cos\varphi_2$ 随转差率增大而减小。因此转差率 s 是异步电动机的一个重要参数。

2. 定、转子磁动势及磁动势关系

负载运行时，定子电流 $\dot{I}_1$ 产生一个定子磁动势 $\dot{F}_1$；同时，转子电流 $I_2 \neq 0$，转子电流 $\dot{I}_2$ 还产生一个转子磁动势 $\dot{F}_2$。总的气隙磁动势则是 $\dot{F}_1$ 与 $\dot{F}_2$ 的合成，由它们共同建立气隙磁场。

1) 定子磁动势 $\dot{F}_1$

当异步电动机旋转起来后，定子绕组电流 $\dot{I}_1$ 产生旋转磁动势 $\dot{F}_1$。它的特点同前述，这里依然假设它相对于定子绕组以同步转速 n_1 逆时针方向旋转。

2) 转子磁动势 $\dot{F}_2$

(1) 幅值。当异步电动机以转速 n 旋转时，由转子电流 $\dot{I}_{2s}$ 产生的三相合成旋转磁动势的幅值为

$$F_2 = \frac{3}{2} \frac{4}{\pi} \frac{\sqrt{2}}{2} \frac{N_2 k_{N2}}{p} I_{2s}$$

（2）转向。前面已经分析了转子绕组短路的情况，当转速 $n=0$ 时，气隙旋转磁场 $\dot{B}_\delta$ 逆时针旋转时，在转子绕组产生感应电动势，进而产生感应电流，相序为正序。现在转子以转速 n 旋转起来，由于处于电动机状态，转子旋转的方向与气隙旋转磁场 $\dot{B}_\delta$ 同方向，且转子的转速 n 小于气隙旋转磁场 $\dot{B}_\delta$ 的同步转速 n_1。这时，如果站在转子上看气隙旋转磁场 $\dot{B}_\delta$，它相对于转子的转速为 n_1-n，转向仍为逆时针方向。这样，由气隙旋转磁场 $\dot{B}_\delta$ 在转子每相绕组感应电动势，产生感应电流的相序不变。

既然转子电流 $\dot{I}_{2s}$ 的相序未变，那么由转子电流产生的三相合成旋转磁动势 $\dot{F}_2$ 的转向也不变，仍为逆时针方向旋转。

（3）转速。转子电流 $\dot{I}_{2s}$ 的频率为 f_2，由三相对称的转子电流 $\dot{I}_{2s}$ 产生的三相合成旋转磁动势为 $\dot{F}_2$，其相对于转子绕组的转速用 n_2 表示，为

$$n_2 = \frac{60 f_2}{p} \tag{6-24}$$

（4）瞬间位置。当转子绕组哪相电流达正最大值时，$\dot{F}_2$ 正好位于该相绕组的轴线上。

3）合成磁动势

搞清楚了定、转子三相合成旋转磁动势 $\dot{F}_1$、$\dot{F}_2$ 的特点后，现在我们选择定子绕组作为参照物，分析定、转子旋转磁动势 $\dot{F}_1$ 与 $\dot{F}_2$ 之间的关系。它们的幅值和转向，不因参照物的改变而发生改变，下面分析它们的转速。

定子旋转磁动势 $\dot{F}_1$ 相对于定子绕组的转速为 n_1。转子旋转磁动势 $\dot{F}_2$ 相对于转子绕组的逆时针转速为 n_2。由于转子本身相对于定子绕组有一逆时针转速 n，此时相对于定子绕组上转子旋转磁动势 $\dot{F}_2$ 的转速就成为 n_2+n。已知

$$n_2 = \frac{60 f_2}{p} = s \frac{60 f_1}{p} = s n_1$$

于是，转子旋转磁动势 $\dot{F}_2$ 相对于定子绕组的转速为

$$n_2 + n = s n_1 + n = \frac{n_1 - n}{n_1} n_1 + n = n_1$$

这就是说，以定子绕组为参照物，转子旋转磁动势 $\dot{F}_2$ 也是逆时针方向旋转的，转速为 n_1。可见，定子旋转磁动势 $\dot{F}_1$ 与转子旋转磁动势 $\dot{F}_2$ 相对定子来说，是同转向、同转速旋转着的，因此是相对静止的。由于它们的转速均为 n_1，故称 n_1 为同步转速。

在异步电动机中，无论转子转速如何，转子电流产生的基波磁动势在空间上总是以同步转速旋转，并与定子基波磁动势相对静止。这是异步电动机在任何转速下都能产生恒定电磁转矩、实现机电能量转换的必要条件。

采用相量相加的办法得到一个合成的总磁动势，仍用 $\dot{F}_0$ 来表示，即

$$\dot{F}_1 + \dot{F}_2 = \dot{F}_0$$

由此可见，当三相异步电动机转子以转速 n 旋转时，定、转子磁动势关系并未改变，依然满足磁动势平衡方程。

需要说明的是，这种情况下的合成磁动势 $\dot{F}_0$，与前面介绍过的两种情况下的励磁磁动势 $\dot{F}_0$ 就实质来说都一样，都是产生气隙每极主磁通 Φ_1 的励磁磁动势。由于加在定子绕组的电源电压 U_1 不变，气隙主磁通 Φ_1 就基本不变，产生主磁通的总磁动势 $\dot{F}_0$ 基本不变。

此处介绍的励磁磁动势 $\dot{F}_0$，才是异步电动机正常运行时的励磁磁动势，对应的电流 $\dot{I}_0$ 就是励磁电流。由于定子与转子之间存在气隙，主磁路磁阻增大，$I_0\%$ 相对于变压器稍大些。对于一般的异步电动机，约为 $(20\%\sim50\%)I_N$。

3. 转子转动时的电压平衡方程

1) 定子绕组电压平衡方程

异步电动机转动时，定子绕组电压平衡方程与空载时相同，只是此时定子电流为 $\dot{I}_1$，即

$$\dot{U}_1 = -\dot{E}_1 - \dot{E}_{1\sigma} + \dot{I}_1 R_1 = -\dot{E}_1 + j\dot{I}_1 X_{1\sigma} + \dot{I}_1 R_1 = -\dot{E}_1 + \dot{I}_1 Z_1 \qquad (6-25)$$

2) 转子绕组电压平衡方程

正常运行时，转子绕组是短接的，端电压为零。根据基尔霍夫第二定律，可得转子电路的电压平衡方程为

$$\dot{E}_{2s} + \dot{E}_{2\sigma s} - \dot{I}_{2s} R_2 = 0 \quad 或 \quad \dot{E}_{2s} = \dot{I}_{2s} R_2 + j\dot{I}_{2s} X_{2\sigma s} = \dot{I}_{2s} Z_{2s} \qquad (6-26)$$

4. 三相异步电动机的等效电路

异步电动机与变压器一样，定子电路与转子电路之间只有磁的耦合而无电的直接联系。为了便于分析和简化计算，也需要用一个等效电路来代替这两个独立的电路，为达到这一目的，就必须像变压器一样对异步电动机进行折算。

根据电动势平衡方程可画出旋转时异步电动机的定子、转子的电路图，如图 6-20 所示。

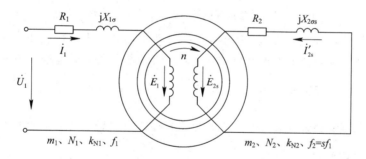

图 6-20　旋转时异步电动机的定子、转子电路

由于异步电动机定子、转子绕组的匝数、绕组系数不相等，而且两侧的频率也不等，因此异步电动机的折算分成两步：首先进行频率折算，即把旋转的转子折算成静止的转子，使定子和转子电路的频率相等；然后进行绕组折算，使定子、转子的相数、每相串联匝数、绕组系数相等。

1) 频率折算

只有当异步电动机转子静止时，转子频率才等于定子频率，所以频率折算的实质就是把旋转的转子等效成静止的转子。为保持折算前后电动机的电磁关系不变，折算的原则是：折算前后转子磁动势 $\dot{F}_2$ 不变和转子上各种功率不变。

要使折算前后 $\dot{F}_2$ 不变，只要保证折算前后转子电流 $\dot{I}_2$ 的大小和相位不变即可实现。

由式 (6-21) 可知，电动机旋转时的转子电流为

$$\dot{I}_{2s} = \frac{\dot{E}_{2s}}{R_2 + jX_{2\sigma s}} = \frac{s\dot{E}_2}{R_2 + jsX_{2\sigma}} \quad （频率为 f_2） \quad (6-27)$$

将上式的分子、分母同除以 s，得

$$\dot{I}_2 = \frac{\dot{E}_2}{\dfrac{R_2}{s} + jX_{2\sigma}} = \frac{\dot{E}_2}{\left(R_2 + \dfrac{1-s}{s}R_2\right) + jX_{2\sigma}} \quad （频率为 f_1） \quad (6-28)$$

式(6-28)代表转子已变换成静止时的等效情况，转子电动势 $\dot{E}_2$，漏电抗 $X_{2\sigma}$ 都是对应于频率为 f_1 的量，与转差率 s 无关。比较式(6-27)和式(6-28)可见，频率折算的方法是在静止的转子电路中将原转子电阻 R_2 变换为 $\dfrac{R_2}{s}$，即在静止的转子电路中串入 1 个附加电阻 $\dfrac{R_2}{s} - R_2 = \dfrac{1-s}{s}R_2$，如图 6-21 所示。由图可知，变换后的回路中多了一个附加电阻 $\dfrac{1-s}{s}R_2$。

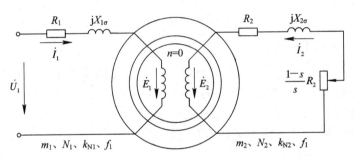

图 6-21 频率折算后异步电动机的定子、转子电路

实际旋转转子转轴上有机械功率输出，并且转子还会产生机械损耗，而经频率折算后转子等效为静止状态，转子不再有机械功率输出和机械损耗，但电路中却多了一个附加电阻 $\dfrac{1-s}{s}R_2$。根据能量守恒和总功率不变原则，该电阻所消耗的功率 $m_2 I_2^2 \dfrac{1-s}{s}R_2$ 就相当于转轴上的机械功率和机械损耗之和。这部分功率称为总机械功率，附加电阻 $\dfrac{1-s}{s}R_2$，称为总机械功率的等效电阻。

【例 6-4】 有一台三相四极的异步电动机，定子绕组加频率为 50 Hz 的额定电压，正常运行时转子的转差率 $s = 0.05$，试求：

(1) 此时转子电流的频率；

(2) 转子磁动势相对于转子的转速；

(3) 转子磁动势在空间的转速。

例 6-4

解 (1) 转子电流的频率为

$$f_2 = sf_1 = 0.05 \times 50 = 2.5 \text{（Hz）}$$

(2) 转子磁动势相对于转子的转速为

$$n_2 = \frac{60f_2}{p} = \frac{60 \times 2.5}{2} = 75 \text{（r/min）}$$

(3) 转子转速为

$$n = (1-s)n_1 = (1-0.05) \times 1500 = 1425 \text{（r/min）}$$

转子磁动势在空间转速即为同步转速。

$$n' = n_2 + n = 75 + 1425 = 1500 \text{ (r/min)}$$

2）绕组折算

类似变压器的折算，转子绕组折算就是用一个和定子绕组具有相同相数 m_1、匝数 N_1 及绕组系数 k_{N1} 的等效转子绕组来代替原来的相数为 m_2、匝数为 N_2 及绕组系数 k_{N2} 的实际转子绕组。其折算原则和方法与变压器基本相同。

转子侧各电磁量折算到定子侧时，转子电动势、电压乘以电压变比 $k_e = \dfrac{N_1 k_{N1}}{N_2 k_{N2}}$；转子电流除以电流变比 $k_i = \dfrac{m_1 N_1 k_{N1}}{m_2 N_2 k_{N2}}$；转子电阻、电抗及阻抗乘以阻抗变比 $k_e k_i$。

绕组折算后，转子回路所有物理量都上标"′"，异步电动机的电路图如图 6-22 所示。

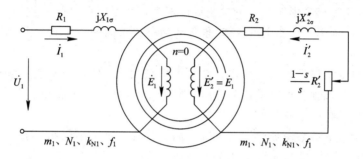

图 6-22 绕组折算后异步电动机的定子、转子电路

5. 基本方程、等效电路和时空相量图

与异步电动机转子绕组短路并把转子堵住不转时相比较，在基本方程中，只有转子绕组回路的电压方程有所差别，其他几个方程都一样。异步电动机转子旋转时的基本方程为

$$\left.\begin{aligned}
\dot{U}_1 &= -\dot{E}_1 + \dot{I}_1 (R_1 + jX_{1\sigma}) \\
-\dot{E}_1 &= \dot{I}_0 (R_m + jX_m) \\
\dot{E}_1 &= \dot{E}_2' \\
\dot{E}_2' &= \dot{I}_2' (R_2' + jX_{2\sigma}') \\
\dot{I}_1 + \dot{I}_2' &= \dot{I}_0
\end{aligned}\right\} \qquad (6-29)$$

根据以上 5 个方程，可以画出如图 6-23 所示的 T 形等效电路，与图 6-17 相比较，在转子回路里增加了一项值为 $\dfrac{1-s}{s} R_2'$ 的模拟电阻。

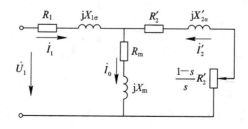

图 6-23 三相异步电动机的 T 形等效电路

从图 6-23 所示等效电路可以看出，当异步电动机空载时，转子的转速接近同步速，

转差率 s 很小，R_2'/s 趋于 ∞，电流 $\dot{I}_2'$ 可认为等于零，这时定子电流 $\dot{I}_1$ 就是励磁电流 $\dot{I}_0$，电动机的功率因数很低，与变压器的空载运行相似。

当电动机运行于额定负载时，转差率 $s_N \approx 0.05$，R_2'/s 约为 R_2' 的 20 倍左右，等效电路里转子边呈电阻性，功率因数 $\cos\varphi_2$ 较高。这时定子边的功率因数 $\cos\varphi_1$ 也比较高，可达 $0.8 \sim 0.85$。已知气隙主磁通 Φ_1 的大小与电动势 E_1 的大小成正比，而 $-E_1$ 的大小又取决于 $\dot{U}_1$ 与 $\dot{I}_1 Z_1$ 的相量差。由于异步电动机定子漏阻抗 Z_1 不大，所以定子电流 $\dot{I}_1$ 从空载到额定负载时，在定子漏阻抗上产生的压降 $I_1 Z_1$ 与 U_1 大小相比也是较小的，可见 $\dot{U}_1$ 差不多等于 $-\dot{E}_1$。这就是说，异步电动机从空载到额定负载运行时，由于定子电压 U_1 不变，主磁通 Φ_1 基本不变。因此励磁电流及励磁参数也基本上是常数。但当异步电动机起动时，转速 $n = 0(s = 1)$，这时定子电压 U_1 全部降落在定、转子的漏阻抗上。假定定、转子漏阻抗 $Z_1 \approx Z_2'$，这样，定、转子漏阻抗上的电压近似降为定子电压 U_1 的一半左右。也就是说，E_1 近似是 U_1 的一半左右，气隙主磁通 Φ_1 也将变为空载时的一半左右。这一点，在后续有关讲解中会讨论到。

既然异步电动机稳态运行可以用一个等效电路表示，那么当知道了电动机的参数时，通过等效电路就可以计算出电动机的性能。如图 6-24 所示是根据上述 5 个基本方程式画出的三相异步电动机时空相量图。

在异步电动机的等效电路中，由于励磁阻抗比定、转子漏阻抗大很多，为简化计算，工程上常采用如图 6-25 所示的 Γ 形等效电路。

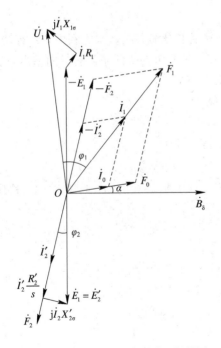

图 6-24 三相异步电动机时空相量图

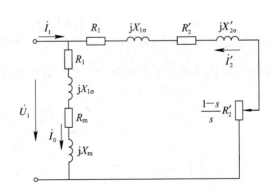

图 6-25 三相异步电动机的 Γ 形等效电路

二、笼型转子

绕线式异步电动机转子绕组的极数、相数通常与定子绕组的极数、相数相等。笼型转子绕组有其特殊性，需要单独加以讨论。

1. 笼型转子的极数

气隙基波磁场 $\dot{B}_\delta$ 切割转子导体，产生感应电动势 $\dot{E}_{2s}$ 及感应电流 $\dot{I}_{2s}$。转子导体电流形成的磁极数与气隙磁场的极数相同，即笼型转子的极数恒与定子绕组的极数相等。

2. 笼型转子的相数

笼型转子绕组每相邻两根导体电动势（电流）相位相差的电角度与它们空间相差的电角度是相同的，导体是均匀分布的。若一对磁极范围内有 m_2 根导体，转子就感应产生 m_2 相对称的感应电动势和电流。若一对磁极范围内导体不为整数，则取 m_2 等于转子槽数 Z_r。m_2 相对称的笼型绕组在流过 m_2 相对称电流时同样产生圆形旋转磁动势。

由于笼型转子绕组每相只有一根导体，故每相绕组匝数为 1/2，绕组系数为 1。

6.2.3　三相异步电动机的功率和电磁转矩

【内容导入】

高铁动车技术
与课程思政

前面推导了三相异步电动机的 T 型等效电路，下面利用等效电路分析三相异步电动机运行时的功率和转矩平衡方程；并结合工程实践引入电磁转矩的概念，推导电磁转矩的物理表达式、参数表达式；进一步描述各种转矩表达式的适用范围。

【内容分析】

电磁转矩是异步电动机实现机电能量转换的关键，下面从分析功率和转矩平衡关系入手。

一、三相异步电动机的功率和转矩

1. 功率关系

异步电动机运行时，定子从电网中吸收电功率，转子拖动机械负载输出机械功率。电动机在实现能量转换过程中，必然会产生各种损耗。根据能量守恒定律，输出功率应等于输入功率减去总损耗。

（1）输入功率 P_1。输入功率是指电网向定子输入的有功功率，即

$$P_1 = m_1 U_1 I_1 \cos\varphi_1$$

式中，U_1、I_1 为定子绕组的相电压、相电流；$\cos\varphi_1$ 为异步电动机定子侧的功率因数。

（2）定子铜损耗 p_{Cu1}。

$$p_{\mathrm{Cu1}} = m_1 I_1^2 R_1 \qquad\qquad (6-30)$$

（3）铁心损耗 p_{Fe}。正常运行情况下的异步电动机，由于转子转速 $n \approx n_1$，气隙旋转磁密 $\dot{B}_\delta$ 与转子铁心的相对转速 $\Delta n = n_1 - n$ 很小，而转子铁心是用 0.5 mm 或 0.35 mm 厚的硅钢片（大、中型异步电动机还需涂漆）叠压而成，所以转子铁损耗很小，可忽略不计，认为电动机的铁损耗只有定子铁损耗，即

$$p_{\mathrm{Fe}} = p_{\mathrm{Fe1}} = m_1 I_0^2 R_m \qquad\qquad (6-31)$$

（4）电磁功率 P_{M}。从图 6-23 所示的等效电路中可以看出，从输入功率 P_1 中扣除定子铜损耗 p_{Cu1} 和铁损耗 p_{Fe1} 后，剩余的功率便由气隙旋转磁场通过电磁感应传递到转子侧，通常把这个功率称为电磁功率 P_{M}。传输给转子回路的电磁功率 P_{M} 等于转子回路全部电

阻上的消耗，即

$$P_M = P_1 - p_{Cu1} - p_{Fe} \tag{6-32}$$

电磁功率也可表示为

$$P_M = m_1 E_2' I_2' \cos\varphi_2 = m_1 I_2'^2 \frac{R_2'}{s} \tag{6-33}$$

（5）转子绕组中的铜损耗 p_{Cu2}。

$$p_{Cu2} = m_1 I_2'^2 R_2' = sP_M \tag{6-34}$$

式（6-34）说明，转差率 s 越大，电磁功率消耗在转子铜耗中的比重就越大，电动机效率越低，故电动机正常运行时，转差率较小。

（6）总机械功率 P_{mec}。电磁功率 P_M 减去转子绕组中的铜损耗 p_{Cu2}，就是模拟电阻 $\frac{1-s}{s}$ R_2' 上消耗的功率。这部分功率实际上是传输给电机转轴上的机械功率，用 P_{mec} 表示，即

$$P_{mec} = P_M - p_{Cu2} = m_1 I_2'^2 \frac{1-s}{s} R_2' = (1-s)P_M \tag{6-35}$$

（7）输出功率 P_2。电动机在运行时，会产生轴承以及风阻等摩擦阻转矩，这也要损耗一部分功率，把这部分功率叫作机械损耗，用 p_{mec} 表示。

在异步电动机中，除了上述各部分损耗外，由于定、转子开了槽和定、转子磁动势中含有谐波磁动势，还要产生一些附加损耗，用 p_{ad} 表示。p_{ad} 一般不易计算，往往根据经验估算，在大型异步电动机中，p_{ad} 约为额定功率的 0.5%；而在小型异步电动机中，满载时，p_{ad} 可达额定功率的 $1\% \sim 3\%$ 或更大些。

转子的总机械功率 P_{mec} 减去机械损耗 p_{mec} 和附加损耗 p_{ad}，才是转轴上的输出功率，用 P_2 表示，即

$$P_2 = P_{mec} - p_{mec} - p_{ad} \tag{6-36}$$

可见异步电动机运行时，电源输入电功率 P_1 与转轴上输出功率 P_2 的关系为

$$P_2 = P_1 - p_{Cu1} - p_{Fe} - p_{Cu2} - p_{mec} - p_{ad} \tag{6-37}$$

从以上功率关系定量分析中可看出，异步电动机运行时，电磁功率、转子回路铜损耗和总机械功率三者之间的定量关系为

$$P_M : p_{Cu2} : P_{mec} = 1 : s : (1-s) \tag{6-38}$$

式（6-38）说明，若电磁功率一定，转差率 s 越小，转子回路铜损耗越小，则总机械功率越大。电机运行时，若 s 较大，则效率一定不高。

2. 转矩关系

由物理学知识可知，旋转体的机械功率等于转矩与机械角速度的乘积，即 $P = T\Omega$。式（6-36）两边除以角速度 Ω，即

$$\frac{P_2}{\Omega} = \frac{P_{mec}}{\Omega} - \frac{p_{mec} + p_{ad}}{\Omega}$$

令：T_0 为空载转矩，$T_0 = (p_{mec} + p_{ad})/\Omega = p_0/\Omega$；$T_2$ 为输出转矩，$T_2 = P_2/\Omega$；T 为电磁转矩，$T = P_{mec}/\Omega$，则得

$$T_2 = T - T_0 \tag{6-39}$$

式（6-39）就是异步电动机稳态运行时的转矩平衡方程。

3. 电磁转矩

总机械功率 P_{mec} 除以机械角速度 Ω 定义为电磁转矩 T，即

$$T = \frac{P_{\text{mec}}}{\Omega} \tag{6-40}$$

还可以进一步推导出电磁转矩与电磁功率的关系，为

$$T = \frac{P_{\text{mec}}}{\Omega} = \frac{P_{\text{mec}}}{\dfrac{2\pi n}{60}} = \frac{P_{\text{mec}}}{(1-s)\dfrac{2\pi n_1}{60}} = \frac{P_{\text{M}}}{\Omega_1} \tag{6-41}$$

式中，Ω_1 为同步机械角速度，$\Omega_1 = \dfrac{2\pi n_1}{60} = \dfrac{2\pi f_1}{p}$。

例 6-5

【例 6-5】 一台三相六极异步电动机，额定数据为：$U_{\text{N}}=380\text{ V}$，$f_1=50\text{ Hz}$，$P_{\text{N}}=7.5\text{ kW}$，$n_{\text{N}}=962\text{ r/min}$，$\cos\varphi_{\text{N}}=0.827$，定子绕组采用△连接。定子铜损耗 470 W，铁损耗 234 W，机械损耗 45 W，附加损耗 80 W。计算在额定负载时：（1）转差率；（2）转子电磁功率；（3）转子铜损耗；（4）额定效率；（5）额定电磁功率；（6）额定输出转矩；（7）额定空载转矩。

解　（1）额定转差率 s_{N}

$$s_{\text{N}} = \frac{n_1 - n_{\text{N}}}{n_1} = \frac{1000 - 962}{1000} = 0.038$$

式中，n_1 是同步转速，判断为 $n_1 = 1000\text{ r/min}$。

（2）额定运行时的电磁功率

$$P_{\text{M}} = P_2 + p_{\text{Cu2}} + p_{\text{mec}} + p_{\text{ad}}$$

而 $p_{\text{Cu2}} = s_{\text{N}} P_{\text{M}}$，代入上式得

$$P_{\text{M}} = \frac{P_2 + p_{\text{mec}} + p_{\text{ad}}}{1 - s_{\text{N}}} = \frac{7.5 + 0.045 + 0.08}{1 - 0.038} = 7.926\ (\text{kW})$$

（3）额定运行时转子铜损耗 p_{Cu2}

$$p_{\text{Cu2}} = s_{\text{N}} P_{\text{M}} = 0.038 \times 7.926 = 3.012\ (\text{kW})$$

（4）额定效率

$$P_1 = P_{\text{M}} + p_{\text{Cu1}} + p_{\text{Fe}} = 7.926 + 0.47 + 0.234 = 8.63\ (\text{kW})$$

$$\eta_{\text{N}} = \frac{P_2}{P_1} \times 100\% = \frac{7.5}{8.63} \times 100\% = 86.91\%$$

（5）额定电磁转矩

$$T_{\text{N}} = \frac{P_{\text{M}}}{\Omega_1} = \frac{P_{\text{M}}}{\dfrac{2\pi n_1}{60}} = 9550 \times \frac{P_{\text{M}}}{n_1} = 9550 \times \frac{7.926}{1000} = 75.693\ (\text{N}\cdot\text{m})$$

（6）额定输出转矩

$$T_{\text{2N}} = \frac{P_{\text{N}}}{\Omega_{\text{N}}} = 9550 \times \frac{P_{\text{N}}}{n_{\text{N}}} = 9550 \times \frac{7.5}{962} = 74.454\ (\text{N}\cdot\text{m})$$

（7）额定运行时的空载转矩

$$T_0 = \frac{p_{\text{mec}} + p_{\text{ad}}}{\Omega_{\text{N}}} = 9550 \times \frac{0.045 + 0.08}{962} = 1.24\ (\text{N}\cdot\text{m})$$

二、电磁转矩表达式

1. 电磁转矩的物理表达式

由式(6-41)和式(6-33)可得

$$T = \frac{P_M}{\Omega_1} = \frac{m_1 E_2' I_2' \cos\varphi_2}{\frac{2\pi n_1}{60}} = \frac{m_1 4.44 f_1 N_1 k_{N1} I_2' \cos\varphi_2}{\frac{2\pi f_1}{p}}$$

$$= \frac{m_1 4.44 p N_1 k_{N1} \Phi_1 I_2' \cos\varphi_2}{2\pi} = C_T \Phi_1 I_2' \cos\varphi_2 \qquad (6-42)$$

式中，C_T 为转矩常数，$C_T = \frac{m_1 4.44 p N_1 k_{N1}}{2\pi}$ 与电机结构有关。

式(6-42)表明，电磁转矩是转子电流的有功分量与气隙主磁场相互作用产生的。若电源电压不变，每极磁通为一定值，则电磁转矩大小与转子电流的有功分量成正比。

由于主磁通 Φ_1 和转子电流 I_2 不易测量，所以电磁转矩的物理表达式一般仅用于运行中的定性分析，而不作定量计算。

2. 电磁转矩的参数表达式

在实际计算和分析异步电动机的各种运行状态时，往往需要知道电磁转矩和电动机参数之间的关系，即参数表达式。

根据异步电动机 Γ 形等效电路，可得转子电流为

$$I_2' = \frac{U_1}{\sqrt{\left(R_1 + \frac{R_2'}{s}\right)^2 + (X_{1\sigma} + X_{2\sigma}')^2}} \qquad (6-43)$$

将式(6-43)代入式(6-42)可得电磁转矩的参数表达式为

$$T = \frac{P_M}{\Omega_1} = \frac{m_1 I_2'^2 \frac{R_2'}{s}}{\frac{2\pi f_1}{p}} = \frac{m_1 p U_1^2 \frac{R_2'}{s}}{2\pi f_1 \left[\left(R_1 + \frac{R_2'}{s}\right)^2 + (X_{1\sigma} + X_{2\sigma}')^2\right]} \qquad (6-44)$$

式(6-44)是异步电动机电磁转矩的参数表达式，它表达了电磁转矩与电源参数(U_1、f_1)、电机参数(m_1、p、R_1、$X_{1\sigma}$、R_2'、$X_{2\sigma}'$)和运行参数(s)之间的关系，特别是电源参数的变化对异步电动机的电磁转矩影响较大。

电磁转矩的参数表达式可以作为定量计算，但由于参数较多，计算不是很方便，工程实际中很少用到。

6.2.4　三相异步电动机的机械特性

【内容导入】

本节从三相异步电动机的参数表达式出发，描绘出它的转矩特性 $T = f(s)$ 曲线，根据转差率 s 与转速 n 之间的关系，进而推出它的机械特性 $n = f(T)$；描述固有机械特性与人为机械特性的特点；引入最大转矩 T_m、临界转差率 s_m、过载系数 λ、起动转矩倍数 k_{st} 等概念；推导电磁转矩的实用公式并讨论它的应用计算。

【内容分析】

一、三相异步电动机的转矩特性

当式(6-44)中的电源参数和电动机参数不变时，电磁转矩 T 仅和转差率 s 有关，这种电磁转矩和转差率的关系曲线称为 T-s 曲线，通常称为转矩特性曲线，如图 6-26 所示。

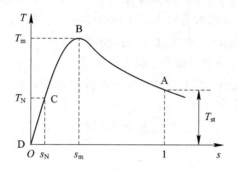

图 6-26　异步电动机的转矩特性

1. 理想空载运行

异步电动机理想空载运行时，$n \approx n_1 = 60f_1/p$，$s=0$，$R_2'/s \to \infty$，$I_2 \approx 0$，$I_1 = I_2$，电磁转矩 $T \approx 0$，电动机不进行机电能量转换，图 6-26 中的 D 点即为理想空载运行点，异步电动机实际上是不可能运行于该点的。

2. 额定运行

异步电动机带额定负载运行时，$s_N = 0.01 \sim 0.06$，其对应的电磁转矩为额定转矩 T_N，若忽略空载转矩，T_N 即为额定输出转矩。图 6-26 中的 C 点为额定运行点。

$$T_N \approx T_{2N} = \frac{P_N \times 10^3}{2\pi n_N/60} = 9550 \frac{P_N}{n_N} \ (\text{N} \cdot \text{m}) \tag{6-45}$$

式中，P_N 的单位为 kW。

3. 最大转矩 T_m 和过载系数 λ

（1）最大转矩 T_m 与临界转差率 s_m。将最大转矩 T_m 所对应的转差率 s_m 称为临界转差率。图 6-26 中 B 点为最大电磁转矩点，该点 $T=T_m$，$s=s_m$。

用数学方法将式(6-44)对 s 求导，令 $\frac{dT}{ds}=0$，即可求得最大电磁转矩 T_m 和临界转差率 s_m，即

$$s_m = \frac{R_2'}{\sqrt{R_1^2 + (X_{1\sigma} + X_{2\sigma}')^2}} \tag{6-46}$$

$$T_m = \frac{3pU_1^2}{4\pi f_1 \left[R_1 + \sqrt{R_1^2 + (X_{1\sigma} + X_{2\sigma}')^2} \right]} \tag{6-47}$$

通常 $R_1 \ll (X_{1\sigma} + X_{2\sigma}')$，不计 R_1，有

$$s_m \approx \frac{R_2'}{X_{1\sigma} + X_{2\sigma}'} \tag{6-48}$$

$$T_{\mathrm{m}} \approx \frac{3pU_1^2}{4\pi f_1 (X_{1\sigma} + X_{2\sigma}')} \tag{6-49}$$

由式(6-48)和式(6-49)可得出如下结论：

① 最大电磁转矩 T_{m} 与电源电压的平方成正比；临界转差率 s_{m} 只与电动机本身的参数有关，而与电源电压无关。

② 最大电磁转矩 T_{m} 与转子回路电阻 R_2' 无关。但临界转差率 s_{m} 与转子回路电阻 R_2' 成正比。因此在转子回路串电阻后可以改变转矩特性曲线，绕线式异步电动机正是利用这一特点来改善异步电动机的起动、调速和制动性能的。

（2）过载系数 λ。如果负载转矩大于最大电磁转矩，则电动机将因过载而停转。为了保证电动机不会因短时过载而停转，一般要求电动机具有一定的过载能力。过载能力用过载系数来衡量。

最大电磁转矩与额定转矩之比称为电动机的过载系数，用 λ 表示，即

$$\lambda = \frac{T_{\mathrm{m}}}{T_{\mathrm{N}}} \tag{6-50}$$

λ 是表征电动机运行性能的指标，它可以衡量电动机的短时过载能力和运行的稳定性。最大电磁转矩越大，过载系数则越大，电动机的过载能力也越强。

为此国家对 λ 有明确的规定：一般电动机，$\lambda = 1.8 \sim 2.5$；Y 系列异步电动机，$\lambda = 2 \sim 2.2$；起重、冶金、机械专用电动机，$\lambda = 2.2 \sim 2.8$；特殊电动机，λ 可达 3.7。

4. 起动转矩和起动转矩倍数

（1）起动转矩。电动机接通电源瞬间的电磁转矩称为起动转矩，用 T_{st} 表示。图 6-26 中 A 点为起动点，该点的 $T = T_{\mathrm{st}}$，$n = 0$，$s = 1$。

电动机起动时 $n = 0$，$s = 1$。将 $s = 1$ 代入电磁转矩的参数表达式，可求得起动转矩为

$$T_{\mathrm{st}} = \frac{3pU_1^2 R_2'}{2\pi f_1 \left[(R_1 + R_2')^2 + (X_{1\sigma} + X_{2\sigma}')^2 \right]} \tag{6-51}$$

由式(6-51)可知，起动转矩具有以下特点：

① 当频率和电机参数一定时，起动转矩 T_{st} 与电源电压的平方 U_1^2 成正比。

② 起动转矩 T_{st} 与转子回路的电阻 R_2' 有关，在一定范围内增加转子回路的电阻可以增大起动转矩。

因此绕线式异步电动机可以通过在转子回路串入电阻的方法来增大起动转矩，改善起动性能。只要起动时绕线式异步电动机在转子回路中所串电阻 R_{st} 适当，可以使 $s_{\mathrm{m}} = 1$，那么此时的起动转矩可达到最大值。

起动时获得最大电磁转矩的条件是 $s_{\mathrm{m}} = 1$，即

$$R_2' + R_{\mathrm{st}}' = \sqrt{R_1^2 + (X_{1\sigma} + X_{2\sigma}')^2} \approx X_{1\sigma} + X_{2\sigma}' \tag{6-52}$$

鼠笼式异步电动机不能用转子回路串电阻的方法来改善起动性能。起动转矩只能在设计时考虑，一般用起动转矩倍数来衡量。

（2）起动转矩倍数 k_{st}。起动转矩与额定转矩之比称为起动转矩倍数，用 k_{st} 表示，即

$$k_{\mathrm{st}} = \frac{T_{\mathrm{st}}}{T_{\mathrm{N}}} \tag{6-53}$$

起动转矩倍数也是反映电动机性能的另一个重要参数，它反映了电动机起动能力的大

小。电动机起动的条件是起动转矩不小于 1.1 倍的负载转矩，即 $T_{st} \geqslant 1.1T_L$。一般鼠笼式电动机的 $k_{st}=1.0\sim2.0$；起重和冶金专用的鼠笼式电动机的 $k_{st}=2.8\sim4.0$。

二、三相异步电动机的机械特性

由于转速 $n=(1-s)n_1$，可将 $T=f(s)$ 曲线转化为 $n=f(T)$ 曲线。异步电动机的转速 n 和电磁转矩 T 之间的关系 $n=f(T)$ 称为机械特性。

1. 固有机械特性

三相异步电动机的固有机械特性是指电动机工作在额定电压、额定频率下，定子、转子电路均不外接电阻，且按规定方式接线情况下的机械特性。当电机处于正序电动机运行状态时，其固有机械特性曲线如图 6-27 所示。其上 A、B、C、D 4 点与图 6-26 的 4 个特殊点相对应，即为：起动点 A、最大电磁转矩点 B、额定运行点 C 和理想空载运行点 D。

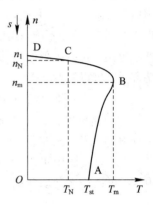

图 6-27 固有机械特性

此外，从异步电动机的固有机械特性曲线可以看出，当负载转矩 $T_L \leqslant T_N$ 时，固有机械特性近似为直线，称为机械特性的"工作部分"，因为在这一区域电动机不论带何种性质的负载均能稳定运行。

2. 人为机械特性

人为机械特性是指人为改变电源参数或电动机参数而得到的机械特性，包括以下两类：

（1）降低定子电压时的人为机械特性。最大电磁转矩 T_m 与电源电压的平方成正比；临界转差率 s_m 只与电动机本身的参数有关，而与电源电压无关。可绘出降低定子电压时的人为机械特性曲线，如图 6-28 所示。

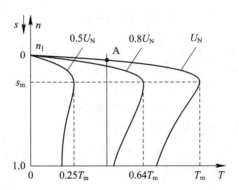

图 6-28 降低定子电压时的人为机械特性

电磁转矩和电压的平方成正比，因此增大或减小电源电压都可以改变电磁转矩。由于异步电动机在额定电压下运行时，磁路已经饱和，所以不能利用升高电压的方法来改变机械特性。

当电动机在某一负载下运行时，若降低电源电压，电磁转矩减小将导致电动机转速下降，转子电流、定子电流增大。若电动机电流超过额定值，则电动机的最终温升超过允许值，导致电动机寿命缩短，甚至使电动机烧毁。如果电压降低过多，也会使最大转矩小于负载转矩，而使电动机发生停转。在降低定子电压时的人为机械特性曲线中，线性段的斜率变大，特性变软，起动转矩倍数和过载能力显著下降。

（2）转子回路串入三相对称电阻的人为机械特性。

绕线式三相异步电动机通过滑环，可以在三相转子回路中串入三相对称电阻后，三相再短路。从式（6-48）和式（6-49）可以看出，最大电磁转矩与转子每相电阻值无关，即转子串入电阻后，T_m 不变。而临界转差率与转子电阻 R_2' 成正比，这里 R_2' 指的是转子回路每相的总电阻，包括了外边串入的电阻 R_c。为了更清楚起见，可以写为

$$s \propto (R_2 + R_c)$$

转子回路串电阻并不改变同步转速 n_1，因此转子回路串三相对称电阻后的人为机械特性如图6-29所示。从图中可以看出，转子回路串入一些电阻，可以增大起动转矩，串入的电阻合适时，可使

$$s_m = \frac{R_2' + R_c'}{X_{1\sigma} + X_{2\sigma}'} = 1; \qquad T_{st} = T_m$$

即起动转矩为最大电磁转矩，其中 $R_c' = k_e k_i R_c$。但是若串入转子回路的电阻再增加，则有 $s_m > 1$，$T_{st} < T_m$。因此转子回路串电阻增大起动转矩并

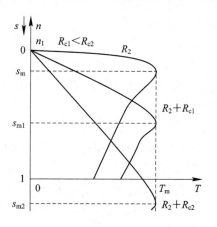

图6-29　转子回路串电阻后的
人为机械特性

非是电阻越大越好，而是有一个限度。显然，在转子回路串接电阻后的人为机械特性曲线中，随着串接电阻值的增大，线性段的斜率变大，特性变软。在一定范围内增加转子回路电阻可以增加电动机的起动转矩。

通过在转子回路串对称电阻，可以改善异步电动机的起动、调速和制动性能，只适用于绕线式异步电动机，不适用于鼠笼式异步电动机。

3. 稳定运行问题

电动机机械特性与负载转矩特性的交点即电动机的运行点，如图6-30所示中的 a、b、c、d 点。从三相异步电动机机械特性上看，当 $0 < s < s_m$ 时，机械特性下斜，拖动恒转矩负载和泵类负载运行时均能稳定运行，如图6-30中的 a、c 点。当 $s_m < s < 1$ 时，机械特性上翘，拖动恒转矩负载不能稳定运行，如图6-30中的 b 点。但拖动泵类负载时，满足 $T = T_L$ 处，$\dfrac{\mathrm{d}T}{\mathrm{d}n} < \dfrac{\mathrm{d}T_L}{\mathrm{d}n}$ 的条件，仍可以稳定运行，如图6-30中的 d 点。但是

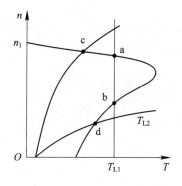

图6-30　异步电动机稳定性分析

由于这时候转速低，转差率大，转子电动势 $E_{2s} = sE_2$ 比正常运行时大很多，造成转子电流、定子电流均很大，不能长期运行。因此三相异步电动机稳定运行区在 $0 < s < s_m$ 范围内。

三、电磁转矩的实用表达式

1. $T\text{-}s$ 曲线绘制

电磁转矩参数表达式清楚地显示了转矩与转差率及电动机参数之间的关系。但是电动机定子、转子参数在电动机的产品目录或铭牌上是查不到的。为了便于工程计算，推导出如下公式，用电磁转矩的参数表达式(6-44)除以最大电磁转矩表达式(6-47)，并且由于 $R_1 \ll R_2'/s$，可忽略 R_1，得

$$\frac{T}{T_{\mathrm{m}}} = \frac{2\dfrac{R_2'}{s}(X_{1\sigma} + X_{2\sigma}')}{\left(\dfrac{R_2'}{s}\right)^2 + (X_{1\sigma} + X_{2\sigma}')^2} \qquad (6-54)$$

分子、分母上下同除以 $\dfrac{R_2'}{s}(X_{1\sigma} + X_{2\sigma}')$，即

$$T = \frac{2T_{\mathrm{m}}}{\dfrac{s}{s_{\mathrm{m}}} + \dfrac{s_{\mathrm{m}}}{s}} \qquad (6-55)$$

式(6-55)是异步电动机电磁转矩的实用表达式。只要知道 T_{m} 和 s_{m}，就可以求出 $T = f(s)$ 曲线。

通常可利用产品目录中给出的数据来估算 $T = f(s)$ 曲线。其步骤如下：

(1) 根据额定功率 P_{N} 及额定转速 n_{N} 求出 T_{N}。

(2) 由过载系数 λ 求得最大电磁转矩 T_{m}，$T_{\mathrm{m}} = \lambda T_{\mathrm{N}}$。

(3) 根据过载系数 λ，借助于式(6-55)求取临界转差率 s_{m}。

由 $\dfrac{T_{\mathrm{N}}}{T_{\mathrm{m}}} = \dfrac{2}{\dfrac{s_{\mathrm{N}}}{s_{\mathrm{m}}} + \dfrac{s_{\mathrm{m}}}{s_{\mathrm{N}}}} = \dfrac{1}{\lambda}$ 求得

$$s_{\mathrm{m}} = s_{\mathrm{N}}(\lambda + \sqrt{\lambda^2 - 1}) \qquad (6-56)$$

(4) 把上述求得的 T_{m}、s_{m} 代入式(6-55)就可获得转矩特性方程：

$$T = \frac{2T_{\mathrm{m}}}{\dfrac{s}{s_{\mathrm{m}}} + \dfrac{s_{\mathrm{m}}}{s}}$$

只要给定一系列 s 值，便可求出相应的电磁转矩，并作出 $T = f(s)$ 曲线。

2. 实际应用

若使用实用公式时，不知道额定工作点数据，更多的情况是在人为机械特性上运行，该特性上没有额定运行点，这时可将任一已知点的 T 和 s 代入式(6-55)，找出 s_{m} 的表达式为

$$s_{\mathrm{m}} = s\left[\lambda\frac{T_{\mathrm{N}}}{T} + \sqrt{\lambda^2\left(\frac{T_{\mathrm{N}}}{T}\right)^2 - 1}\right] \qquad (6-57)$$

当三相异步电动机在额定负载范围内运行时，它的转差率小于额定转差率($s_{\mathrm{N}} = 0.01 \sim 0.06$)，$s/s_{\mathrm{m}} \ll s_{\mathrm{m}}/s$，忽略 s/s_{m}，式(6-55)变成

$$T = \frac{2T_{\mathrm{m}}}{s_{\mathrm{m}}}s \qquad (6-58)$$

经过以上简化，三相异步电动机的机械特性呈线性变化关系，使用起来更为方便。但是，式(6-58)只能用于转差率在 $s_m \geqslant s > 0$ 的范围内。在应用该公式时，s_m 按下式计算

$$s_m = 2\lambda s_N \tag{6-59}$$

【例 6-6】 一台三相绕线式异步电动机，已知额定功率 $P_N = 50 \text{ kW}$，额定电压 $U_N = 380 \text{ V}$，额定频率 $f_1 = 50 \text{ Hz}$，额定转速 $n_N = 731 \text{ r/min}$，过载系数 $\lambda = 2$。求：

(1) 临界转差率 s_m；

(2) 最大转矩 T_m；

例 6-6

(3) 电动机的转差率 $s = 0.01$ 时的电磁转矩；

(4) 拖动恒转矩负载 450 N·m 时电动机的转速。

解 (1) 根据额定转速 n_N 的大小可以判断出 $n_1 = 750 \text{ r/min}$，则额定转差率为

$$s_N = \frac{n_1 - n_N}{n_1} = \frac{750 - 731}{750} = 0.0253$$

临界转差率为

$$s_m = s_N(\lambda + \sqrt{\lambda^2 - 1}) = 0.0253 \times (2 + \sqrt{2^2 - 1}) = 0.0944$$

(2) 最大转矩 T_m。

额定转矩为

$$T_N = 9550 \frac{P_N}{n_N} = 9550 \times \frac{50}{731} = 653.21 \text{ (N·m)}$$

$$T_m = \lambda T_N = 2 \times 653.21 = 1306.42 \text{ (N·m)}$$

(3) 当 $s = 0.01$ 时，电磁转矩为

$$T = \frac{2T_m}{\dfrac{s}{s_m} + \dfrac{s_m}{s}} = \frac{2 \times 1306.42}{\dfrac{0.01}{0.0944} + \dfrac{0.0944}{0.01}} = 273.71 \text{ (N·m)}$$

(4) 电磁转矩 450 N·m 时，转差率为 s'，则

$$T = \frac{2T_m}{\dfrac{s'}{s_m} + \dfrac{s_m}{s'}}$$

代入数值得

$$450 = \frac{2 \times 1306.42}{\dfrac{s'}{0.0944} + \dfrac{0.0944}{s'}}$$

求出 $s' = 0.0168$（另一解为 0.5314，不合理舍去），则电动机转速为

$$n = (1 - s')n_1 = (1 - 0.0168) \times 750 = 737 \text{ (r/min)}$$

读者还可以尝试用近似线性公式进行计算，比较一下。

6.2.5　三相异步电动机的工作特性分析及参数测定

【内容导入】

三相异步电动机的工作特性是在实际工作中分析电机运行时故障现象的依据；空载、堵转试验为我们求取电动机参数，并利用参数进行电动机特性分析和计算提供了便利。

【内容分析】

在额定电压和额定频率下，电动机的转速 n、定子电流 I_1、功率因数 $\cos\varphi_1$、电磁转矩 T、效率 η 等与输出功率 P_2 的关系曲线，称为异步电动机的工作特性，如图 6 - 31 所示。

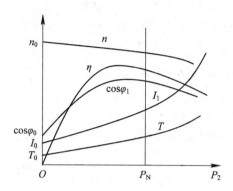

图 6 - 31 异步电动机工作特性

一、三相异步电动机的工作特性分析

1. 工作特性

1）转速特性 $n = f(P_2)$

当三相异步电动机空载时，$n \approx n_1$。随着负载的增加，转速略降低，转差率增大，转子电动势 E_{2s} 增大，转子电流 I_{2s} 增大，产生较大电磁转矩来平衡负载转矩。因此，随着 P_2 的增加，转子转速 n 下降，转差率 s 增大，通常额定负载的转差率 $s_N = 0.01 \sim 0.06$。由于转子转速下降幅度不大，因此该特性称为硬特性。

2）定子电流特性 $I_1 = f(P_2)$

当电动机空载时，转子电流差不多为零，即 $I_2' \approx 0$，定子电流等于励磁电流，即 $I_1 \approx I_0$，随着负载的增加，转速下降，转子电流增大，定子电流也增大。

3）定子边功率因数特性 $\cos\varphi_1 = f(P_2)$

三相异步电动机运行时必须从电网吸收滞后性无功功率，它的功率因数永远小于 1。空载时，定子电流只有励磁电流，功率因数很低，$\cos\varphi_0$ 为 $0.1 \sim 0.2$；负载增加时，定子电流中的有功分量增加，使功率因数提高。接近额定负载时，$\cos\varphi_1$ 达最高。过载时，n 下降较多，转差率增大，使转子等效电阻 R_2'/s 和转子功率因数 $\cos\varphi_2$ 下降得较快，转子电流与电动势之间相位差 φ_2 增大，$\cos\varphi_2$ 下降很快，结果 $\cos\varphi_1$ 又开始减小。

4）电磁转矩特性 $T = f(P_2)$

稳定运行时异步电动机的转矩方程为 $T = T_0 + T_2 = T_0 + \dfrac{P_2}{\Omega}$。

当电动机空载时，$T = T_0$。随着负载增加，P_2 增大，空载转矩 T_0 可认为不变，从空载到额定负载机械角速度 Ω 变化较小，电磁转矩 T 随 P_2 的变化近似为一条直线。

5）效率特性 $\eta = f(P_2)$

$$\eta = \frac{P_2}{P_1} = 1 - \frac{\sum p}{P_2 + \sum p}$$

电动机空载时，$P_2 = 0$，$\eta = 0$，随着输出功率 P_2 的增加，效率 η 也在增加。在正常范围内主磁通变化很小，所以铁损耗变化不大，机械损耗变化也很小，合起来称不变损耗。定、转子铜损耗与电流平方成正比，变化很大，称可变损耗。当不变损耗等于可变损耗时，电动机的效率达最大，即 η_{max}。对中、小型异步电动机，大约 $P_2 = 0.75 P_N$ 时，效率最高。如果负载继续增大，效率反而要降低。一般来说，电动机的容量越大，效率越高。

2. 工作特性的求取

用直接负载法求异步电动机的工作特性，要先测出电动机的定子电阻、铁损耗和机械损耗。这些参数都能从电动机的空载试验中得到。

直接负载试验是在电源电压为额定电压 U_N、额定频率 f_N 的条件下，给电动机的轴上带上不同的机械负载，测量不同负载下的输入功率 P_1、定子电流 I_1、转速 n，即可算出各种工作特性，并画成曲线。

如果用试验法能测出异步电动机的参数以及测出机械损耗和附加损耗（附加损耗也可以估算），利用异步电动机的等效电路，也能够间接地计算出电动机的工作特性。

二、三相异步电动机的参数测定

通过以上分析，在异步电动机的特性分析和计算中，经常会用到 T 型等效电路。和变压器一样，通过空载和短路（堵转）两个试验，可以测取异步电动机的结构参数 R_1、$X_{1\sigma}$、R_2'、$X_{2\sigma}'$、R_m 和 X_m。

1. 空载试验

空载试验的目的是测取励磁阻抗 R_m、X_m，机械损耗 p_{mec} 和铁损耗 p_{Fe}。试验时，电动机的转轴上不加任何负载，即电动机处于空载运行，把定子绕组接到额定频率的三相对称电源上，当电源电压为额定值时，让电动机运行一段时间，使其机械损耗达到稳定值。用调压器改变加在电动机定子绕组上的电压，从 $(1.1 \sim 1.3)$ U_N 开始，逐渐降低电压，直到电动机的转速发生明显的变化为止，记录电动机的端电压 U_1、空载电流 I_0、空载功率 p_0 和转速 n，并画成曲线如图 6-32 所示，即异步电动机的空载特性。

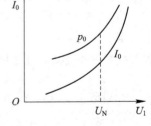

图 6-32 异步电动机空载特性

1) 铁损耗和机械损耗的确定

由于异步电动机处于空载状态，转子电流很小，转子里的铜损耗可忽略不计。在这种情况下，定子输入的功率 p_0 全部消耗在定子铜损耗 $m_1 I_0^2 R_1$、铁损耗 p_{Fe} 和机械损耗 p_{mec} 中，即

$$p_0 = m_1 I_0^2 R_1 + p_{Fe} + p_{mec}$$

从输入功率 p_0 中减去定子铜损耗 $m_1 I_0^2 R_1$，并用 p_0' 表示，得

$$p_0' = p_0 - m_1 I_0^2 R_1 = p_{Fe} + p_{mec}$$

上述损耗中，p_{Fe} 随着定子端电压的改变而发生变化，p_{mec} 的大小与电压 U_1 无关，只要电动机的转速不发生明显的变化，就认为是个常数。由于铁损耗 p_{Fe} 可认为与磁密的平方成正比，近似地与电动机的端电压 U_1^2 成正比。这样可以把 p_0' 对 U_1^2 的关系画成曲线，如图

6 - 33 所示。把图 6 - 33 中曲线延长与纵坐标轴交于点 O'，过 O' 作一水平虚线，把曲线的
纵坐标分成两部分。由于机械损耗 p_{mec} 与转速有关，电动机空载时，转速接近于同步转速，
对应的机械损耗是个不变的数值，可由虚线与横坐标轴之间的部分来表示这个损耗，其余
就是铁损耗 p_{Fe} 了。

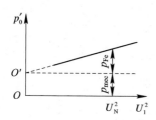

图 6 - 33　$p_0' = f(U_1^2)$ 曲线

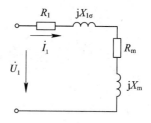

图 6 - 34　空载等值电路

2）励磁参数的确定

如图 6 - 34 所示为空载等值电路，可以看出定子加额定电压时，根据空载试验测得的
数据 I_0 和 p_0，算出

$$Z_0 = \frac{U_1}{I_0}, \quad R_0 = \frac{p_0 - p_{\text{mec}}}{3I_0^2}, \quad X_0 = \sqrt{Z_0^2 - R_0^2}$$

式中，p_0 是测得的三相功率；I_0、U_1 分别是相电流和相电压。

电动机空载时，$s \approx 0$，$R_2'/s \approx \infty$，则

$$X_0 = X_{\text{m}} + X_{1\sigma}$$

式中，$X_{1\sigma}$ 可从短路（堵转）试验中测出，于是励磁电抗

$$X_{\text{m}} = X_0 - X_{1\sigma}$$

励磁电阻则为

$$R_{\text{m}} = R_0 - R_1$$

2. 短路（堵转）试验

短路试验又叫堵转试验，即把绕线式异步电机的转子绕组短路，并把转子卡住，使其
不旋转。由于笼型电机转子本身已短路，为了在做短路试验时不出现过电流，可以降低加
在异步电动机定子上的电压。一般从 $U_1 = 0.4U_{\text{N}}$ 开
始，然后逐渐减小电压值。试验时，记录定子绕组加的
端电压 U_1、定子电流 $I_{1\text{k}}$ 和定子输入功率 $P_{1\text{k}}$；同时还
应测量定子绕组每相电阻 R_1 的大小。根据试验数据，
画出异步电动机的短路特性 $I_{1\text{k}} = f(U_1)$、$P_{1\text{k}} = f(U_1)$，
如图 6 - 35 所示。

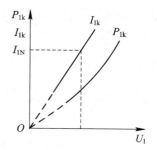

图 6 - 35　异步电动机的短路特性

因电压低，铁损耗可忽略，为了简单起见，可认
为 $Z_{\text{m}} \gg Z_2'$，$I_0 \approx 0$，即等效电路中的励磁支路开路。
由于试验时转速 $n = 0$，机械损耗 $p_{\text{m}} = 0$，定子全部的
输入功率 $P_{1\text{k}}$ 都损耗在定、转子的电阻上，即

$$P_{1\text{k}} = 3I_{1\text{k}}^2(R_1 + R_2')$$

根据短路试验测得的 $I_{1k}=I_{1N}$ 时的数据，可以算出短路参数

$$Z_k = \frac{U_k}{I_{1N}}, \quad R_k = \frac{p_{1k}}{3I_{1N}^2}, \quad X_k = \sqrt{Z_k^2 - R_k^2}$$

其中，$R_k = R_1 + R_2'$，$X_k = X_{1\sigma} + X_{2\sigma}'$。

从 R_k 减去定子电阻 R_1，即得 R_2'。对于 $X_{1\sigma}$ 和 $X_{2\sigma}'$，在大、中型异步电动机中可认为

$$X_{1\sigma} \approx X_{2\sigma}' \approx \frac{X_k}{2}$$

对于 100 kW 以下的小型异步电动机，可取 $X_{2\sigma}' \approx 0.67X_k$（2、4、6 极），$X_{2\sigma}' \approx 0.57X_k$（8、10 极）。

■ 小结

本节分析了异步电动机转子不转和转子旋转运行时的电磁关系，推导出异步电动机的基本方程、T 型等效电路和相量图，它们是进一步研究异步电动机各种运行性能的重要基础。

在异步电动机中无论转子转速如何，转子电流产生的基波磁动势在空间上与定子基波磁动势相对静止。这是异步电动机产生恒定电磁转矩、实现机电能量转换的必要条件。

异步电动机在折算时，不仅要进行绕组折算，即匝数、相数和绕组系数的折算；还要进行频率折算，频率折算就是将旋转的转子等效为静止的转子。

在异步电动机的等效电路中，$\frac{1-s}{s}R_2'$ 是模拟总机械功率的等效电阻，又称附加电阻。

由异步电动机的功率平衡关系及 T 型等效电路可获得异步电动机运行的两个重要公式。

异步电动机电磁转矩和转速之间的关系 $n=f(T)$ 称为机械特性，机械特性分为固有机械特性和人为机械特性。

最大电磁转矩和起动转矩均与电源电压的平方成正比；最大电磁转矩与转子回路电阻无关；临界转差率和转子回路电阻成正比；在一定范围内，增加转子回路电阻可以增加起动转矩，当临界转差率为 1 时，起动转矩将达到最大电磁转矩。

电磁转矩有 3 个表达式：一是物理表达式；二是参数表达式；三是实用表达式。应了解清楚异步电动机的工作特性的意义，用试验方法能测出异步电动机的参数以及测出机械损耗 p_{mec} 和铁损耗 p_{Fe}。

■ 思考与练习

一、填空题

1. 定子旋转磁动势 $\dot{F}_1$ 与转子旋转磁动势 $\dot{F}_2$，它们相对于定子来说，是转向＿＿＿＿＿，转速＿＿＿＿＿，定、转子磁动势相对＿＿＿＿＿是一切旋转电机能够正常运行的必要条件。

2. 额定运行的异步电动机 $s_N=$＿＿＿＿＿；若 $f_1=50$ Hz，则 $f_2=$＿＿＿＿＿Hz。

3. 求异步电动机等效电路需要进行＿＿＿＿＿折算和＿＿＿＿＿折算；折算的原则是保持折算前后的＿＿＿＿＿及＿＿＿＿＿不变。

4. 为了等效地将旋转着的转子折算成不动的转子，就必须在转子回路中串入一个实

际上并不存在的附加电阻_____。这个虚拟电阻的损耗，实质上表征了异步电动机的

_____。

5. 三相异步电动机的磁动势平衡方式为_____。

6. 一台 6 极三相笼型感应电动机，其转差率 $s_N = 0.05$，则经空气隙由定子传递到转子侧的电磁功率中有_____％转化为转子铜损耗，另有_____％将转变为总机械功率。

7. 一台 6 极三相异步电动机，接于 50 Hz 的三相电源，其转差率 $s_N = 0.03$，则此时转子转速为_____r/min，转子磁动势相对于转子转速为_____r/min，转子磁动势相对于定子的转速为_____r/min，转子磁动势相对于定子磁动势的转速为_____r/min。

8. 异步电机等效电路中 $\frac{1-s}{s}R_2'$ 是代表_____的等值电阻。

9. 一台 4 极异步电动机的额定转速为 1455 r/min，额定频率为 50 Hz，则该电机同步转速为_____r/min，额定转差率为_____，额定运行时转子频率 f_2 为_____Hz。

二、选择题

1. 异步电动机等效电阻 $\frac{1-s}{s}R_2'$ 上的电功率是指(　　)。

A. P_M　　　　　　B. P_2　　　　　　C. P_{mec}　　　　　　D. P_1

2. 三相异步电动机空载时气隙磁通的大小主要取决于(　　)。

A. 电源电压　　　　　　　　　　B. 气隙大小

C. 定、转子铁心材质　　　　　　D. 定子绕组漏抗

3. 三相异步电动机能画出像变压器那样的等效电路是由于(　　)。

A. 它们的定子或一次侧电流滞后于电源电压

B. 气隙磁场在定、转子或主磁通在一、二次侧都感应电动势

C. 它们都有主磁通和漏磁通

D. 它们都是由电网取得励磁电流

4. 三相异步电动机的空载电流比同容量变压器大的原因是(　　)。

A. 异步电动机是旋转的　　　　　B. 异步电动机的损耗大

C. 异步电动机主磁路有气隙　　　D. 异步电动机有漏抗

5. 一台三相异步电动机运行时，其转差率 $s_N = 0.03$，则由定子经由空气隙传递到转子的功率中，有 3％是(　　)。

A. 电磁功率　　　　　　　　　　B. 机械损耗

C. 总机械功率　　　　　　　　　D. 转子铜损耗

6. 异步电动机的功率因数(　　)。

A. 总是超前的　　　　　　　　　B. 总是滞后的

C. 负载大时超前，负载小时滞后　D. 负载小时超前，负载大时滞后

7. 异步电动机定、转子磁动势的相对速度为(　　)。

A. 同步速度 n_1　　　　　　　　B. 转差速度 sn_1

C. 两倍同步速度 $2n_1$　　　　　　D. 零

8. 异步电动机等效电路中的电阻 R_2'/s 上消耗的功率为(　　)。

A. 转子铜损耗　　　　　　　　B. 轴端输出的机械功率

C. 总机械功率　　　　　　　　D. 电磁功率

三、简答题

1. 一台频率为 60 Hz 的三相异步电动机运行于 50 Hz 的电源上，其他不变，电动机空载电流如何变化？若电源电压不变时，那么三相异步电动机产生的主磁通变化吗？

2. 当三相异步电动机的转速发生变化时，转子所产生的磁动势在空间的转速是否发生变化？为什么？

3. 三相异步电动机在额定电压下运行，若转子突然被卡住，电流如何变化？对电动机有何影响？

4. 画出三相异步电动机 T 形等效电路并说明等效电路中各个参数的物理意义？等效电路中附加电阻 $\frac{1-s}{s}R_2'$ 的物理意义是什么？能否用电抗或电容代替这个附加电阻？为什么？

5. 一台异步电动机额定运行时，$n_{\mathrm{N}}=1450$ r/min，有百分之几消耗在转子电阻上？有百分之几转换成总机械功率？

6. 当异步电动机机械负载增加以后，定子方面输入电流增加，因而输入功率增加，其中的物理过程是怎样的？从空载到满载时气隙磁通有何变化？

7. 和同容量的变压器相比较，感应电机的空载电流较大，为什么？

8. 感应电机定、转子边的频率并不相同，相量图为什么可以画在一起？根据是什么？

9. 什么叫转差功率？转差功率消耗到哪里去了？增大这部分消耗，异步电动机会出现什么现象？

10. 异步电动机的电磁转矩物理表达式的物理意义是什么？

11. 异步电动机拖动额定负载运行时，若电源电压下降过多，会产生什么后果？

四、计算题

1. 已知一台三相绕线式异步电动机，额定电压 $U_{1\mathrm{N}}=380$ V，额定功率 $P_{\mathrm{N}}=100$ kW，额定转速 $n_{\mathrm{N}}=950$ r/min，额定频率 50 Hz，在额定转速下运行时，机械摩擦损耗 $p_{\mathrm{mec}}=1$ kW，忽略附加损耗。求额定运行时：(1) 额定转差率 s_{N}；(2) 电磁功率 P_{M}；(3) 转子铜损耗 p_{Cu2}；(4) 额定电磁转矩；(5) 额定输出转矩；(6) 额定空载转矩。

2. 一台三相四极 Y 连接的异步电动机，额定功率 $P_{\mathrm{N}}=10$ kW，额定电压 $U_{\mathrm{N}}=380$ V，$I_{\mathrm{N}}=11.6$ A。额定运行时，$p_{\mathrm{Cu1}}=560$ W，$p_{\mathrm{Cu2}}=310$ W，$p_{\mathrm{Fe}}=270$ W，$p_{\mathrm{mec}}=70$ W，$p_{\mathrm{ad}}=200$ W，试求额定运行时：(1) 额定转速 n_{N}；(2) 空载转矩 T_0；(3) 输出转矩 T_2；(4) 电磁转矩 T。

3. 一台异步电动机，额定功率 $P_{\mathrm{N}}=3$ kW，$U_{\mathrm{N}}=380$ V，$I_{\mathrm{N}}=7.25$ A，定子采用 Y 连接，$R_1=2$ Ω，空载试验数据如下：$U_0=380$ V，$I_0=3.64$ A，$p_0=264$ W，机械损耗 $p_{\mathrm{mec}}=11$ W，附加损耗忽略不计。短路试验数据为：$U_k=100$ V，$I_k=7$ A，$p_k=470$ W，认为 $X_{1\sigma}=X_{2\sigma}'$，求 R_2'、$X_{1\sigma}$、$X_{2\sigma}'$、R_{m}、X_{m}。

6.3　三相异步电动机的起动、调速和制动

▶▶ 内容导学

如图 6 - 36 所示为我们旅行中经常乘坐的和谐号高铁动车，查阅相关资料了解一下它的电力拖动系统的组成如何？它是如何起动、调速和制动的？

图 6 - 36　和谐号高铁动车

▶▶ 知识目标

- ▶ 掌握三相异步电动机的起动方法、适用场合及其优缺点；
- ▶ 了解深槽式及双鼠笼式异步电动机的结构特点和工作原理；
- ▶ 掌握三相异步电动机的调速方法、原理、特点及应用；
- ▶ 掌握三相异步电动机的制动方法、原理、特点及应用。

▶▶ 能力目标

- ▶ 能说出三相异步电动机的起动方法、适用场合及其优缺点；
- ▶ 能说出深槽式及双鼠笼式异步电动机的结构；
- ▶ 能说出三相异步电动机的调速方法、原理、特点及应用；
- ▶ 能说出三相异步电动机的制动方法、原理、特点及应用。

6.3.1　三相异步电动机的起动方法

【内容导入】

大家有没有这样的体验，家庭用冰箱每次起动时，室内白炽灯会瞬间暗一下，很快灯光亮度又恢复正常。这是什么原因呢？工矿企业中大多采用三相异步拖动系统，三相异步电动机起动时会出现什么现象呢？

【内容分析】

异步电动机的起动指的是从异步电动机接通电源开始，其转速从零上升到稳定转速的运行过程。在电力拖动系统中，不同种类的负载有不同的起动条件，对电动机的起动性也提出不同的要求，总的来说，对异步电动机起动主要有以下几点要求。

（1）起动电流小，以减小对电网的冲击。

（2）起动转矩要足够大，以加速起动过程，缩短起动时间。

（3）起动设备尽量简单、可靠、操作方便。

一、三相异步电动机的直接起动

直接起动是起动时通过接触器将电动机的定子绕组直接接在额定电压的电源上，所以也称为全压起动。这是一种最简单的起动方法，下面分析讨论一下异步电动机直接起动的实际现象。

1. 起动电流 I_{st} 过大

电动机起动瞬间的定子线电流为起动电流，用 I_{st} 表示。刚起动时，$n=0$，$s=1$，转子感应电动势很大，所以转子起动电流很大，一般可达转子额定电流的 $5\sim8$ 倍。根据磁动势平衡关系，起动时定子电流也很大，一般可达定子额定电流的 $4\sim7$ 倍。

2. 起动转矩 T_{st} 不大

从三相异步电动机固有机械特性的分析中知道，如果在额定电压下直接起动三相异步电动机，由于最初起动瞬间主磁通 Φ_1 约减少到额定值的一半，功率因数 $\cos\varphi_2$ 很低。由电磁转矩的物理表达式 $T=C_T\Phi_1 I_2'\cos\varphi_2$ 可知，此时起动电流相当大而起动转矩并不大。

3. 直接起动的影响

起动过程中出现短时大电流，对不频繁起动的异步电动机本身没有影响；对频繁起动的异步电动机来说，频繁出现短时大电流会使电动机内部损耗较多而过热，但只要限制每小时最高起动次数，电动机也是能承受得住的。因此只考虑电动机本身，一般是可以直接起动的。

起动瞬间对电网会造成较大冲击，使整个电网电压降低，接于同一电网的其他负载就不可能正常运行。

只有起动转矩满足 $T_{st}>(1.1\sim1.2)T_L$ 的条件下，电动机才能正常起动。一般来说，如果异步电动机轻载和空载起动，直接起动时的起动转矩就足够大；但是如果是重载起动，如 $T_L=T_N$，且要求起动过程快时，直接起动的起动转矩就不够大了。起动转矩不大，轻者造成设备不能正常起动；重者造成堵转而使电动机电流过大而过热烧毁。

4. 经验公式

首先从电动机产品目录中可以查出该台电动机的起动电流倍数 k_i；其次把电网总容量即变压器总容量和电动机铭牌额定功率代入公式计算，即

$$k_i = \frac{I_{st}}{I_N} < \frac{1}{4}\left[3 + \frac{电源总容量(kVA)}{起动电动机容量(kW)}\right] \tag{6-60}$$

式中，I_{st} 为电动机的起动电流；I_N 为电动机的额定电流。

如果能满足式(6-60)的要求,则可以采用直接起动的方法;如果不能满足式(6-60)的要求,则必须采用降压起动的方法。

直接起动不需要专门的起动设备,这是三相异步电动机的最大优点之一。

二、三相笼型异步电动机的降压起动

降压起动是通过起动设备使定子绕组承受的电压小于额定电压,从而减少起动电流,待电动机转速达到某一数值时,再让定子绕组承受额定电压,使电动机在额定电压下稳定运行。

降压起动的方法有以下几种:

1. 定子串接电抗器起动

三相异步电动机定子串电抗器起动,起动时将电抗器接入定子电路;起动后,切除电抗器,进入正常运行。三相异步电动机直接起动时,如图 6-37(a)所示为直接起动的单相等效电路;定子侧串入电抗 X 起动时的单相等效电路如图 6-37(b)所示。定子串入电抗起动是通过增大定子边电抗值,使加到每相定子绕组的实际相电压降低,起动电流将随之减小。

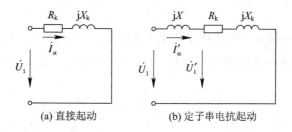

(a) 直接起动　　　　　　　(b) 定子串电抗起动

图 6-37　单相等效电路

根据图 6-37(b)所示等效电路,可以得出

$$\dot{U}_1 = \dot{I}'_{st}(Z_k + jX), \quad \dot{U}'_1 = \dot{I}'_{st} Z_k$$

由于短路阻抗 $Z_k = R_k + jX_k$ 中 $X_k > 0.9Z_k$, $X_k \approx Z_k$,因此,串电抗起动时,可以近似把 Z_k 看成是电抗性质,误差也不会太大。设串电抗时电动机定子相电压 U'_1 与直接起动时相电压 $U_1 = U_{1N}$ 之比为 k,则电动机相电压从 U_{1N} 降到 U'_1 时,起动电流从 I_{st} 降成 I'_{st},故

$$\left.\begin{aligned}
\frac{U'_1}{U_{1N}} &= k = \frac{Z_k}{Z_k + X} \\
\frac{I'_{st}}{I_{st}} &= \frac{U'_1}{U_{1N}} = k = \frac{Z_k}{Z_k + X} \\
\frac{T'_{st}}{T_{st}} &= k^2 = \left(\frac{Z_k}{Z_k + X}\right)^2
\end{aligned}\right\} \tag{6-61}$$

显然,定子串接电抗器起动,降低了起动电流,起动转矩降低了更多。因此,定子串接电抗器起动,只能用于空载和轻载起动。

2. Y-△起动

对于运行时定子绕组接成△形的三相笼型异步电动机,为了减少起动电流,可以采用 Y-△起动的起动方法,其接线如图 6-38 所示。开关 S_2 合到下边,电动机定子绕组采用 Y 连接,电动机开始起动;当转速升高到一定程度后,开关 S_2 从下边断开合向上边,定子绕

组采用△连接，电动机进入正常运行。

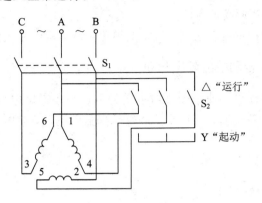

图 6-38 Y-△起动的接线

采用 Y-△起动，设电动机的额定电压为 U_N，电动机每相阻抗为 Z。

(1) 直接起动。电动机直接起动时，定子绕组采用△连接，原理图如图 6-39(a)所示。每一相绕组起动电压大小为 $U_1=U_N$，每相起动电流为 $I_\triangle=U_1/Z=U_N/Z$，起动线电流为 $I_{st\triangle}=\sqrt{3}I_\triangle$。

(2) 降压起动。如图 6-39(b)所示，降压起动时，定子绕组采用 Y 连接，则绕组相电压为 $U_N/\sqrt{3}$，定子绕组每相起动电流为 $U_N/(\sqrt{3}Z)$，故降压时电动机的起动电流(线电流)为 $I_{stY}=U_N/(\sqrt{3}Z)$。

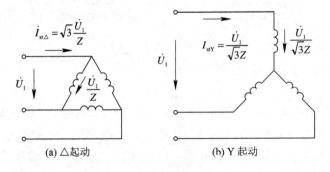

(a) △起动   (b) Y 起动

图 6-39 Y-△换接降压起动

Y 与△连接起动时，起动电流的比值为

$$\frac{I_{stY}}{I_{st\triangle}}=\frac{\dfrac{U_N}{\sqrt{3}Z}}{\sqrt{3}\dfrac{U_N}{Z}}=\frac{1}{3} \qquad (6-62)$$

由于起动转矩与相电压的平方成正比，故 Y 与△连接起动的起动转矩的比值为

$$\frac{T_{stY}}{T_{st\triangle}}=\frac{\left(\dfrac{U_N}{\sqrt{3}}\right)^2}{(U_N)^2}=\frac{1}{3} \qquad (6-63)$$

由此可见，Y-△降压起动的起动电流及起动转矩都减小到直接起动时的 1/3 。

Y-△换接起动最大的优点是操作方便，起动设备简单，成本低，但它仅适用于正常运行时定子绕组作三角形连接的笼型异步电动机。由于起动转矩只有直接起动时的 1/3，起动转矩降低很多，而且是不可调的，因此只能用于轻载或空载起动的设备上。

3. 自耦变压器降压起动

这种起动方法是通过自耦变压器把电压降低后再加在电动机定子绕组上，以减少起动电流。其原理如图 6 - 40 所示。

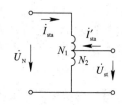

图 6 - 40　自耦变压器原理

设自耦变压器的电压变比为 k_a（变压器抽头比为 $k=1/k_a$），即 $k_a=N_1/N_2$。电网电压为 U_N，全压直接起动时的起动电流和起动转矩分别用 I_{stN} 和 T_{stN} 表示。直接起动时的起动电流 $I_{stN}=U_N/Z$，则经自耦变压器降压后，加在电动机上的起动电压（自耦变压器二次电压）为 $U_{st}=\dfrac{U_N}{k_a}$。

经过自耦变压器降压后，电动机定子绕组上流过的电流为

$$I'_{sta}=\frac{U_{st}}{Z}=\frac{\dfrac{U_N}{k_a}}{Z}=\frac{I_{stN}}{k_a}$$

此时电网供给的起动电流 I_{sta}（自耦变压器的一次侧电流）为

$$I_{sta}=\frac{I_{sta}}{k_a}=\frac{1}{k_a}\left(\frac{I_{stN}}{k_a}\right)=\frac{I_{stN}}{k_a^2} \qquad (6-64)$$

采用自耦变压器降压起动时，加在电动机上的电压为额定电压的 $1/k_a$ 倍，由于起动转矩与电源电压的平方成正比，所以起动转矩 T_{sta} 也减小到直接起动时的 $1/k_a^2$ 倍，即

$$T_{sta}=\frac{T_{stN}}{k_a^2}=k^2 T_{stN} \qquad (6-65)$$

由此可见，利用自耦变压器降压起动，电网供给的起动电流及电动机的起动转矩都减小到直接起动时的 $1/k_a^2$ 倍。

异步电动机起动的专用自耦变压器有 QJ2 和 QJ3 两个系列。它们的低压侧各有 3 个抽头，QJ2 型的 3 个抽头电压分别为（额定电压的）55%、64% 和 73%；QJ3 型也有 3 种抽头比，分别为 40%、60% 和 80%。选用不同的抽头比，即不同的 k 值（$k=1/k_a$），就可以得到不同的起动电流和起动转矩，以满足不同的起动要求。

自耦变压器降压起动的优点是不受电动机绕组连接方式的影响，还可根据起动的具体情况选择不同的抽头比，较定子串接电抗器起动和 Y - △ 起动更为灵活，在容量较大的鼠笼式异步电动机中得到广泛的应用。但采用该方法投资大，起动设备体积也大，而且不允许频繁起动。

4. 软起动

三相鼠笼异步电动机的软起动是一种新型起动方法。软起动是利用串接在电源和电动机之间的软起动器，它使电动机的输入电压从零伏或低电压开始，按预先设置的方式逐渐上升，直到全电压结束。通过控制软起动器内部晶闸管的导通角，从而控制其输出电压或电流，达到有效控制电动机起动的目的。

软起动技术
与课程思政

软起动应用在不需要调速的各种场合，特别适合各种泵类及风机类负载；软起动的功

能同样也可以用于制动，用以实现软停车。

【例 6-7】 一台笼型三相异步电动机，$P_N = 300$ kW，$U_N = 380$ V，$I_N = 527$ A，$n_N = 1475$ r/min，$\lambda = 2.5$，定子绕组采用 Y 连接，起动电流倍数 $k_i = 6.7$，起动转矩倍数 $k_{st} = 1.5$。供电变压器要求起动电流 $\leqslant 1800$ A，起动时负载转矩 $T_L = 1000$ N·m。请选择一个合适的起动方法，写出必要的计算数据（若采用自耦变压器降压起动，3 种抽头分别为 55%、64%、73%）。

例 6-7

解 电动机的额定转矩为

$$T_N = 9550 \frac{P_N}{n_N} = 9550 \times \frac{300}{1475} = 1942.37 \ (N \cdot m)$$

正常起动要求起动转矩不小于 $1.1T_L = 1.1 \times 1000 = 1100$ (N·m)。

（1）校核能否采用直接起动方法，直接起动的起动电流为

$$I_{st} = k_i I_N = 6.7 \times 527 = 3530.9 \ (A) > 1800 \ (A)$$

故不能采用直接起动方法起动。

（2）三相异步电动机正常运行时为 Y 连接，故不能采用 Y-△ 起动。

（3）校核能否采用定子串接电抗器起动。限定的最大起动电流 $I_{stx} = 1800$ A，则串接电抗器起动最大起动转矩为

$$T'_{st} = \left(\frac{I_{stx}}{I_{st}}\right)^2 T_{st} = \left(\frac{1800}{3530.9}\right)^2 \times 1.5 \times 1942.37 = 757.18 \ (N \cdot m) < 1100 \ (N \cdot m)$$

故不能采用定子串接电抗器起动。

（4）校核能否采用自耦变压器降压起动。抽头为 55% 时，起动电流和起动转矩分别为

$$I_{sta} = 0.55^2 I_{stN} = 0.55^2 \times 3530.9 = 1068.10 \ (A) < 1800 \ (A)$$

$$T_{sta} = 0.55^2 T_{stN} = 0.55^2 \times 1.5 \times 1942.37 = 881.35 \ (N \cdot m) < 1100 \ (N \cdot m)$$

不能采用。

抽头为 64% 时，起动电流和起动转矩分别为

$$I_{sta} = 0.64^2 I_{stN} = 0.64^2 \times 3530.9 = 1446.26 \ (A) < 1800 \ (A)$$

$$T_{sta} = 0.64^2 T_{stN} = 0.64^2 \times 1.5 \times 1942.37 = 1193.39 \ (N \cdot m) > 1100 \ (N \cdot m)$$

故可以采用 64% 的抽头。

抽头为 73% 时，起动电流为

$$I_{sta} = 0.73^2 I_{stN} = 0.73^2 \times 3530.9 = 1881.62 \ (A) > 1800 \ (A)$$

故不能采用。

到目前为止，前面所介绍的几种笼型异步电动机降压起动方法，其共性是减小了起动电流，但同时又都不同程度地降低了起动转矩，因此只适合空载或轻载起动。对于重载起动的情况，往往要求缩短起动进程且起动转矩足够大，就需要采用绕线式异步电动机。

三、绕线式三相异步电动机的起动

绕线式三相异步电动机的转子回路中可以外串三相对称电阻，以增大电动机的起动转矩。如果外串电阻 R_{st} 的大小合适，当 $R'_2 + R'_{st} = X_{1\sigma} + X'_{2\sigma}$ 时，可以做到 $T_{st} = T_m$，起动转矩达到可能的最大值。同时，由于 R_{st} 比较大，起动电流也明显减小了。起动结束后，可以切

除外串电阻，电动机的效率不受影响。绕线式三相异步电动机可以应用在重载和频繁起动的生产机械上。绕线式三相异步电动机主要有两种起动方法：转子串频敏变阻器和串电阻起动。下面分别加以介绍。

1. 转子串频敏变阻器起动

对于单纯为了限制起动电流、增大起动转矩的绕线式异步电动机，可以采用转子串频敏变阻器起动。

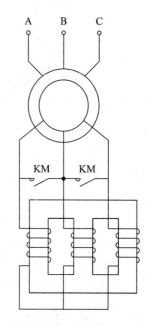

频敏变阻器与三相电抗器相似，由 3 个铁心柱和 3 个绕组组成，三相绕组接成星形，通过滑环和电刷与转子电路相接。绕线式三相异步电动机转子串频敏变阻器起动接线如图 6-41 所示。接触器触点 KM 断开时，电动机转子串入频敏变阻器起动。起动过程结束后，接触器触点 KM 再闭合，切除频敏变阻器，电动机进入正常运行。

频敏变阻器铁心用几片或十几片 30～50 mm 的厚钢板制成，铁心间有可调节的气隙，当绕组通过交流电后，在铁心中产生的涡流损耗和磁滞损耗都很大。频敏变阻器是根据涡流原理工作的，即铁心涡流损耗与频率的平方成正比。当转子电流频率变化时，铁心中的涡流损耗变化。每一相的等效电路若忽略绕组漏阻抗时，其励磁阻抗由励磁电阻与励磁电抗串联组成，用 $Z_p = R_p + jX_p$ 表示，且频率为 50 Hz 的电流通过时，$R_p \gg X_p$。

当绕线式异步电动机刚起动时，电动机转速很低，转子电流频率 $f_2 = sf_1$ 很高，接近 f_1，铁心中涡流损耗及其对应的等效电阻 R_p 最大，相当于在转子回路串入了一个较大的起动电阻，起到了限制起动电流和增加起动转矩的作用；起

图 6-41 绕线式异步电动机串
频敏电阻器起动接线

动后，随转子转速上升，转差率减小，转子电流频率随之减小，于是 R_p 减小，频敏变阻器的涡流损耗减小，相当于转子回路自动切除电阻的作用；起动结束后，$Z_p \approx 0$，转子绕组短接，频敏变阻器从电路切除。这时，可以闭合转子串频敏变阻器起动接触器触点 KM，予以切除。

频敏变阻器能实现无级平滑起动，结构较简单，成本低，使用寿命长，维护方便。其缺点是体积大、功率因数较低，起动转矩并不大。它适用于绕线式异步电动机的轻载起动，重载时一般采用串变阻器起动。

2. 转子串电阻分级起动

为了使整个起动过程中尽量保持较大的起动转矩，绕线式异步电动机可以采用逐级切除起动电阻的分级起动方法。如图 6-42 所示为绕线式三相异步电动机转子串电阻分级起动的接线图与机械特性，其起动过程如下。

（1）接触器触点 KM1、KM2、KM3 断开，绕线式异步电动机定子接额定电压，转子每相串入起动电阻（$R_{st1} + R_{st2} + R_{st3}$），电动机开始起动。起动点为机械特性曲线 3 上的 a 点，起动转矩为 T_1（$T_1 \leqslant 0.85T_m$）。

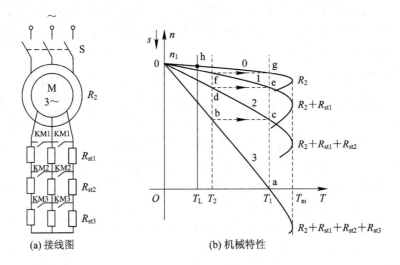

图 6-42　绕线式三相异步电动机转子串电阻分级起动

（2）转速上升，到 b 点时，$T=T_2 \geqslant (1.1 \sim 1.2) T_L$，为了加大电磁转矩加速起动过程，接触器触点 KM3 闭合，切除起动电阻 R_{st3}。忽略异步电动机的电磁惯性，只计拖动系统的机械惯性，则电动机运行点从 b 变到机械特性曲线 2 上的 c 点，该点上电动机电磁转矩 $T=T_1$。

（3）如此继续，最后稳定运行在 h 点。

上述起动过程中，转子回路外串电阻分三级切除，故称为三级起动。T_1 为最大起动转矩，T_2 为最小起动转矩或切换转矩。起动电阻的计算方法可参考有关文献。

6.3.2　深槽式和双鼠笼式异步电动机

【内容导入】

在电网容量达不到足够大时，鼠笼式异步电动机的起动性能较差，起动电流大而起动转矩较小；转子回路不可能串入电阻或电抗器。于是人们就想到能不能从电机结构上加以改进，从而达到绕线式异步电动机的起动效果呢？

【内容分析】

三相鼠笼式异步电动机虽然结构简单、运行可靠，但起动性能差。它直接起动时起动电流很大，起动转矩却不大，而降压起动虽然减少了起动电流，但起动转矩也随之减少。由于鼠笼式异步电动机的转子结构具有不能再串入电阻的特点，于是人们通过改变转子槽的结构，利用集肤效应，制成深槽式和双鼠笼式异步电动机，达到改善鼠笼式异步电动机的起动性能的目的。

1. 深槽式异步电动机

（1）结构特点。深槽式异步电动机的转子槽又深又窄，通常槽深与槽宽之比为 10～12。其他结构和普通鼠笼式异步电动机基本相同。

（2）工作原理。当转子导体中流过电流时，漏磁通的分布如图 6-43(a) 所示。从图中可以看到转子导体从上到下交链的漏磁通逐渐增多，导体的漏电抗也是从上到下逐渐增大，因此越靠近槽底越具有较大的漏电抗，而越接近槽口部分的漏电抗越小。起动时，转差率比较大，转子侧频率比较高，转子导体的漏电抗也比较大。转子电流的分布主要取决于漏电抗，由于导体的漏电抗也是从上到下逐渐增大，因此沿槽高的电流密度分布自上而下逐渐减少，如图 6 - 43(b)所示。大部分电流集中在导体的上部分，这种现象称为电流的集肤效应。集肤效应的效果相当于减少了导体的高度和截面，增加了转子电阻，从而减少起动电流，增加了起动转矩。由于电流好像被挤到槽口，因而也称挤流效应。

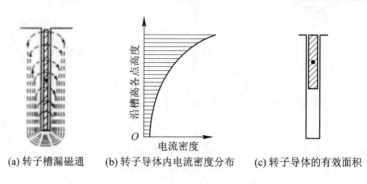

(a) 转子槽漏磁通　　(b) 转子导体内电流密度分布　　(c) 转子导体的有效面积

图 6 - 43　深槽式异步电动机

起动完毕后，电动机正常运行时，由于转子电流的频率很低，转子漏电抗也随之减少，此时转子导体的漏电抗比转子电阻小得多，因而这个时候电流的分布主要取决于转子电阻的分布。由于转子导体的电阻均匀分布，导体中电流也均匀分布，集肤效应消失，所以转子电阻减少为自身的直流电阻。由此可见，正常运行时，深槽式异步电动机的转子电阻能自动变小，可以满足减少转子铜耗，提高电动机效率的要求。

深槽式异步电动机是根据集肤效应原理，减小转子导体有效面积(见图 6 - 43(c))，增加转子回路有效电阻以达到改善起动性能的目的。但深槽会使槽漏磁通增多，故深槽式异步电动机漏电抗比普通鼠笼式异步电动机大，功率因数、最大转矩及过载能力稍低。

2. 双鼠笼式异步电动机

(1) 结构特点。双鼠笼式异步电动机转子上具有两套鼠笼型绕组，即上笼和下笼，如图 6 - 44(a)所示。上笼的导体截面积较小，并用黄铜或青铜等电阻系数较大的材料制成，其电阻较大。下笼导体的截面积大，并用电阻系数较小的紫铜制成，其电阻较小。双笼式电机也常采用铸铝转子，如图 6 - 44(b)所示。由于下笼处于铁心内部，交链的漏磁通多，上笼靠近转子表面，交链的漏磁通较少，故下笼的漏电抗较上笼的漏电抗大得多。

(2) 工作原理。双鼠笼式异步电动机起动时，转子频率较高，转子漏电抗大于电阻，上、下笼电流的分布主要取决于漏电抗，由于下笼的漏电抗比上笼的大得多，故电流主要从上笼流过，因而起动时上笼起主要作用。由于上笼电阻大，可以产生较大的起动转矩，同时限制起动电流，通常把上笼又称为起动笼。其机械特性如图 6 - 44(c)所示。

双鼠笼式异步电动机起动后，随着转速的升高，转差率 s 逐渐减小，转子频率 $f_2 = sf_1$ 也逐渐减小，转子漏电抗也随之减少，此时漏电抗远小于电阻。转子电流分布主要取决于电阻，于是电流从电阻较小的下笼流过，产生正常运行时的电磁转矩，下笼在运行时起主要作用，故下笼又称为工作笼(运行笼)。

因此，双鼠笼式异步电动机也是利用集肤效应原理来改善起动性能的。

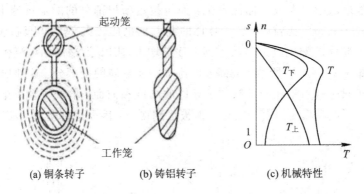

图 6 - 44　双鼠笼式异步电动机

　　双鼠笼式异步电动机的起动性能比深槽式异步电动机的好,但深槽式异步电动机的结构简单,制造成本较低,故深槽式异步电动机的使用更广泛。但它们共同的缺点是转子漏电抗比普通鼠笼式异步电动机的大,功率因数和过载能力都比普通鼠笼式异步电动机的低。因此大容量、高转速电动机一般都做成深槽式的或双鼠笼式的。

6.3.3　三相异步电动机的调速方法

【内容导入】

　　目前交流调速以其独特的优势广泛应用于国民经济的生产和人民生活的各个方面。尤其是随着国产变频技术的发展,异步电动机变频调速技术在许多行业已具有取代直流调速系统的趋势。不同的负载特性,需要不同特性的交流调速方式;只有异步电动机的调速方式与负载相匹配,才能达到良好的调速效果。下面我们就异步电动机的调速原理及其各种调速方法的特点进行分析。

【内容分析】

　　根据异步电动机的转速关系式

$$n - n_1(1-s) = \frac{60f_1}{p}(1-s) \qquad (6-66)$$

三相异步电动机的调速方法大致可以分成以下几种类型。

(1) 改变定子绕组的极对数 p,即变极调速;

(2) 改变电源的频率 f_1,即变频调速;

(3) 改变转差率 s,即调压调速、绕线式异步电动机转子回路串电阻和串级调速。

此外还有专门用电磁调速的滑差电动机等。

一、笼型异步电动机的变极调速

　　由式(6-66)可知,在电源频率 f_1 保持不变的情况下,改变异步电动机的定子绕组的极对数 p,可以改变磁动势的同步转速 n_1,由于转差率 s 近似不变,则转速得到了调节。由于极对数总是呈整数变化,所以同步转速的变化是分级进行的,即不能实现平滑调速。

　　从电机原理可知,只有定子和转子具有相同的极对数时,电动机才具有恒定的电磁转矩,才能实现机电能量转换。因此在改变定子极对数时,要同时改变转子极对数。鼠笼式异步电动机转子极对数能自动跟随定子极对数变化，因此变极调速仅适用于鼠笼式异步电动机。

1. 变极原理

下面以四极变二极为例，说明定子绕组的变极原理。如图 6 - 45(a)所示为四极电机 U 相绕组的 2 个线圈，每个线圈代表 U 相绕组的一半，称为半相绕组。2 个半相绕组顺向串联(头尾相接)时，根据线圈中的电流方向，可以分析出定子绕组产生四极磁场，即 $2p=4$，磁场分布如图 6 - 45(b)所示。

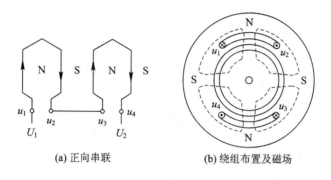

(a) 正向串联　　　　　(b) 绕组布置及磁场

图 6 - 45　四极三相异步电动机 U 相绕组

如果将两个半相绕组的连接方式改为如图 6 - 46 所示，使其中一个半相绕组的电流反向，这时定子绕组中产生二极磁场，即 $2p=2$。由此可见，使定子每相的一半绕组中电流改变方向，就可以改变磁极对数。

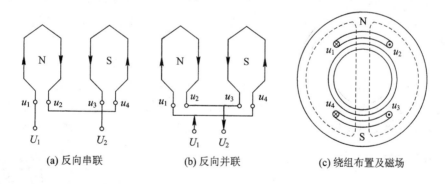

(a) 反向串联　　　　(b) 反向并联　　　　(c) 绕组布置及磁场

图 6 - 46　二极三相异步电动机的 U 相绕组

2. 常用的变极接线方式

如图 6 - 47 所示为两种最常用的变极接线方式。其中，图 6 - 47(a)所示为由单星形连接改接成并联的双星形连接，写作 Y/YY(或 Y/2Y)；图 6 - 47(b)所示为由三角形连接改为双星形连接，写作△/YY(或△/2Y)。这两种接法都是使每相的一半绕组内电流改变方向，因此，定子磁场的极数减少一半，电动机转速接近成倍改变。采用不同的接线方式，电动机允许输出功率不同，因此，要根据生产机械的要求进行选择。

必须注意，在改变极对数时，必然会引起三相绕组相序的变化。因此，如果电动机的转向不变，在改变极对数的同时，必须改变定子三相绕组的相序。

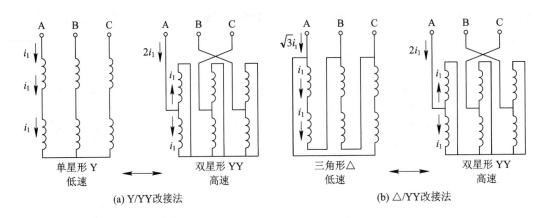

图 6-47 两种最常用的变极接线方式

3. 变极调速前后的负载能力

上述两种变极方法，虽然都能使定子绕组的极对数减少一半，转速增大一倍，但电动机负载能力的变化却不同。所谓调速过程中电动机负载能力的变化，是指在保持定子电流为额定值的条件下，调速前后电动机轴上输出的转矩和功率的变化。

以上两种变极调速方法改接前后电动机的输出转矩和功率的变化情况如下：

（1）Y/YY 变极调速。改接后电动机的输出功率增加了一倍；改接前后电动机输出的转矩不变，属于恒转矩性质。此种调速方法适用于拖动恒转矩负载，如起重机、传送带等机械。

（2）△/YY 改接方法。电动机的输出功率在改接前后基本保持不变；改接前后电动机输出的转矩 $T_{2YY}/T_{2\triangle}=1/\sqrt{3}$，属于近似恒功率性质。此种调速方法适用于拖动恒功率负载，如各种金属切削机床等。

从以上分析可以看出，异步电动机的变极调速优点是设备简单、运行可靠、机械特性较硬，可以实现恒转矩调速，也可以实现恒功率调速；缺点是转速只能是有限的几挡，为有级调速，调速平滑性较差。该类多速电动机的尺寸一般比同容量的普通电动机稍大，运行性能也稍差一些，且接线头较多。总体上，变极调速还是一种比较经济的调速方法。

二、变频调速

三相异步电动机同步转速为 $n_1=(60f_1)/p$，因此，改变三相异步电动机电源频率 f_1 可以改变旋转磁动势的同步转速，达到调速的目的。这就是变频调速的基本原理。

国内变频器技术的发展及其应用与课程思政

在异步电动机调速时，总是希望保持主磁通 Φ_1 为额定值，这是因为磁通太弱，电动机的铁心得不到充分利用，是一种浪费；如果降低电源频率时还保持电源电压为额定值，则随着 f_1 下降，气隙每极磁通 Φ_1 就会增加。电动机磁路本来就处在接近饱和的状态，Φ_1 增加，使磁路饱和，励磁电流会急剧增加，严重时甚至会因绕组过热而损坏电机，这是不能允许的。

如果略去定子阻抗压降，三相异步电动机每相电压有效值为

$$U_1 \approx E_1 = 4.44 f_1 N_1 k_{N1} \Phi_1 \tag{6-67}$$

式 (6-67) 表明，在变频调速时，若定子端电压不变，则随着频率 f_1 的升高，气隙磁通 Φ_1 将减小。由转矩公式

$$T = C_T \Phi_1 I_2' \cos\varphi_2$$

可知，在 I_2' 不变的情况下，Φ_1 减小势必导致电动机输出转矩下降，电动机的最大转矩也将减小，严重时会使电动机堵转。反之，若减小频率 f_1，则气隙磁通 Φ_1 将急剧增加，这是不允许的。因此，变频调速时，可以从基频向上调，也可以从基频向下调。所谓基频就是额定频率，一般指工业生产中的工频 50 Hz。

1. 基频以下变频调速

根据式 (6-67) 可知，要保持气隙每极磁通 Φ_1 不变，降低电源频率时，必须同时降低电源电压，即

$$\frac{U_1}{f_1} \approx \frac{E_1}{f_1} = 常数 \tag{6-68}$$

最大转矩公式

$$T_m = \frac{3p}{2\pi f_1} \frac{U_1^2}{2\left[\sqrt{R_1^2 + (X_{1\sigma} + X_{2\sigma}')^2} + R_1\right]}$$

其中，$X_{1\sigma} + X_{2\sigma}' = 2\pi f_1(L_{1\sigma} + L_{2\sigma}')$，当 f_1 相对较高时，因 $X_{1\sigma} + X_{2\sigma}' \gg R_1$，可忽略定子电阻 R_1，这样上式可简化为

$$T_m \approx \frac{3p}{8\pi f_1^2} \frac{U_1^2}{L_{1\sigma} + L_{2\sigma}'} = C \frac{U_1^2}{f_1^2} \tag{6-69}$$

其中，$C = \dfrac{3p}{8\pi(L_{1\sigma} + L_{2\sigma}')}$ 为常数。

由于 $T_m = \lambda T_N$，因此为了保证变频调速时电机过载能力不变，就要求变频前后的定子端电压、频率及转矩满足

$$\frac{U_1^2}{f_1^2 T_N} = \frac{U_1'^2}{f_1'^2 T_N'}$$

即

$$\frac{U_1}{f_1} = \frac{U_1'}{f_1'} \sqrt{\frac{T_N}{T_N'}} \tag{6-70}$$

式 (6-70) 表示了在变频调速时，为了使异步电动机的过载能力保持不变，定子端电压的变化规律。

对于恒转矩调速，因为 $T_N = T_N'$，由式 (6-70) 可得 $U_1/f_1 = U_1'/f_1' = $ 常数。即对于恒转矩负载，采取恒压频比控制方式，既保证了电机的过载能力不变，同时又满足主磁通 Φ_1 保持不变的要求，说明基频以下变频调速适用于恒转矩负载。

下面分析采用恒压频比控制变频调速时，异步电动机的人为机械特性。因为 $U_1/f_1 = $ 常数，故磁通 Φ_1 基本不变，也近似为常数，此时异步电动机的电磁转矩可表示为

$$T = \frac{3p}{2\pi}\left(\frac{U_1}{f_1}\right)^2 \frac{sf_1 R_2'}{(sR_1 + R_2')^2 + s^2(X_{1\sigma} + X_{2\sigma}')^2} \tag{6-71}$$

由于 $U_1/f_1 = $ 常数，且当 f_1 相对较高时，从式 (6-69) 可看出，不同频率时的最大转矩 T_m 保持不变，所对应最大转差率为

$$s_m = \frac{R_2'}{\sqrt{R_1^2 + (X_{1\sigma} + X_{2\sigma}')^2}} \approx \frac{R_2'}{X_{1\sigma} + X_{2\sigma}'} \propto \frac{1}{f_1} \qquad (6-72)$$

不同频率时最大转矩所对应的转速降落为

$$\Delta n_m = s_m n_1 = \frac{R_2'}{\sqrt{R_1^2 + (X_{1\sigma} + X_{2\sigma}')^2}} \frac{60 f_1}{p} \approx \frac{60 R_2'}{2\pi p (L_{1\sigma} + L_{2\sigma}')} \qquad (6-73)$$

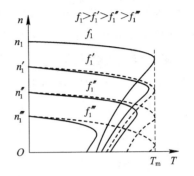

图 6-48　恒压频比控制变频调速的机械特性

因此，恒压频比控制变频调速时，由于最大转矩和最大转矩所对应的转速降落均为常数，故此时异步电动机的机械特性是一组相互平行且硬度相同的曲线，如图 6-48 所示。

但在 f_1 变到很低时，$(X_{1\sigma} + X_{2\sigma}')$ 也很小，R_1 不能被忽略，且由于 U_1 或 E_1 都很小，定子阻抗压降所占的份额比较大。此时，最大转矩和最大转矩对应的转速降落不再是一个常数，而是变小了。为保持低频时电动机有足够大的转矩可以人为地使定子电压 U_1 抬高一些，近似补偿定子压降。

2. 基频以上变频调速

频率 f_1 从额定频率 f_N 往上增加。当 $f_1 > f_N$ 时，若仍保持 U_1/f_1 ＝常数，势必使定子电压 U_1 超过额定电压 U_N，这是不允许的。这样，基频以上调速应采取保持定子电压不变的控制设备，通过增加 f_1，使磁通 Φ_1 与 f_1 成反比地降低，这是一种类似于直流电机弱磁升速的调速方法。

设保持定子电压 $U_1 = U_N$，改变频率时异步电动机的电磁转矩为

$$T = \frac{3 p U_N^2 R_2'/s}{2\pi f_1 [(R_1 + R_2'/s)^2 + (X_{1\sigma} + X_{2\sigma}')^2]} \qquad (6-74)$$

由于 f_1 较高，可忽略定子绕组 R_1，最大转矩为

$$T_m = \frac{3p}{2\pi f_1} \frac{U_N^2}{2\left[\sqrt{R_1^2 + (X_{1\sigma} + X_{2\sigma}')^2} + R_1\right]} \approx \frac{3 p U_N^2}{4\pi f_1 (X_{1\sigma} + X_{2\sigma}')} = C \frac{1}{f_1^2}$$

其中，$C = \dfrac{3p}{8\pi (L_{1\sigma} + L_{2\sigma}')}$ 为常数。

所对应的临界转差率和最大转速降落同式（6-72）和式（6-73），为常数。由此可见，保持定子电压 U_1 不变，升高频率调速时，最大转矩 T_m 随频率 f_1 的升高而减小，最大转矩对应的转速降落是常数，因此对应这一段不同频率的机械特性是平行的，硬度是相同的，频率 f_1 越高，最大转矩 T_m 越小，如图 6-49 所示。

基频以上变频调速过程中，异步电动机的电磁功率为

$$P_M = \Omega_1 T = \frac{2\pi f_1}{p} \frac{3 p U_N^2 R_2'/s}{2\pi f_1 [(R_1 + R_2'/s)^2 + (X_{1\sigma} + X_{2\sigma}')^2]}$$

在异步电动机的转差率 s 很小时，由于 $R_2'/s \gg R_1$、$R_2'/s \gg (X_{1\sigma} + X_{2\sigma}')$，因此上式中的 R_1、$(X_{1\sigma} + X_{2\sigma}')$ 均可忽略，即基频以上变频调速时，异步电动机的电磁功率可近似为

$$P_M = \frac{3 U_N^2 s}{R_2'} \qquad (6-75)$$

由式(6-75)可知,在变频调速过程中,若保持 U_1 不变,转差率 s 变化很小,可近似认为调速过程中 P_M 是不变的,即在基频以上的变频调速可近似认为是恒功率调速。

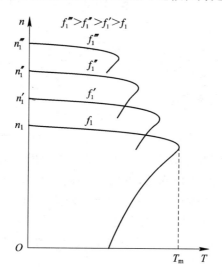

图 6-49 基频以上变频调速的机械特性

综上所述,三相异步电动机变频调速具有以下几个特点。

(1) 从基频向下调速,为恒转矩调速方式;从基频向上调速,近似为恒功率调速方式。

(2) 调速范围大。

(3) 转速稳定性好。

(4) 运行时 s 小,效率高。

(5) 频率 f_1 可以连续调节,变频调速为无级调速。

异步电动机变频调速的电源是一种可变电压、可变频率的装置。近年来,多采用由晶闸管元件或自关断的功率器件组成的变压变频器。变频调速在生产的很多领域内获得广泛应用,而且波及人们生活的各个方面,比如高层建筑的加压给水泵、电梯等。

【例 6-8】 一台四极三相异步电动机,$P_N=30\ \text{kW}$,$U_N=380\ \text{V}$,$n_N=1450\ \text{r/min}$。采用变频调速,拖动恒转矩负载 $T_L=0.8T_N$ 时,欲使电动机运行在 $n=800\ \text{r/min}$,试求:保持 $U/f=$ 常数时,变频调速输出的频率和电压的大小。

例 6-8

解 电动机的额定转差率为

$$s_N = \frac{n_1 - n_N}{n_1} = \frac{1500 - 1450}{1500} = 0.033$$

当拖动 0.8 倍的额定负载时,转差率 s 为

$$s = \frac{T_L}{T_N}s_N = \frac{0.8T_N}{T_N} \times 0.033 = 0.0264$$

此时的转速降落为

$$\Delta n = sn_1 = 0.0264 \times 1500 = 39.6\ (\text{r/min})$$

采用变频调速,保持 $U/f=$ 常数,则在 $n=800\ \text{r/min}$ 时的同步转速为

$$n_1' = n + \Delta n = 800 + 39.6 = 839.6\ (\text{r/min})$$

故电源频率应调为

$$f' = \frac{n_1'}{n_1} f_N = \frac{839.6}{1500} \times 50 = 27.99 \ (Hz)$$

电源线电压应调为

$$U_1' = \frac{f'}{f_N} U_N = \frac{27.99}{50} \times 380 = 212.72 \ (V)$$

三、改变转差率 s 的调速方法

1. 降低定子电压调速

三相异步电动机降低电源电压后，n_1 和 s_m 都不变，但输出转矩与所加定子电压的二次方成正比，即 $T \propto U_1^2$。因此电压降低，电磁转矩随之变小，转速也随之下降；且电压越低，电动机的转速就越低。如图 6-50(a)中所示，转速 n 为固有机械特性曲线上的运行点的转速，n' 为降压后的运行点的转速，$U_1'' < U_1' < U_1$，$n'' < n' < n$。降压调速方法比较简单，但是对于一般鼠笼式异步电动机，当带恒转矩负载时其降压调速范围比较窄，因此，没有多大的实用价值。

若电动机拖动风机类负载如通风机，其负载转矩随转速变化的关系如图 6-50(b)中的虚线所示，从 a、a'、a'' 对应转速看，降压调速时有较好调速范围。因此调压调速适合于风机类负载。

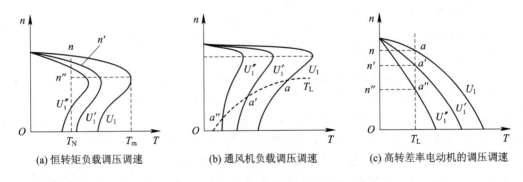

(a) 恒转矩负载调压调速　　(b) 通风机负载调压调速　　(c) 高转差率电动机的调压调速

图 6-50　鼠笼式异步电动机调压调速($U_1'' < U_1' < U_1$)

异步电动机的调压调速通常应用在专门设计的具有较大转子电阻的高转差率的异步电动机上。它即使带恒转矩负载，也有较宽的调速范围，如图 6-50(c)所示，不同的电源电压 U_1、U_1'、U_1'' 可获得不同的工作点 a、a'、a''，调速范围较宽。

调压调速既非恒转矩调速也非恒功率调速，它最适用于转矩随转速降低而减小的风机类负载(如通风机负载)，也可用于恒转矩负载，最不适合恒功率负载。

2. 绕线式异步电动机转子回路串电阻调速

改变转子回路串入电阻值的大小，例如分别串入电阻 R_{c1}、R_{c2}、R_{c3} 时，其机械特性如图 6-51 所示。当拖动恒转矩负载，且 $T_L = T_N$ 时，电动机的转差率由 s_N 分别变为 s_1、s_2、s_3。显然，所串电阻越大，转速越低。

由于 $T_L = T_N$，转子电流 I_2 可以维持在它的额定值工作，则电磁转矩 $T \propto \Phi_1 \cos\varphi_2$。当电源电压一定时，主磁通 Φ_1 是定值。对于 $\cos\varphi_2$，作如下的推导。根据转子电流

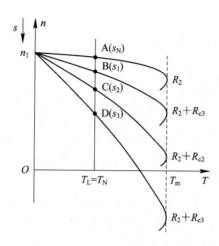

图 6-51　异步电动机转子串电阻调速

$$I_2 = I_{2N} = \frac{E_2}{\sqrt{\left(\dfrac{R_2}{s_N}\right)^2 + X_{2\sigma}^2}} = \frac{E_2}{\sqrt{\left(\dfrac{R_2 + R_c}{s}\right)^2 + X_{2\sigma}^2}}$$

从上式可看出，转子串电阻调速时，如果要保持电机转子电流为额定值，则必有

$$\frac{R_2}{s_N} = \frac{R_2 + R_c}{s} = 常数 \tag{6-76}$$

式中，R_c 是转子回路所串联的电阻。

则电机转子回路串入电阻前后的功率因数为

$$\cos\varphi_2 = \frac{(R_2 + R_c)/s}{\sqrt{\left(\dfrac{R_2 + R_c}{s}\right)^2 + X_{2\sigma}^2}} = \frac{R_2/s_N}{\sqrt{\left(\dfrac{R_2}{s_N}\right)^2 + X_{2\sigma}^2}} = \cos\varphi_N$$

可见，转子回路串电阻是属恒转矩调速方法。

在图 6-51 中，当负载转矩 $T_L = T_N$ 时，根据式(6-76)，则有

$$\frac{R_2}{s_N} = \frac{R_2 + R_{c1}}{s_1} = \frac{R_2 + R_{c2}}{s_2} = \frac{R_2 + R_{c3}}{s_3} = \cdots \tag{6-77}$$

这种调速方法的调速范围不大，一般为(2～3)∶1。负载小时，调速范围就更小了。由于转子回路电流很大，使电阻的体积笨重，调速的平滑性不好，属有级调速，且效率低，多用于断续工作的生产机械上，且在低速运行的时间不长、调速性能要求不高的场合，如用于桥式起重机。

3. 绕线式异步电动机双馈调速及串级调速原理

针对上述串电阻调速存在的低效问题，设想如果在绕线式异步电动机转子电路中串入附加电动势 $\dot{E}_{add}$ 来取代电阻，可以通过电动势这样一种电源装置吸收转子上的转差功率，并回馈给电网，以实现高效平滑调速。这种调速方法被称为串级调速。

1) 串级调速基本原理

串级调速的原理图如图 6-52 所示，在绕线式异步电动机的三相转子电路中串入一个电压和频率可控的交流附加电动势 $\dot{E}_{add}$，通过控制使 $\dot{E}_{add}$ 与转子电动势 $\dot{E}_{2s}$ 具有相同的频率，其相位与 $\dot{E}_{2s}$ 相同或相反。

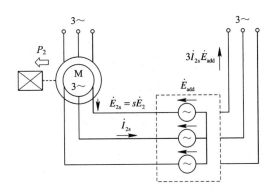

图 6-52　转子串接附加电动势的串级调速原理

当电动机转子没有串接的附加电动势，即 $E_{add}=0$ 时，异步电动机在固有机械特性上运行。若电动机转子串接附加电动势，即 $E_{add}\neq0$，这时转子电流 I_2 为

$$I_{2s} = \frac{sE_2 \pm E_{add}}{\sqrt{R_2^2 + (sX_\sigma)^2}} \tag{6-78}$$

由此可见，可以通过调节 $\dot{E}_{add}$ 的大小来改变转子电流 $\dot{I}_{2s}$ 的数值，而电动机产生的电磁转矩 T 也将随着 I_{2s} 的变化而变化，使电力拖动系统原有的稳定运行条件 $T=T_L$ 被打破，迫使电机变速。这就是绕线式异步电动机串级调速的基本原理，具体分析如下：

当转子串入的 $\dot{E}_{add}$ 与 $\dot{E}_{2s}=s\dot{E}_2$ 反相位时，转子电流为

$$I_{2s} = \frac{sE_2 - E_{add}}{\sqrt{R_2^2 + (sX_{2\sigma})^2}} = \frac{E_2 - \dfrac{E_{add}}{s}}{\sqrt{\left(\dfrac{R_2}{s}\right)^2 + X_{2\sigma}^2}} \tag{6-79}$$

转子电流 I_{2s} 减小，电磁转矩 $T=C_T\Phi_1 I_2'\cos\varphi_2$ 随之减小，于是电动机开始减速，转差率 s 增大，由式(6-79)可知，随着 s 增大，转子电流开始回升，电磁转矩也相应回升，直到转速降到某个值，使电磁转矩等于负载转矩，减速过程结束，电动机便在此低速下稳定运行，这就是向低于同步转速方向调速的原理。同理当转子串入的 $\dot{E}_{add}$ 与 $\dot{E}_{2s}=s\dot{E}_2$ 同相位时，电动机的转速就向高调节。

2）串级调速的特点

串级调速的调速性能比较好，具有高效率、无级平滑调速、较硬的低速机械特性等优点，但获得附加电动势 $\dot{E}_{add}$ 的装置比较复杂，成本较高，且在低速时电动机的过载能力较低，因此串级调速最适用于调速范围不大的场合，例如通风机和提升机。

【例 6-9】　一台绕线式三相四极异步电动机，$n_N=1450$ r/min，$R_2=0.02\ \Omega$。拖动恒转矩负载 $T_L=T_N$ 时，欲使电动机运行在 $n=1000$ r/min，试求采用转子回路串电阻调速时每相应串的电阻值。

解　电动机的额定转差率为

$$s_N = \frac{n_1 - n_N}{n_1} = \frac{1500 - 1450}{1500} = 0.033$$

例 6-9

采用转子回路串电阻调速，在 $n=1000$ r/min 时的转差率为

$$s' = \frac{n_1 - n'}{n_1} = \frac{1500 - 1000}{1500} = 0.333$$

转子每相应串入电阻为

$$R_c = \left(\frac{s'}{s_N} - 1\right)R_2 = \left(\frac{0.333}{0.033} - 1\right) \times 0.02 = 0.182 \ (\Omega)$$

四、电磁转差离合器调速

电磁转差离合器调速实际上就是一台带有电磁转差离合器的鼠笼式异步电动机,又称电磁调速电动机或转差电动机。

1. 电磁转差离合器的结构

电磁转差离合器是一个笼型异步电动机与负载之间的互相连接的电气设备,如图 6-53(a)所示,电磁转差离合器主要由电枢和磁极两个旋转部分组成,两者之间无机械联系,各自独立旋转。电枢部分与三相异步电动机相连,是主动部分。电枢是由铸钢制成的空心圆柱体。磁极部分与负载连接是从动部分,磁极上励磁绕组通过滑环、电刷与整流装置连接,由整流装置提供励磁电流。电枢与磁极之间有一个很小的气隙,约为 0.5 mm。

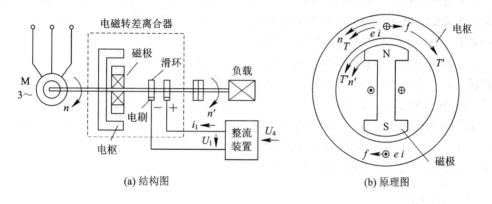

(a) 结构图   (b) 原理图

图 6-53 电磁转差离合器

2. 电磁转差离合器的工作原理

磁极的励磁绕组通入直流电后形成磁场。异步电动机带动离合器电枢以转速 n 旋转,电枢切割磁场产生涡流,方向如图 6-55(b)所示。电枢中的涡流与磁场相互作用产生电磁力和电磁转矩,电枢受到的力 f 的方向可用左手定则判定,对电枢而言,f 产生的是个制动转矩,需要依靠异步电动机的输出机械转矩来克服此制动转矩,从而维持电枢的转动。

根据作用力与反作用力大小相等,方向相反的原则,可知离合器磁极受到反方向即逆时针方向的电磁力作用,产生电磁转矩 T',在 T' 作用下磁极转子带动生产机械沿电枢旋转方向以 n' 的速度旋转,$n' < n$。由此可见,电磁转差离合器的工作原理和异步电动机工作原理相同,电磁转矩的大小由磁极磁场的强弱和电枢与磁极之间的转差决定。当励磁电流为零时,磁通为零,无电磁转矩;当电枢与磁极间无相对运动时,涡流为零,电磁转矩也为零,故电磁离合器必须有转差才能工作。

当负载转矩一定时,调节励磁电流的大小,磁场强弱、电磁转矩随之改变,从而达到调节转速的目的。

电磁调速异步电动机的优点是调速范围广,调速平滑,可实现无级调速,操作方便,适用于恒转矩负载。其缺点是由于离合器是利用电枢中的涡流与磁场相互作用而工作的,故涡流损耗大，效率较低；另一方面由于其机械特性较软，特别是在低转速下，其转速随负载变化很大，不能满足恒转矩生产机械的需要。因此该种电机工作时需要自动调节励磁电流的装置。

6.3.4　三相异步电动机的制动方法

【内容导入】

大家是否观察过起重机下放重物、电车下坡时的现象，为什么在重力作用下，它的速度是可控的、安全的呢？这里我们要引入"电气制动"的概念，分析一下在实际工程中电气制动的意义。

【内容分析】

与直流电动机一样，三相异步电动机也可以工作在制动运转状态。三相异步电动机各种运行状态如下：

（1）若电磁转矩 T 与转速 n 的方向一致时，电动机运行于电动状态。当电动机工作点在第一象限时，电动机为正向电动运行状态；当工作点在第三象限时，电动机为反向电动运行状态。电动运行状态下，电磁转矩为拖动性转矩。

（2）若 T 与 n 的方向相反时，电动机运行于制动状态。制动状态时电动机由轴上吸收机械能，并转化为电能。电动机制动作用有制动停车、加快减速过程和等速运动 3 种。根据 T 与 n 的不同情况，制动方法有能耗制动、反接制动及回馈制动等。

交流电力拖动系统运行时，在拖动各种不同负载的条件下，若改变异步电动机电源电压的大小、相序及频率，或者改变绕线式异步电动机转子回路所串电阻等参数，三相异步电动机就会运行在 4 个象限的各种不同状态。

一、能耗制动

如图 6-54 所示，三相异步电动机处于电动运行状态的转速为 n，如果突然切断电动机的三相交流电源，同时把直流电从它的任意两相定子绕组通入（即开关 S1 打开、S2 闭

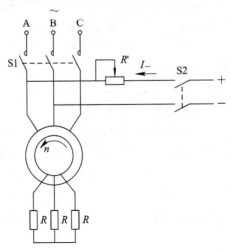

图 6-54　能耗制动

合）。此时，三相异步电动机内形成了一个不旋转的空间固定的磁动势。

在电源切换后的瞬间，电动机转子由于机械惯性而继续维持原逆时针方向旋转。这样一来，空间固定不转的磁动势相对于旋转的转子来说变成了一个旋转磁动势，旋转方向为顺时针，转速大小为 n。于是转子绕组感应电动势 $\dot{E}_2$，产生电流 $\dot{I}_2$；进而使转子受到电磁转矩 T 的作用。T 的方向与磁动势相对于转子的旋转方向是一样的，即转子产生顺时针方向的电磁转矩 T。

转子转向为逆时针方向，受到的转矩为顺时针方向，显然 T 与 n 反方向，电动机处于制动运行状态，T 为制动转矩。如果电动机拖动的负载为反抗性恒转矩负载，在负载转矩和制动转矩作用下，电动机减速运行，直至转速 $n=0$ 时，磁动势与转子相对静止，$\dot{E}_2=0$，$\dot{I}_2=0$，$T=0$，减速过程完全终止。

上述制动停车过程中，系统原来储存的动能转换为电能消耗在转子回路中。因此，上述过程也称为能耗制动过程。改变直流励磁电流的大小，或者改变绕线式异步电动机转子回路每相所串的电阻值，就可以调节能耗制动时制动转矩的数值。

二、反接制动

异步电动机运行时，若转子的转向与气隙旋转磁场的转向相反，这种运行状态称为反接制动。根据作用原理不同，反接制动又分为正转反接（即电压反接）和正接反转（即倒拉反转）两种。

1. 电压反接

处于正向电动运行的三相绕线式异步电动机，当改变三相电源的相序时，电动机便进入了反接制动过程。如图 6-55(a)所示，接触器触点 KM1 闭合为正向电动运行，KM1 断开 KM2 闭合，则改变了电源相序。如图 6-55(b)所示为拖动反抗性恒转矩负载，反接制动的同时转子回路串入较大电阻时的反接制动机械特性。电动机的运行点从 A→B→C，到 C 点后，$-T_L < T < T_L$，可以实现准确停车。

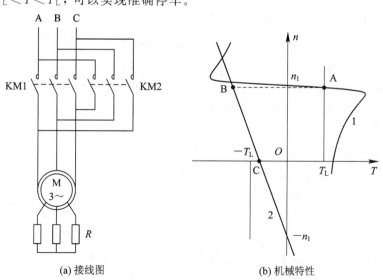

(a) 接线图　　　　　　　　(b) 机械特性

图 6-55 绕线式异步电动机电压反接制动过程

电压反接制动过程中，电动机电源相序为负序，因此转速 $n \geqslant 0$ 时，相应的转差率 $s \geqslant 1$。从异步电动机等效电路上可看出，在 $s > 1$ 的反接制动过程中，若转子回路总电阻折算值为 R_2'，机械功率则为

$$P_{\mathrm{mec}} = m_1 I_2'^2 \frac{1-s}{s} R_2'$$

即负载向电动机内输入机械功率。

显然负载提供机械功率是靠转动部分动能的减少。从定子到转子的电磁功率为

$$P_{\mathrm{M}} = m_1 I_2'^2 \frac{R_2'}{s} > 0$$

转子回路铜损耗：

$$p_{\mathrm{Cu2}} = 3 I_2'^2 R_2' = P_{\mathrm{M}} - P_{\mathrm{mec}} = P_{\mathrm{M}} + |P_{\mathrm{mec}}|$$

可知，转子回路中消耗了从电源输入的电磁功率及由负载送入的机械功率（转换为电功率），其数值很大，故在转子回路中必须串入大电阻，以消耗大部分转子回路铜损耗，保护电动机不致由于过热而损坏。

如果电动机拖动负载转矩 $|T_{\mathrm{L}}|$ 较小的反抗性恒转矩负载运行，或者拖动位能性恒转矩负载运行，在这两种情况下，如果进行反接制动停车，那么必须在降速到 $n = 0$ 时切断电动机电源并停车，否则电动机将会反向起动。

三相异步电动机反接制动停车比能耗制动停车速度快，但能量损失较大。一些频繁正、反转的生产机械，经常采用反接制动停车接着反向起动，就是为了迅速改变转向，提高生产率。

反接制动停车的制动电阻计算要根据所要求的最大制动转矩进行。为了简单起见，可以认为反接制动后的瞬间，其转差率 $s \approx 2$，处于反接制动机械特性的 s 为 $0 \sim s_{\mathrm{m}}$。

笼型异步电动机转子回路无法串电阻，因此反接制动不能过于频繁。

2. 倒拉反转

拖动位能性恒转矩负载运行的三相绕线式异步电动机，若在转子回路内串入一定值的电阻，电动机转速可以降低。如果所串的电阻超过某一数值后，电动机还要反转，运行于第四象限，如图 6-56 所示的 B 点，称之为倒拉反转制动运行状态。

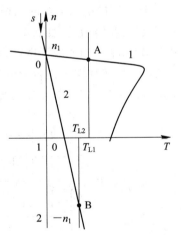

图 6-56　倒拉反转运行机械特性

倒拉反转制动运行是转差率 $s > 1$ 的一种稳态运行状态，其功率关系与电压反接制动过程一样，电磁功率 $P_{\mathrm{M}} > 0$，机械功率 $P_{\mathrm{mec}} < 0$，转子回路总铜耗 $p_{\mathrm{Cu2}} = P_{\mathrm{M}} + |P_{\mathrm{mec}}|$。但倒拉反转运行时负载向电动机送入的机械功率是靠着负载储存的位能的减少，是位能性负载倒过来拉着电动机反转。

【例 6-10】 某三相绕线式异步电动机数据，$P_{\mathrm{N}} = 5$ kW，$n_{\mathrm{N}} = 960$ r/min，$E_{2\mathrm{N}} = 164$ V，$I_{2\mathrm{N}} = 20.6$ A，$\lambda = 2.3$。如果拖动额定负载运行时，采用反接制动停车，要求制动开始时最大制动转矩为 $1.8 T_{\mathrm{N}}$，求转子每相串入的制动电阻值。

例 6-10

解　电动机额定转差率为

$$s_N = \frac{n_1 - n_N}{n_1} = \frac{1000 - 960}{1000} = 0.04$$

转子每相电阻为

$$R_2 = \frac{E_{2N}s_N}{\sqrt{3}I_{2N}} = \frac{164 \times 0.04}{\sqrt{3} \times 20.6} = 0.1839 \ (\Omega)$$

制动后的瞬间，电动机转差率为

$$s_N = \frac{n_1 + n_N}{n_1} = \frac{1000 + 960}{1000} = 1.96$$

过制动开始点 $(s = 1.96，T = 1.8T_N)$ 的反接制动机械特性的临界转差率为

$$s_m' = s\left[\frac{\lambda T_N}{T} + \sqrt{\left(\frac{\lambda T_N}{T}\right)^2 - 1}\right] = 1.96 \times \left[\frac{2.3}{1.8} + \sqrt{\left(\frac{2.3}{1.8}\right)^2 - 1}\right] = 4.063$$

固有机械特性的 s_m 为

$$s_m = s_N\left(\lambda + \sqrt{\lambda^2 - 1}\right) = 0.04 \times \left(2.3 + \sqrt{2.3^2 - 1}\right) = 0.175$$

转子串入的反接制动电阻为

$$R = \left(\frac{s_m'}{s_m} - 1\right)R_2 = \left(\frac{4.063}{0.175} - 1\right) \times 0.1839 = 4.086 \ (\Omega)$$

三、回馈制动

与直流电动机相似，异步电动机的回馈制动可分为正向回馈制动和反向回馈制动。

1. 正向回馈制动

一般在异步电动机变极或变频的减速过程中会出现正向回馈制动过程。如图 6-57 所示为三相笼型异步电动机 YY-△ 变极调速时的正向回馈制动机械特性。当电动机拖动恒转矩负载 T_L 运行时，如果原来运行于定子绕组 YY 接线方式，如图 6-57 中曲线 1，工作点为 A，转速接近于 $2n_1$；突然把定子绕组接线改为 △ 接线方式，如图 6-57 中曲线 2，电动机运行点将从 A→B→C→D，最后稳定运行在 D 点，转速接近于 n_1。在这个降速过程中，电动机运行在第二象限 B→C 这一段机械特性上时，转速 $n > 0$，电磁转矩 $T < 0$，是制动运行状态，称之为正向回馈制动过程。整个回馈制动过程中，始终有 $n > n_1$。变频调速过程中出现的正向回馈制动现象分析同上。

当电动机拖动恒转矩负载 T_L 运行时，如图 6-57 中曲线 3，为转子串电阻的人为机械特性，串接的电阻值越大，进行回馈制动造成的转速越高，尽管回馈制动是暂时的状态，也会对机械结构造成损害。所以一般在回馈制动时转子回路中不串电阻，以免转速过高。

正向回馈制动过程中，电动机的转速 $n > n_1$，转差率 $s < 0$，从三相异步电动机等效电路上可看出，电动机输出的机械功率为

$$P_{mec} = m_1 I_2'^2 \frac{1-s}{s}R_2' < 0$$

从定子到转子的电磁功率为

$$P_M = m_1 I_2'^2 \frac{R_2'}{s} < 0$$

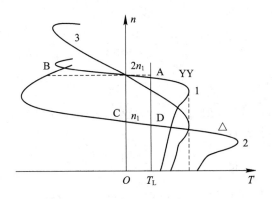

图 6-57　正向回馈制动机械特性

　　实际是系统减少了动能用来向电动机送入机械功率，转子边送过来的电磁功率 $|P_\text{M}|$，除了定子绕组上铜损耗 p_Cu1 消耗外，其余的部分回馈给电源了。这时的三相异步电动机实际上是一台发电机，它把系统减小的动能转变为电能送入交流电网。

2. 反向回馈制动

　　假定起重机提升重物时，电动机工作在正向电动状态，此时需要收紧钢丝绳；如果需要放松钢丝绳，可以通过改变电源相序来实现，如图 6-58(a) 为起重机下放重物的反向电动状态原理图。当三相异步电动机拖动位能性恒转矩负载，电源为负相序运行时，在负载重力和电动机反向牵引力的作用下，出现 $|n|>|n_1|$ 的情况，如图 6-58(b) 所示，此时电动机处于反向回馈制动状态。机械特性曲线在第四象限，如图 6-58(c) 中的 a 点，位于反向电动固有机械特性的反向延长线上，此时电磁转矩 $T>0$，转速 $n<0$，称为反向回馈制动运行。

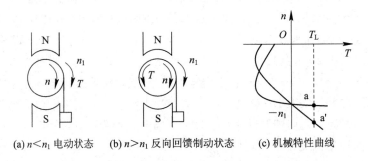

(a) $n<n_1$ 电动状态　　(b) $n>n_1$ 反向回馈制动状态　　(c) 机械特性曲线

图 6-58　反向回馈制动的原理和机械特性

　　反向回馈制动运行时，电动机的功率关系与正向回馈制动过程一样，电动机是一台发电机，它把从负载位能减少而输入的机械功率转变为电功率，然后回送给电网。从节能的观点看，反向回馈制动下放重物比能耗制动和倒拉反转制动下放重物要好。

四、异步电动机运行状态小结

　　综上所述，异步电动机可以工作在电动运行状态，也可以工作在制动运行状态。这些运行状态处于机械特性的不同象限内，如图 6-59 所示。图中描绘了异步电动机的四象限运行。第一象限的 a、b 分别为固有特性和绕线式异步电动机转子串电阻人为特性的正向电

动运行工作点;第三象限的 c、d 分别为绕线式异步电动机转子串电阻人为特性和固有特性的反向电动运行工作点;第四象限的 e 为能耗制动运行工作点;第四象限的 f 为倒拉反转运行工作点;第二象限的 g 点为反接制动过程的起始点;此外,能耗制动过程发生在第二象限过原点的等效特性曲线上;在 $|n| > |n_1|$ 的情况下,正向、反向回馈制动分别发生在第二象限、第四象限。

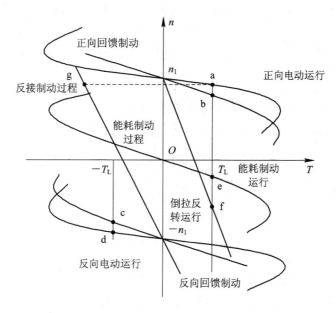

图 6-59　异步电动机各种运行状态的机械特性曲线

【例 6-11】　某起重机吊钩由一台绕线式三相异步电动机拖动,电动机额定数据为:$P_N = 60 \text{ kW}$, $n_N = 960 \text{ r/min}$, $\lambda = 2.5$, $k_{st} = 1$, $R_2 = 0.0237 \ \Omega$。电动机的负载转矩 T_L 的情况是:提升重物为额定负载 T_N,下放重物为 $0.8T_N$。

例 6-11

(1) 提升重物,要求有低速、高速两挡,且高速时转速 n_A 为工作在固有特性上的转速,低速时转速 $n_B = 0.25n_A$,工作于转子回路串电阻的特性上。求两挡转速各为多少及转子回路应串入的电阻值。

(2) 下放重物,要求有低速、高速两挡,且高速时转速 n_C 为工作在负序电源的固有机械特性上的转速,低速时转速 $n_D = -n_B$,仍然工作于转子回路串电阻的特性上。求两挡转速及转子应串入的电阻值。说明电动机运行在哪种状态。

解　根据题意画出该电动机运行时相应的机械特性曲线,如图 6-60 所示。点 A、B 是提升重物时的两个工作点,点 C、D 是下放重物时的两个工作点。

额定转差率为

$$s_N = \frac{n_1 - n_N}{n_1} = \frac{1000 - 960}{1000} = 0.04$$

固有机械特性的临界转差率为

$$s_m = s_N(\lambda + \sqrt{\lambda^2 - 1}) = 0.04 \times (2.5 + \sqrt{2.5^2 - 1}) = 0.192$$

额定转矩为

$$T_N = 9550 \frac{P_N}{n_N} = 9550 \times \frac{60}{960} = 596.9 \ (N \cdot m)$$

（1）提升重物时负载转矩为

$$T_1 = 596.9 \ N \cdot m = T_N$$

高速时转速为

$$n_A = n_N = 960 \ r/min$$

低速时转速为

$$n_B = 0.25 n_A = 0.25 \times 960 = 240 \ (r/min)$$

低速时 B 点的转差率为

$$s_B = \frac{n_1 - n_B}{n_1} = \frac{1000 - 240}{1000} = 0.76$$

过 B 点的机械特性的临界转差率为

$$\begin{aligned} s_{mB} &= s_B(\lambda + \sqrt{\lambda^2 - 1}) \\ &= 0.76 \times (2.5 + \sqrt{2.5^2 - 1}) \\ &= 3.641 \end{aligned}$$

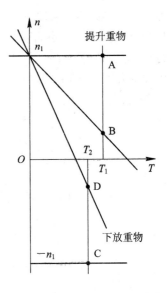

图 6-60 例 6-11 中机械特性

低速时每相串入电阻 R_B，则

$$R_B = \left(\frac{s_{mB}}{s_m} - 1 \right) R_2 = \left(\frac{3.641}{0.192} - 1 \right) \times 0.0237 = 0.426 \ (\Omega)$$

（2）下放重物时负载转矩为

$$T_2 = 477.5 \ N \cdot m = 0.8 T_N$$

负载转矩为 $0.8 T_N$ 时，在固有机械特性上运行时的转差率由下式求得，即

$$0.8 T_N = \frac{2 \lambda T_N}{\dfrac{s}{s_m} + \dfrac{s_m}{s}}$$

代入相应数据 $0.8 = \dfrac{2 \times 2.5}{s/0.192 + 0.192/s}$ 得

$$s = 0.0316 \quad （另一解不合理，舍去）$$

相应转速降落为

$$\Delta n = s n_1 = 0.0316 \times 1000 = 31.6 \ (r/min)$$

负相序电源高速下放重物时电动机运行于反向回馈制动运行状态，其转速为

$$n_C = -n_1 - \Delta n = -1000 - 31.6 = -1031.6 \ (r/min)$$

低速下放重物电动机运行于倒拉反转状态，低速下放转速为

$$n_D = -n_B = -240 \ (r/min)$$

相应转差率为

$$s_D = \frac{n_1 - n_D}{n_1} = \frac{1000 - (-240)}{1000} = 1.24$$

过 D 点的机械特性的临界转差率为

$$s_{mD} = s_D \left[\frac{\lambda T_N}{T} + \sqrt{\left(\frac{\lambda T_N}{T} \right)^2 - 1} \right] = 1.24 \times \left[\frac{2.5}{0.8} + \sqrt{\left(\frac{2.5}{0.8} \right)^2 - 1} \right] = 7.546$$

低速时下放重物转子每相串入电阻为 R_D，则

$$R_{\mathrm{D}} = \left(\frac{s_{\mathrm{mD}}}{s_{\mathrm{m}}} - 1\right)R_2 = \left(\frac{7.546}{0.192} - 1\right) \times 0.0237 = 0.908\ (\Omega)$$

■ 小结

对异步电动机起动特性的要求是希望起动电流小，起动转矩大。但是，在起动时如不采取任何措施，电动机的起动特性有时不能满足上述要求。

对于笼型异步电动机，如果电网容量允许，应尽量采用直接起动。当电网容量较小时，应采用降低定子电压的方法来减小起动电流，较常用的方法有 Y-△起动或自耦变压器起动等。但是，降压起动时电动机的起动转矩随电压平方成正比地减小。绕线式电动机起动时，在转子回路中串入适当电阻，不但使起动电流减小，而且使起动转矩增大。因此，在起动困难的机械中，常采用绕线式电动机。但绕线式异步电动机转子结构复杂、维护不便、成本较高。深槽式和双笼型异步电动机利用集肤效应，使转子电阻随转子频率的变化而自动变化，既具有较好的起动性能，又具有较好的工作性能。

应用自动控制线路组成的软起动器可以实现无级平滑起动，称为软起动。现代带电流闭环的电子控制软起动器可以根据起动时所带负载的大小，将起动电流在$(0.5 \sim 4)I_{1\mathrm{N}}$之间调整，以获得最佳的起动效果。

三相异步电机的制动运行有能耗制动、定子两相反接的反接制动、转速反向的反接制动及回馈制动，它们的共同特点是电磁转矩与转速方向相反。应着重掌握制动产生的条件、机械特性、功率关系及制动电阻计算。

根据异步电动机的转速公式 $n = \dfrac{60f_1}{p}(1-s)$ 可知，通过改变电动机的极数、转差率或电源频率的方法可实现异步电动机的调速。

本章重点分析了笼型异步电动机的变频调速方法。变频调速从基频向下调速，为恒转矩调速方式，从基频向上调速，为近似恒功率调速方式；变频调速的调速范围大、转速稳定性好、运行时转差率 s 小，效率高；同时频率 f_1 可以连续调节，变频调速为无级调速。由于变频器的快速发展，价格降低，变频调速已成为异步电动机主要的调速方法。

变极调速方法简单、运行可靠、机械特性较硬，可实现恒转矩调速和近似恒功率调速，且转差功率损耗基本不变，效率较高。但它是有级调速，且级数很少。变极调速方法适用于笼型异步电动机，这种电动机称为多速电动机。

笼型异步电动机定子降压调速和电磁转差离合器调速方法，均属于能耗转差的调速方法，其共同特点是低速时转差功率损耗较大，效率较低，且机械特性较软，转速稳定性较差，调速范围较低。若要求低速时机械特性较硬，即在一定静差率下有较宽的调速范围，又保证电机具有一定的过载能力，可采用晶闸管闭环控制系统。

绕线转子异步电动机可采用转子回路串电阻调速及串级调速。特别是串级调速，调速性能可达到与变频调速相当的程度。目前大型风机、水泵常采用串级调速，达到节省电能的目的。

■ 思考与练习

一、填空题

1. 三相异步电动机直接起动时，起动电流达到_____倍 I_{N}，要保证电动机正常起动，$T_s >$ _____ T_L。

2. Y -△降压起动适用于正常运行时作_____连接的鼠笼式异步电动机，起动电流是直接起动的_____倍，起动转矩是直接起动的_____倍。

3. 一台低压鼠笼式异步电动机采用自耦变压器降压起动，若自耦变压器抽头 60%，则起动电压降为全压起动的_____倍，起动电流降为全压启动电流的_____倍，起动转矩降为全压起动的_____倍。

4. 绕线式异步电动机转子回路中串入可调电阻或频敏变阻器，起动时可以_____起动电流，同时_____起动转矩。

5. 为了改善鼠笼式异步电动机的起动性能，根据电流的集肤效应，采用_____式和_____型异步电动机。

6. 通过改变定子绕组的_____，改变电源的_____，改变_____，可以实现异步电动机的调速。

7. 三相鼠笼式异步电动机定子绕组极对数的改变，是通过改变半相绕组的_____方向，使极对数_____；变极调速中，若要保持调速前后电动机的转向不变，还需要改变定子绕组电源的_____。

8. 基频以下变频调速方式，若保证 $U_1/f_1 =$ 常数，气隙每极磁通 Φ_1 _____，过载能力 λ _____，适合拖动_____负载运转；若保证 $U_1/\sqrt{f_1} =$ 常数，气隙每极磁通 Φ_1 _____，过载能力 λ _____，适合于拖动_____负载运转。

9. 基频以下变频调速方式属于_____调速方式，基频以上变频调速方式属于_____调速方式。

10. 当拖动恒转矩负载采用降低定子电压调速时，由于调速范围比较_____，所以此种调速方式适用于_____类负载。

二、选择题

1. 三相异步电动机制动方法中最经济的是（　　）。

A. 能耗制动　　　　B. 电压反接制动　　　　C. 倒拉反转制动　　　D. 回馈制动

2. 反接制动过程中功率转换关系为（　　）。

A. 系统原来的动能转换为电能消耗在转子回路中

B. 系统减少的动能或位能转变为电能送入电网

C. 电源输入的电功率及负载送入的机械功率转化为转子回路的制动电阻上电功率

D. 电源输入的电功率转化为负载输出的机械功率和转子回路的制动电阻上电功率

3. 起重机高速下放重物采用（　　）方式。

A. 正向回馈制动　　　　　　　　　B. 反向回馈制动

C. 倒拉反转制动　　　　　　　　　D. 电压反接制动

4. 有关变频调速的特点错误的是（　　）。

A. 调速范围大　　　　　　　　　　B. 转速稳定性好

C. 运行时 s 小，效率高　　　　　　D. 有级调速

5. 起重机匀低速下放重物采用（　　）方式。

A. 正向回馈制动　　　　　　　　　B. 反向回馈制动

C. 倒拉反转制动　　　　　　　　　D. 电压反接制动

6. 有关转子回路串电阻调速的特点正确的是(　　)。

A. 调速范围大　　　　　　　　　　　　B. 效率低

C. 无级调速　　　　　　　　　　　　　D. 长时间低速运行

7. 三相异步电动机带恒转矩负载变频调速时，满足过载能力和主磁通不变的条件是(　　)。

A. $\dfrac{U_1}{f_1}=\dfrac{U_1'}{f_1'}$　　　　　　　　　　B. $\dfrac{U_1}{\sqrt{f_1}}=\dfrac{U_1'}{\sqrt{f_1'}}$

C. $\dfrac{\sqrt{U_1}}{f_1}=\dfrac{\sqrt{U_1'}}{f_1'}$　　　　　　　　D. 以上都对

8. 为了使自耦变压器降压起动和 Y-△降压起动具有同样的起动效果，自耦变压器的变比应为(　　)。

A. $\dfrac{1}{\sqrt{3}}$　　　　　B. $\dfrac{1}{3}$　　　　　C. $\sqrt{3}$　　　　　D. 以上都不对

9. 三相异步电动机拖动额定恒转矩负载运行时，若电源电压下降 10%，则电动机的电磁转矩变为(　　)。

A. $T=0.81T_N$　　　B. $T=0.9T_N$　　　C. $T=T_N$　　　D. $T=1.1T_N$

10. 绕线式三相异步电动机转子串电阻起动，可以使(　　)。

A. 起动电流减小，起动转矩减小，最大转矩减小

B. 起动电流减小，起动转矩增大，最大转矩增大

C. 起动电流减小，起动转矩减小，最大转矩不变

D. 起动电流减小，起动转矩增大，最大转矩不变

三、简答题

1. 三相异步电动机的定子电压、转子电阻及定、转子漏电抗对最大转矩、临界转差率及起动转矩有何影响？

2. 三相异步电动机直接起动时，为什么起动电流大而起动转矩却不大？起动电流大对电网及电动机有什么影响？

3. 鼠笼式异步电动机的起动方法分为哪两大类？说明其适合场合。

4. 有一台异步电动机的额定电压为 380/220 V，Y-△连接，当电源电压为 380 V 时，能否采用 Y-△换接降压起动？为什么？

5. 绕线式异步电动机在转子回路串电阻后，为什么能减小起动电流、增大起动转矩？串入的电阻是否越大越好？

6. 异步电动机常用的调速方法有哪些？

7. 什么是三相异步电动机制动？电气制动有哪几种方法？

四、计算题

1. 一台笼型三相异步电动机，$P_N=28$ kW，$U_N=380$ V，$I_N=58$ A，$n_N=1455$ r/min，$\cos\varphi_N=0.88$，$\lambda=2.3$，定子绕组为△连接，起动电流倍数 $k_i=6$，起动转矩倍数 $k_{st}=1.1$。供电变压器要求起动电流≤150 A，起动时负载转矩 $T_L=73.5$ N·m。试选择一个合适的起动方法，写出必要的计算数据(若采用自耦变压器降压起动，有 3 种抽头分别为 55%、64%、73%)。

2. 一台三相鼠笼式异步电动机的数据为 $U_N=380$ V，采用△连接，$I_N=20$ A，$k_i=7$，$k_{st}=1.4$。求：(1)若保证满载起动，电网电压不得低于多少伏？(2)如用 Y-△降压起动，起动电流为多少？能否半载起动？(3)如用自耦变压器在半载下起动，试选择抽头比，并求起动电流为多少？

3. 一台异步电动机，其额定数据为：$P_N=10$ kW，$n_N=1450$ r/min，$U_N=380$ V，采用△连接，$\cos\varphi_N=0.87$，$\eta_N=0.9$，$I_{st}/I_N=7$，$T_{st}/T_N=1.4$。试求：(1)额定电流及额定转矩；(2)采用 Y-△换接降压起动时的起动电流和起动转矩；(3)当负载转矩为额定转矩的 50% 和 30% 时，能否采用 Y-△换接降压起动？(4)如果用自耦变压器降压起动，当负载转矩为额定转矩的 80% 时，应在什么地方抽头？起动电压为多少？起动电流为多少？

4. 三相绕线式异步电动机，$f=50$ Hz，$2p=4$，$n_N=1450$ r/min，转子电阻 $R_2=0.02$ Ω，若电机轴上机械负载转矩为电机额定转矩不变，要求转速下降到 1000 r/min，试求：

(1)转子回路应串多大电阻？

(2)串电阻调速后，转子电流是原值的几倍？

5. 一台三相笼型异步电动机的数据为：$P_N=11$ kW，$U_N=380$ V，$f_N=50$ Hz，$n_N=1460$ r/min，$\lambda=2$。如采用变频调速，当负载转矩为 $0.8T_N$ 时，要使 $n=1000$ r/min，则 f_1 及 U_1 应为多少？

6. 某三相绕线式异步电动机数据如下：$P_N=22$ kW，$n_N=723$ r/min，$E_{2N}=197$ V，$I_{2N}=70.5$ A，$\lambda=3$。如果拖动 $T_L=0.75T_N$ 恒转矩负载运行时，采用反接制动停车，要求制动开始时最大制动转矩为 $2T_N$，求转子每相串入的制动电阻值。

7. 某起重机吊钩由一台绕线式三相异步电动机拖动，电动机额定数据为：$P_N=40$ kW，$n_N=1464$ r/min，$\lambda=2.2$，$k_{st}=1$，$R_2=0.06$ Ω。电动机的负载转矩 T_L 的情况是：提升重物，$T_L=T_1=261$ N·m，下放重物 $T_L=T_2=208$ N·m。

(1)提升重物，要求有低速、高速两挡，且高速时转速 n_A 为工作在固有特性上的转速，低速时转速 $n_B=0.25n_A$，工作于转子回路串电阻的特性上。求两挡转速各为多少及转子回路应串入的电阻值。

(2)下放重物，要求有低速、高速两挡，且高速时转速 n_C 为工作在负序电源的固有机械特性上的转速，低速时转速 $n_D=-n_B$，仍然工作于转子回路串电阻的特性上。求两挡转速及转子应串入的电阻值？并说明电动机运行在哪种状态？

6.4 单相异步电动机

▶ 内容导学

如图 6-61 所示为一台单相异步电动机的外形图，仔细看一下它与三相异步电动机在外形上有什么不同？多了哪一部分？为什么？

▶ 知识目标

▶ 熟悉单相异步电动机的结构特点；

图 6-61 单相异步电动机外形

▶ 理解单相异步电动机的工作原理；

▶ 掌握单相异步电动机的起动方法。

ⅢⅡ 能力目标

▶ 能说出单相异步电动机的基本结构特点和工作原理；

▶ 能说出单相异步电动机的起动方法、分类及其应用。

6.4.1　单相异步电动机的工作原理

【内容导入】

日常生活中的洗衣机、空调、冰箱和风扇等旋转家用电器以及常用的医疗器械，都要用到单相异步电动机，可见单相异步电动机在人们日常生活中的重要地位。下面我们就来分析一下单相异步电动机的工作原理和运行特性。

【内容分析】

单相异步电动机广泛用于容量小于 1 kW 及只有单相电源的场合，如家用电器、医疗设备等。从结构上看，单相异步电动机的结构和三相鼠笼式异步电动机相似，只是单相异步电动机通常在定子上有两相绕组，转子是普通笼型的。两相绕组在定子上的分布以及供电情况的不同，可以产生不同的起动特性和运行特性。

一、一相绕组通电分析

若单相异步电动机只有一个工作绕组，从理论分析可知，单相交流绕组通入单相交流电产生脉振磁动势，这个脉振磁动势可以分解为两个幅值相同、转速相等、旋转方向相反的旋转磁动势 $\dot{F}^+$ 和 $\dot{F}^-$，在气隙中建立与转子旋转方向相同的磁场，称为正转磁场，同时也在气隙中建立与转子旋转方向相反的磁场，称为反转磁场。这两个旋转磁场都切割转子导体，并分别在转子导体中产生感应电动势和感应电流。该电流与磁场相互作用产生正向和反向电磁转矩 T_+ 与 T_-。T_+ 企图使转子正转，T_- 企图使转子反转，这两个转矩叠加起来就是作用在电动机上的合成转矩

$$T = T_+ + T_-$$

无论是正向转矩 T_+ 还是反向转矩 T_-，它们的大小与转差率的关系和三相异步电动机相同。若电动机的转速为 n，对正向旋转磁场而言，其转差率为

$$s^+ = \frac{n_1 - n}{n_1} \tag{6-80}$$

$T_+ = f(s^+)$，与三相异步电动机的相同。

对反向旋转磁场而言，其转差率为

$$s^- = \frac{-n_1 - n}{-n_1} = \frac{n_1 + n}{n_1} = 2 - s^+ \tag{6-81}$$

即：当 $s^+ = 0$ 时，$s^- = 2$；当 $s^- = 0$ 时，$s^+ = 2$。

单相异步电动机的 $T = f(s)$ 曲线是由 $T_+ = f(s^+)$ 与 $T_- = f(s^-)$ 两根特性曲线叠加而成的，如图 6-62 所示。单相异步电动机有以下几个主要特点：

(1) 当转子静止时，正、反旋转磁场均以 n_1 速度正、反两个方向切割转子绕组，在转

子绕组中感应出大小相等而方向相反的电动势和
电流，它们分别产生大小相等而方向相反的两个
电磁转矩，使其合成电磁转矩为零。即起动瞬间，
$n=0$，$s^+=s^-=1$，$T=T_++T_-=0$，说明单相异
步电动机无起动转矩，如不采取其他措施，电动
机就不能起动。

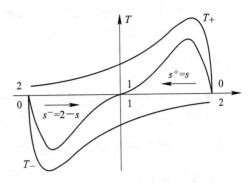

图 6-62　单相异步电动机的 T-s 曲线

（2）当 $s\neq1$ 时，$T=T_++T_-\neq0$，T 无固定
方向，它取决于 n 的正负。若用外力使电动机转
动起来，当 $s^+\neq1$ 或 $s^-\neq1$ 时，合成转矩不为零，
此时若合成转矩大于负载转矩，则即使去掉外
力，电动机也能旋转起来。因此，单相异步电动机虽无起动转矩，但一经起动，便可达到某
一稳定工作转速，而旋转方向则取决于起动瞬间外力矩作用于转子的方向。

（3）由于反向转矩的作用，使合成转矩减小，最大转矩也随之减小，故单相异步电动
机的过载能力较差，同时反向磁场在绕组中感应电流，增加了转子损耗，降低了电机效率。

由此可见，当三相异步电动机电源一相断线时，相等于一台单相异步电动机，所以不
能起动。三相异步电动机在运行中一相断线，电机仍然能继续运转，但由于存在反向转矩，
合成转矩减少，当负载转矩不变时，电动机转速会下降，转差率上升，使得定子、转子电流
增加，损耗增加，效率下降，电动机温升增加等。

二、两相绕组通电分析

当单相异步电动机安装有空间相差一定电角度的两相绕组，且同时给两绕组通入时
间上具有一定相位差的交流电流，气隙中就会形成旋转磁场，转子就会跟随旋转磁场转起
来。一般情况下产生的是椭圆形旋转磁场 $\dot{F}$，一个椭圆形旋转磁动势可以分解成一个正转
磁动势 $\dot{F}^+$ 与一个反转磁动势 $\dot{F}^-$，但此时，$\dot{F}^+\neq\dot{F}^-$。在 $\dot{F}^+$ 作用下产生电磁转矩 T_+，为
正向转矩特性；在 $\dot{F}^-$ 作用下产生电磁转矩 T_-，为反向转矩特性；合成电磁转矩为 $T=$
$T_++T_-=f(s^+)+f(s^-)=f(s)$。此时合成的机械特性是一条不过原点的曲线。当 $n=0$
时，若 $F^+>F^-$，则 $T>0$，电动机可以正向起动；同理，当 $n=0$ 时，若 $F^+<F^-$，则 $T<0$，
电动机可以反向起动。

6.4.2　单相异步电动机的起动与反转

【内容导入】

单相异步电动机是如何起动的呢？依据起动方法它又可分为哪些类别？能否进行反转
运行？

【内容分析】

一、单相异步电动机的起动方法

单相异步电动机只有一个工作绕组，没有起动转矩，不能自行起动。为了使单相异步
电动机能够自行起动，关键是起动时在电机内部建立一个旋转磁场，根据获得旋转磁场的

方式不同，单相异步电动机的起动方法分为分相式起动和罩极式起动两种。

1. 分相式起动

在空间上不同相的绕组中通以时间不同相的电流，其合成磁场就为一个旋转磁场。分相式起动就是根据这个原理设计的，分为电阻分相起动和电容分相起动两种。

（1）电阻分相起动。电阻分相起动的原理接线图如图 6-63(a)所示，工作绕组和起动绕组在空间互差 90°电角度，它们由同一单相电源供电，S 为一离心开关，起动时，S 处于闭合状态，当转速达到一定数值时，S 由于机械离心作用而断开。

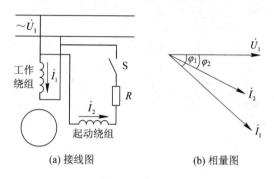

（a）接线图 （b）相量图

图 6-63 电阻分相起动原理

电动机的起动绕组采用较细的导线绕制，它与工作绕组的电阻值不相等，两套绕组的阻抗值也就不等，流过这两套绕组的电流就存在一定的相位差，如图 6-63(b)所示，从而达到分相起动的目的。通常起动绕组按短时运行设计，所以起动绕组需要串接离心开关 S。

（2）电容分相起动。电容分相起动的原理接线如图 6-64(a)所示。起动绕组串接电容 C 和离心开关 S，电容 C 的接入使两相电流分相，如图 6-64(b)所示。起动时电动机为两相起动，当转速达到一定数值时，由于离心开关 S 的断开，使电动机进入单相运行。电动机的起动绕组和电容器按短时设计，电容器一般可选用交流电解电容，这种方法称为电容分相起动法。

（3）电容分相运行。对于电容分相起动的异步电动机，也可以将起动绕组设计成长期接在电源上，这种电动机的接线图与图 6-64(a)相同，只是开关 S 一直是闭合的，它实质上是一台两相异步电动机。选择适当电容器及工作绕组和起动绕组匝数，可使气隙中磁场接近圆形的旋转磁场，使运行性能有较大改善。这种电动机称为电容运转电动机，又称电容电动机。

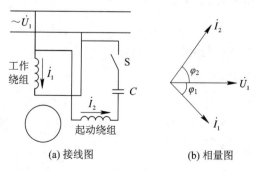

（a）接线图 （b）相量图

图 6-64 电容分相起动原理

2. 罩极式起动

单相罩极式异步电动机的定子结构分为凸极式和隐极式两种。由于凸极式结构简单一些，所以一般都采用凸极式结构。凸极式的工作绕组集中绕制，套在定子磁极上。在极靴表面的 1/4~1/3 处开有小槽，并用短路铜环把这部分磁极罩起来，故称罩极式异步电动机，如图 6-65(a)所示。罩极式电动机的转子仍做成鼠笼型。

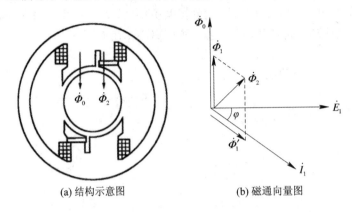

(a) 结构示意图　　　　　　　　(b) 磁通向量图

图 6-65　罩极式异步电动机

当工作绕组接入单相交流电源后，在磁极内产生一脉振磁场，其中一部分磁通 $\dot{\Phi}_0$ 不穿过短路环，另一部分磁通 $\dot{\Phi}_1$ 则穿过短路铜环。由于 $\dot{\Phi}_0$ 与 $\dot{\Phi}_1$ 都是由工作绕组中的电流产生的，故 $\dot{\Phi}_0$ 与 $\dot{\Phi}_1$ 同相位，并且 $\Phi_0 > \Phi_1$。由于 $\dot{\Phi}_1$ 脉振的结果，在短路环中感应电动势 $\dot{E}_1$，它滞后 $\dot{\Phi}_1$ 90°。由于短路环闭合，在短路环中就产生滞后于 $\dot{E}_1$ 为 φ 角的电流 $\dot{I}_1$，它又产生与 $\dot{I}_1$ 同相位的 $\dot{\Phi}_1'$，它也穿过短路环，因此罩极部分的总磁通为 $\dot{\Phi}_2 = \dot{\Phi}_1 + \dot{\Phi}_1'$，如图 6-65(b)所示。由此可见，未罩极部分磁通 $\dot{\Phi}_0$ 与被罩极部分磁通 $\dot{\Phi}_2$ 不仅在空间上，而且在时间上均有相位差，因此它们的合成磁场是一个由超前相转向滞后相的旋转磁场（即未罩极部分转向罩极部分），由此产生电磁转矩，其方向也为由未罩极转向罩极部分。短路铜环相当于起动绕组的作用。

罩极式电动机依靠其特殊结构产生了椭圆形旋转磁场，故其起动和运行性能较差，效率和功率因数都较低，因此不适宜做成大功率电动机；只适合负载不大的场所，如电钟、小型风扇等小功率电动器械中。

二、单相异步电动机改变转向的方法

单相异步电动机在使用过程中常需要改变其转向，要使单相异步电动机改变转向必须使旋转磁场反转，有两种方法可以改变单相异步电动机的转向。

1. 改变分相电动机的转向

把工作绕组和起动绕组中任意一个绕组的首端和尾端对调，单相异步电动机即反转。其原因是把其中一个绕组反接后，该绕组磁场相位将反相，转子的转向也随之改变。

2. 改变罩极式电动机的转向

罩极式单相异步电动机的旋转方向始终是从未罩部分转向被罩部分，罩极式单相异步电动机罩极部分固定，故不能用改变外部接线的方法来改变电动机的转向，如果想改变电动机的转向，需要拆下定子上凸极铁心，调转方向后装进去，也就是把罩极部分从一侧换到另一侧，这样就可以使罩极式异步电动机反转。

■ 小结

单相异步电动机由定子和转子两部分组成。根据工作绕组和起动绕组的结构不同，分为分相式和罩极式。分相式又分为电阻分相式和电容分相式；罩极式由于其特殊结构，起动、运行性能较差，仅适用于小功率异步电动机。

在只有工作绕组的单相异步电动机上通入单相交流电后产生的是脉振磁动势，使电动机起动时合成转矩为零，所以单相异步电动机不能自行起动。常用的起动方法有分相式起动和罩极式起动，它们都是形成两个在时间和空间上互差一定电角度的磁动势以便在起动时形成一个单方向的旋转磁场，在电动机内产生一个单方向的电磁转矩，从而保证转子沿一个既定的方向旋转。

■ 思考与练习

一、填空题

1. 单相异步电动机的定子绕组分为_____绕组和_____绕组，它们一般是相差_____空间电角度的两个分布绕组；当两绕组通入_____相位差的两相交流电流时，产生_____磁场。

2. 根据单相异步电动机分相的不同分为_____分相式、_____分相式、_____式。

3. 罩极式异步电动机磁极上的_____相当于副绕组，它具有起动转矩_____，旋转方向_____改变的特点；转子的旋转方向总是从磁极的_____部分转向_____部分。

4. 异步电动机的三相绕组中，如果一相绕组头尾反接，则电动机的起动转矩_____，电流_____，振动_____。

5. 电动机三相电压不平衡会引起电动机_____，因此三相电压不平衡度不得超过_____。

二、选择题

1. 单相异步电动机的分相起动是在起动绕组回路中串联适当容量的(　　)，再与工作绕组并联。

A. 电感或电容　　　　　　　　　　B. 电容或电阻

C. 电阻或电感　　　　　　　　　　D. 3 种元件均可

2. 单相异步电动机的罩极起动，对于凸极式罩极电动机，其磁极铁心极的(　　)处开有一个小槽，在磁极较小的部分套装一个铜环，此铜环即罩极绕组，又称副绕组。

A. $1/3 \sim 1/4$　　　　　　　　　　B. $1/2$

C. $1/10$　　　　　　　　　　　　　D. 以上位置均可

3. 电动机原来为 Y 连接的绕组，检修时误为△连接，原来两相绕组承受 380 V 电压，错接后(　　)承受 380 V 电压，结果空载电流大于额定电流，绕组很快烧毁。

A. 一相　　　　B. 两相　　　　C. 三相　　　　D. 不确定

4. 笼型电动机转子断条或脱焊，电动机能(　　)起动，但不能加负载运转。

A. 轻载　　　　　　B. 空载　　　　　　C. 半载　　　　　　D. 满载

三、简答题

1. 为什么单相异步电动机不能自行起动？怎样才能使它起动？

2. 单相异步电动机主要分哪几种类型？简述罩极电动机的工作原理。

3. 电动机三相不平衡的原因有哪些？

4. 电机绕组绝缘电阻降低的原因有哪些？怎样处理？

5. 一台三相异步电动机运行中机身过热，试分析有哪些原因？

四、计算题

1. 电网实测三相电压分别为 395 V、405 V 和 385 V，试计算三相电压不平衡度？是否能正常运行？

2. 试问一台日本产 50 Hz、420 V，定子绕组采用△连接的三相异步电动机，能否接于我国 380/220 V 电网运行？为什么？

第 7 章　电力拖动系统电动机的选择

　　电力拖动系统电动机的选择，首先是在各种工作制下电动机额定功率的选择，其次还要确定电动机的类型、外部结构形式、额定电压与额定转速等。

　　选择电动机的原则：（1）满足生产机械负载要求；（2）经济合理。

　　在决定电动机的功率时，要考虑电动机的发热、过载能力和起动能力 3 方面的因素，其中以发热问题最为重要。

7.1　电动机的发热、冷却及电动机的工作制分类

▶ 内容导学

　　电动机在能量转换过程中，内部各处均要产生功率损耗。功率损耗的存在不仅降低了电动机的效率，影响电动机的经济运行，而且各种能耗最终转化为热能，使电动机内部的温度升高，这将影响到所用绝缘材料的使用寿命（电动机中耐热能力最差的是绕组的绝缘材料），严重时甚至会烧毁电动机。因此，有必要先介绍电动机的发热过程和冷却方式。而电动机的发热和冷却情况不但与其所拖动的负载有关，而且与负载持续时间的长短有关。负载持续时间不同，电动机的发热情况就不同。所以，还要对电动机的工作方式进行分析。

▶ 知识目标

　　▶ 了解电动机的发热与冷却过程；
　　▶ 了解电动机的工作制。

▶ 能力目标

　　▶ 能应用温升曲线分析电动机的发热和冷却过程；
　　▶ 能辨识不同工作制电动机的运行特点。

7.1.1　电动机的发热过程

【内容导入】

　　通常电动机工作时，其本身的温度比环境温度要高。为什么会出现这种情况呢？这个温度差由什么因素决定呢？电动机的发热过程又有什么规律吗？

【内容分析】

1. 电动机的发热过程

　　电动机运行时，内部会产生铜损耗和铁损耗，这些损耗在电动机内部转化为热能。随

着热量的不断产生,电动机本身温度升高,当升高至超过周围环境温度时,就产生温度差,电动机就要向周围散热。我们将电动机本身温度与标准温度的差值称为温升,用 τ 表示。当电动机单位时间内发出的热量等于散出的热量时,电动机本身的温度不再增加,保持一个稳定不变的温升,即处于发热与散热平衡的状态。此过程是温度升高的热过渡过程,称为发热过程。

研究实际电动机的发热情况时,为了简化分析,可假设:

(1)电动机在恒定负载下运行,总损耗不变。

(2)电动机是一个均匀物体,各点温度一样,且各部分表面散热系数相同。

(3)电动机散发到周围介质中去的热量与电动机温升成正比。

(4)周围环境温度不变。

根据能量守恒定律,任何时间内,电动机产生的总热量等于电动机本身温度升高需要的热量和散发到周围介质中去的热量之和,则电动机的热平衡方程式为

$$Q\mathrm{d}t = C\mathrm{d}\tau + A\tau\mathrm{d}t \tag{7-1}$$

式中,Q 为电动机单位时间内产生的热量(J/s);C 为电动机温度每升高 1 度所需的热量,称为热容量(J/℃);$\mathrm{d}\tau$ 为电动机温度升高增量(℃);A 为电动机温度高出环境温度 1 度时,单位时间内向周围介质散发出去的热量,称为散热系数(J/℃·s)。

将式(7-1)整理改写为

$$\tau + \frac{C}{A}\frac{\mathrm{d}\tau}{\mathrm{d}t} = \frac{Q}{A} \tag{7-2}$$

令 $C/A = T$ 为发热时间常数,$Q/A = \tau_\mathrm{w}$ 为发热过程稳态温升,则热平衡方程式可写成

$$\tau + T\frac{\mathrm{d}\tau}{\mathrm{d}t} = \tau_\mathrm{w}$$

解微分方程得:

$$\tau = \tau_\mathrm{w}(1 - \mathrm{e}^{-\frac{t}{T}}) + \tau_0\mathrm{e}^{-\frac{t}{T}} \tag{7-3}$$

式中,τ_0 为发热过程的初始温升。若发热过程开始时,电动机温度与周围介质温度相等(称为电动机的冷态),则 $\tau_0 = 0$。此时,$\tau = \tau_\mathrm{w}(1 - \mathrm{e}^{-\frac{t}{T}})$。

按式(7-3)画出 $\tau = f(t)$ 曲线,如图 7-1 中曲线 1 所示,曲线 2 对应 $\tau_0 = 0$。

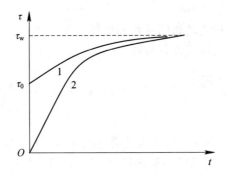

图 7-1 电动机发热过程曲线

由曲线可见,电动机的温升按指数规律变化,发热过程开始时,由于温升小,散发出去的热量较少,大部分热量被电动机所吸收,因而温升增长较快,其后随着温升的增加,

散发的热量不断增长，而电动机产生的热量不变，则电动机吸收的热量不断减少，温升曲线趋于平缓。当发热量与散热量相等时，电动机的温升不再升高，达到一稳定值 τ_w。一般经过 $(3\sim4)T$，即可认为电动机已达到稳定温升 τ_w。

2. 电动机的绝缘等级

电动机在负载运行时，其内部总损耗转变为热能使电动机温度升高。电动机中耐热最差的是绝缘材料，若电动机的负载太大，损耗太大而使温度超过绝缘材料允许的限度时，绝缘材料的寿命就急剧缩短，严重时会使绝缘遭到破坏，电动机冒烟而烧毁。这个温度限度称为绝缘材料的允许温度。由此可见，绝缘材料的允许温度就是电动机的允许温度；绝缘材料的寿命就是电动机的寿命。为使电动机能达到正常的使用年限，规定了电动机的各种绝缘材料的绝缘等级，如表 7-1 所示。

表 7-1　电动机的各种绝缘材料的绝缘等级

等级	绝 缘 材 料	允许最高温度/℃
A	用普通绝缘漆浸渍处理的棉纱、丝、纸及普通漆包线的绝缘漆	105
E	环氧树脂、聚酯薄膜、青壳纸、三醋酸纤维薄膜、高强度漆包线的绝缘漆	120
B	云母、玻璃纤维、石棉(用有机胶黏合或浸渍)	130
F	云母、玻璃纤维、石棉(用合成胶黏合或浸渍)	155
H	云母、玻璃纤维、石棉(用硅有机树脂黏合或浸渍)	180

7.1.2　电动机的冷却过程

【内容导入】

和电动机的发热过程相对应，电动机的冷却过程遵循什么规律呢？

电动机发热、冷却
与课程思政

【内容分析】

电动机达到稳定温升 τ_w 后，如果减小它的负载或停止运行，则电动机内损耗 $\sum p$ 及 Q 将随之减少或不再继续产生。这样，就使发热量少于散热量，破坏了热平衡状态，电动机温升下降，直至达到新的稳定温升。这个温升下降的过程称为电动机的冷却过程。

电动机冷却过程的温升变化规律的方程与式(7-3)相同，只是初始温升 τ_0、稳定温升 τ_w 和时间常数 T 不同。电动机的冷却过程分两种情况。

1. 电动机负载减小

当电动机拖动的负载减小时，其损耗减小，单位时间内产生的热量减少为 Q'，相应的稳定温升降低到 τ_w'，而起始温升则为原来的稳定温升 τ_w。设散热系数 A 不变，此时的温升公式为

$$\tau = \tau_w'(1 - e^{-\frac{t}{T'}}) + \tau_w e^{-\frac{t}{T'}} \tag{7-4}$$

式中，τ_w' 为负载减小后电动机的稳定温升；T' 为电动机的冷却时间常数。

在负载减小时,电动机的冷却时间常数 T' 和发热时间 T 相等。冷却过程的温升曲线如图 7 - 2 中曲线 1 所示。

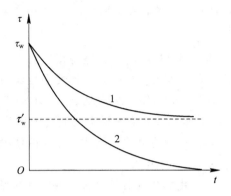

图 7 - 2　电动机冷却过程曲线

2. 断电停车

电动机脱离电源后,电动机的损耗为零,不再产生热量,其温升逐渐下降,直到电动机本身的温度与周围介质温度相同为止。因此,稳定温升 $\tau_w'=0$,有

$$\tau = \tau_w e^{-\frac{t}{T}} \tag{7-5}$$

此时,冷却过程的温升曲线如图 7 - 2 中曲线 2 所示。

对于采用自扇冷式的电动机,在电动机断电后,装在电动机轴上的风扇停转,冷却条件恶化,散热系数 A 减少,使温升时间常数由电动机通电时候的 T 增加为 T',通常 $T'=(2\sim3)T$。对于采用他扇冷式电动机,则 $T'=T$。

7.1.3　电动机的工作制分类

【内容导入】

电动机工作时,负载持续时间的长短对电机的发热情况影响较大,对正确选择电动机的功率也有影响。我国规定电动机的工作制主要有哪几种呢? 各有什么特点?

【内容分析】

电动机的工作制是对电动机承受负载情况的说明。国家标准把电动机的工作制分为 9 类:$S_1 \sim S_9$。在此仅介绍常用的 $S_1 \sim S_3$ 三种工作制。

1. 连续工作制(S_1)

连续工作制是指电动机在恒定负载下持续运行,其工作时间足以使电动机的温升达到稳定温升 τ_w。电动机铭牌上对工作方式没有特殊标注的电动机都属于连续工作制,如通风机、水泵、机床主轴、纺织机、造纸机等。

连续工作制电动机的典型负载图与温升曲线如图 7 - 3 所示。

对于 S_1 工作制电动机,取使其稳定温升 τ_w 等于最高允许温升时的输出功率作为额定功率 P_N。

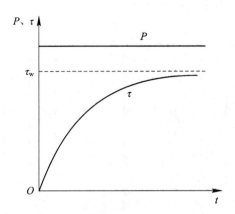

图 7-3　连续工作制电动机的典型负载图与温升曲线

2. 短时工作制(S_2)

短时工作制下运转的电动机，工作时间 t_g 较短，在工作时间内，电动机的温升达不到稳定温升 τ_w；停歇时间 t_0 相当长，在工作停歇内，电动机的温升可以降到零，其温度和周围介质温度相同。

短时工作制电动机的负载图与温升曲线如图 7-4 所示。

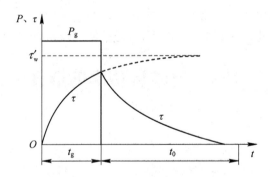

图 7-4　短时工作制电动机的负载图与温升曲线

我国规定的短时工作制的标准时间为 15 min、30 min、60 min 和 90 min 四种。属于这种工作制的电动机有水闸闸门启闭机、车床的夹紧装置、转炉倾动机构的拖动电动机等。

对于 S_2 工作制电动机，取使其在规定的运行时间内实际达到的最高温升等于最高允许温升时的输出功率作为额定功率 P_N。因此，规定 S_2 工作制电动机的额定功率和标准工作时间必须同时标注在铭牌上，如 S_2—30 min。

3. 断续周期工作制(S_3)

电动机按一系列相同的工作周期运行，工作时间 t_g 和停歇时间 t_0 相互交替，两段时间都较短。在工作时间内，电动机不能达到稳定温升，停歇时间内电动机温升未下降到零，下一工作周期已开始。每经过一个周期，温升有所上升，经过若干周期后，电动机的温升在最高温升和最低温升之间波动，达到周期性变化的稳定状态。其最高温升仍低于拖动同样负载连续运行的稳定温升 τ_w。其负载图与温升曲线如图 7-5 所示。

起重机、电梯、轧钢机辅助机械等使用的电动机均属于这种工作制。

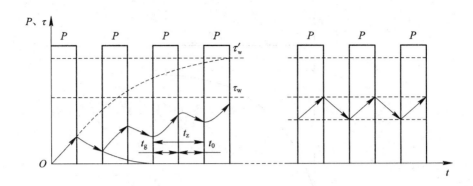

图 7-5　断续周期工作制电动机的负载图与温升曲线

每个工作周期内工作时间占的百分数叫作负载持续率(又称暂载率),用 FS 表示,即

$$FS = \frac{t_g}{t_z} \times 100\% = \frac{t_g}{t_g + t_0} \times 100\% \tag{7-6}$$

国家标准规定的标准负载持续率有 15%、25%、40%、60% 四种,并且一个周期的总时间规定为 $t_g + t_0 \leqslant 10$ min。

对于 S_3 工作制电动机,取使其在规定的负载持续率下运行时实际达到的最高温升等于最高允许温升时的输出功率作为额定功率 P_N。因此,规定 S_3 工作制电动机的额定功率和标准工作持续率必须同时标注在铭牌上,如 S_3—25%。

断续周期工作制的电动机频繁起、制动,其过载能力强、飞轮矩 GD^2 值小、机械强度好。

7.2　电动机功率的选择

▶▶ 内容导学

正确选择电动机的额定功率十分重要。电动机拖动生产机械时,如果额定功率过大,电动机就经常处于轻载运行,电动机本身的容量得不到充分发挥,变成"大马拉小车",不仅增大投资,而且运行的效率和功率因数都会降低,从而增加运行费用;反过来,电动机额定功率比生产机械要求得小,那便是"小马拉大车",电动机处于过载下运行,发

电动机功率的选择
与课程思政

热过大,造成电动机损坏或寿命降低,还有可能承受不了冲击负载或造成起动困难。

▶▶ 知识目标

▶ 掌握选择电动机额定功率的方法。

▶▶ 能力目标

▶ 能根据不同工作制负载合理选择电动机的功率。

7.2.1　连续工作制电动机额定功率的选择

【内容导入】

连续工作制负载分为恒定负载(或基本恒定)和周期性变化负载。连续工作制负载应如

何选择电动机的功率呢？

【内容分析】

1. 恒定负载连续工作制电动机额定功率选择

恒定负载是指在长期运行中，负载大小恒定不变或基本恒定不变的负载，如水泵、风机、大型机床主轴等。

在选择连续恒定负载的电动机时，只要计算出负载所需功率 P_L，选择一台额定功率 P_N 略大于 P_L 的连续工作制电动机即可，不必进行发热校核。对起动比较困难（静阻转矩大或带有较大的飞轮力矩）而采用笼型异步电动机或同步电动机的场合，应校验其起动能力。

2. 周期性变化负载连续工作制电动机额定功率选择

周期性变化负载连续工作制电动机额定功率的选择步骤：

(1) 计算出生产机械的负载图；

(2) 在此基础上预选电动机并作出电动机的负载图，确定电动机的发热情况；

(3) 进行发热、过载及起动校验。

校验通过，说明预选电机合适，否则重新选电机，如此反复，直到选好为止。

校验电机发热的依据是电动机的最高温升不超过绝缘材料的最高允许温升。

如图 7-6 所示为一个周期的周期性变化负载下连续工作制电动机的负载图。

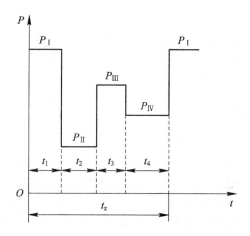

图 7-6　周期性变化负载下连续工作制电动机的负载图

电动机的额定功率按下面几种等效法选择。

(1) 等效电流法。

等效电流法的基本原理是用一个不变的等效电流 I_{eq} 来代替实际变动的负载电流 I_L，在同一周期内，等效电流 I_{eq} 与负载电流 I_L 产生的热量相等。假定电动机的铁耗和电阻不变，则损耗只和电流的平方成正比，由此可得

$$I_{eq} = \sqrt{\frac{I_1^2 t_1 + I_2^2 t_2 + \cdots + I_n^2 t_n}{t_1 + t_2 + \cdots + t_n}} \tag{7-7}$$

式中，t_n 为对应负载电流为 I_n 的工作时间。

求出等效电流 I_{eq} 后，选用电动机的额定电流 I_N 应大于或等于等效电流 I_{eq}。

采用等效电流法时，必须先画出用电流表示的负载图。

（2）等效转矩法。

如果电动机在运行时，其转矩与电流成正比（如他励直流电动机的励磁保持不变、异步电动机的功率因数和气隙磁通保持不变时），则式（7-7）可改写成等效转矩公式：

$$T_{eq} = \sqrt{\frac{T_1^2 t_1 + T_2^2 t_2 + \cdots + T_n^2 t_n}{t_1 + t_2 + \cdots + t_n}} \qquad (7-8)$$

此时，选用电动机的额定转矩 T_N 应大于或等于 T_{eq}，当然，这时应先画出用转矩表示的负载图。

（3）等效功率法。

如果电动机运行时，其转速保持不变，则功率与转矩成正比，由式（7-8）可得等效功率为

$$P_{eq} = \sqrt{\frac{P_1^2 t_1 + P_2^2 t_2 + \cdots + P_n^2 t_n}{t_1 + t_2 + \cdots + t_n}} \qquad (7-9)$$

此时，选用电动机的功率 P_N 大于或等于 P_{eq} 即可。

必须注意的是，用等效法选择电动机的容量时，要根据最大负载来校验电动机的过载能力是否符合要求，如果过载能力不能满足，应当按过载能力来选择较大容量的电动机。

7.2.2　短时工作制电动机额定功率的选择

【内容导入】

短时工作制的负载应选用专用的短时工作制电动机。在没有专用电动机的情况下，又该如何选择呢？

【内容分析】

1. 选用短时工作制电动机

我国电机制造行业专门设计制造了一种专供短时工作制使用的电动机，其工作时间分为 15 min、30 min、60 min、90 min 四种，每一种又有不同的功率和转速。因此，可以按生产机械的功率、工作时间及转速的要求，从产品目录中直接选用不同规格的电动机。

如果短时工作制的负载功率 P_L 是变化的，可用等效法计算出工作时间内的等效功率，然后再以等效功率为依据选择电动机的额定功率。在变化的负载下，还应进行过载能力与起动能力（对笼型异步电动机）的校验。

如果在一个周期内，负载的变化包括起动、运行、制动和停歇等过程，其实际温升还要高一些，因此一般应把等效电流或功率等参数选得大一些。为此，可在式（7-7）、式（7-8）和式（7-9）的分母中对应起动和制动的时间值上乘以一个系数 α，在对应停歇的时间值上乘以一个系数 β，则有：

$$I_{eq} = \sqrt{\frac{I_1^2 t_1 + I_2^2 t_2 + \cdots + I_n^2 t_n}{\alpha t_1 + t_2 + \cdots + \alpha t_n + \beta t_0}} \qquad (7-10)$$

式中，I_1、t_1 为起动电流和起动时间；I_n、t_n 为制动电流和制动时间；t_0 为停歇时间；对于直流电动机，$\alpha = 0.75$，$\beta = 0.5$；对于异步电动机，$\alpha = 0.5$，$\beta = 0.25$。

【例 7-1】　一台自扇冷式他励直流电动机，$P_N = 7.5$ kW，$n_N = 1500$ r/min，$\lambda_m = 2$，电机磁通 Φ_m 保持不变，一个周期的转矩负载图如图 7-7 所示，试校验电动机的发热是否通过？

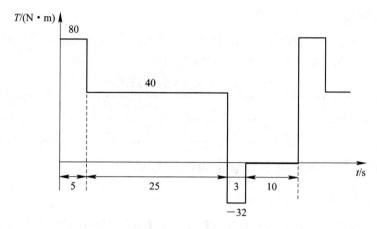

图 7-7　他励直流电动机转矩负载图

解　采用等效转矩法进行发热校验。

电动机的工作周期为
$$t_z = 5 + 25 + 3 + 10 = 43 \ (\text{s})$$

电动机的额定转矩为
$$T_N = 9550 \frac{P_N}{n_N} = 9550 \times \frac{7.5}{1500} = 47.75 \ (\text{N} \cdot \text{m})$$

例 7-1

用等效转矩法可得
$$
\begin{aligned}
T_{eq} &= \sqrt{\frac{T_1^2 t_1 + T_2^2 t_2 + T_3^2 t_3}{\alpha t_1 + t_2 + \alpha t_3 + \beta t_0}} \\
&= \sqrt{\frac{80^2 \times 5 + 40^2 \times 25 + 32^2 \times 3}{0.75 \times 5 + 25 + 0.75 \times 3 + 0.5 \times 10}} \\
&= 45.7 \ (\text{N} \cdot \text{m}) < T_N
\end{aligned}
$$

发热校验通过。

2. 选用连续工作制电动机

短时工作的生产机械,也可选用连续工作制的电动机。这时,从发热的观点上看,电动机的输出功率可以提高。为了充分利用电动机,选择电动机额定功率的原则应是在短时工作时间 t_g 内达到的温升恰好等于电动机连续运行并输出额定功率时的稳定温升,即电动机绝缘材料允许的最高温升。由此可得:

$$P_N = P_L \sqrt{\frac{1 - e^{-\frac{t_g}{T}}}{1 + a e^{-\frac{t_g}{T}}}} \qquad (7-11)$$

式中,对于直流电机 $a = 1.0 \sim 1.5$,对于异步电机 $a = 0.5 \sim 0.7$。在一个工作周期 t_z 内,当工作时间 $t_g < (0.3 \sim 0.4)t_z$ 时,可取

$$P_N \geqslant \frac{P_L}{\lambda_m} \qquad (7-12)$$

式中,λ_m 为过载能力。

最后,还应校验电动机的起动能力。

3. 选用断续周期工作制电动机

专用的断续周期工作制电动机具有较大的过载能力，可以用来拖动短时工作制负载。负载持续率 FS 与短时负载的工作时间 t_g 之间的对应关系如表 7-2 所示。

表 7-2　t_g 与 FS 的对应关系

t_g/min	30	60	90
FS	15%	25%	40%

7.2.3　断续周期工作制电动机额定功率的选择

【内容导入】

根据断续周期运行生产机械的负载持续率、功率和转速从产品目录中可直接选取电动机，但由于国家标准规定电动机的标准负载持续率只有 4 种，这样就常遇到与标准负载持续率相差甚远的情况，这时该如何选择电动机的功率呢？

【内容分析】

断续周期工作制的电动机，其额定功率是与铭牌上标出的负载持续率相应的。如果负载图中的实际负载持续率 FS_x 与标准负载持续率 FS_N（15%，25%，40%，60%）相同，且负载恒定，则可直接按产品样本选择合适的电动机。当 FS_x 与 FS_N 不同时，就需要把 FS_x 下的实际功率 P_x 换算成 FS_N 下的功率 P，换算公式如下：

$$P = P_x \sqrt{\frac{FS_x}{FS_N}} \qquad\qquad (7-13)$$

选择电动机的额定功率应不小于 P。

当 $FS_x < 10\%$ 时，可按短时工作制负载选择电动机；当 $FS_x > 70\%$ 时，可按连续工作制负载选择电动机。

【例 7-2】　题如【例 7-1】，试校验该电动机过载是否通过。

解　负载持续率为

$$FS = \frac{33}{43} \times 100\% = 77\%$$

为连续工作制。

例 7-2

最大转矩为

$$T_{max} = \lambda_m T_N = 2 \times 47.75 = 95.5 \ (\text{N} \cdot \text{m}) > 80 \ (\text{N} \cdot \text{m})$$

过载能力校验通过。

7.3　电动机的类型、额定电压和额定转速的选择

▶ 内容导学

选择电动机时，除了确定电动机的额定功率外，还要根据实际生产机械技术要求、运行环境、供电电源及传动机构的情况，合理地选择电动机的额定数据。电动机的额定数据包括电动机的类型、额定电压及额定转速。

▶ 知识目标

▶ 了解电动机的类型、额定电压和额定转速的选择。

▶ 能力目标

▶ 能根据不同工程要求，合理地选择电动机的额定数据。

7.3.1　电动机类型的选择

【内容导入】

电动机类型选择的原则是什么？具体应考虑哪些主要内容？

【内容分析】

选择电动机类型的原则是在满足生产机械技术性能的前提下，优先选用结构简单、工作可靠、价格便宜、维修方便、运行经济的电动机。从这个意义上看，交流电动机优于直流电动机，异步电动机优于同步电动机，笼型异步电动机优于绕线转子异步电动机。

当生产机械负载平稳，对启动、制动及调速性能要求不高时，应优先采用异步电动机。例如普通机床、水泵、风机等可选用普通笼型异步电动机。像空压机、皮带运输机等要求电动机有较好的起动性能，则可选用深槽式或双笼型异步电动机。而像电梯、桥式起重机一类提升机械，起、制动频繁，对电动机的起动、制动、调速有一定要求时，应选用绕线转子异步电动机。

对于功率较大而又不需调速的生产机械，如大功率水泵、空压机等，为了提高电网的功率因数，可选用同步电动机。

调速范围要求不大，并可由机械变速箱配合的生产机械，如普通机床、锅炉引风机等，可选用多速笼型异步电动机。

调速范围要求较大，且需要平滑调速的生产机械，如轧钢机、龙门刨床、大型精密机床、造纸机等，应选用他励直流电动机或采用变频调速的笼型异步电动机。

要求起动转矩大、机械特性软的生产机械，如电车、电机车、重型起重机、挖掘机、便携工具等，一般应选用串励或复励直流电动机。如有易燃、易爆气体的矿井等特殊场所，不能使用直流电动机，而应采用异步电动机和同步电动机。

随着交流变频调速技术的发展，交流电动机的应用将越来越广泛，正逐渐取代直流电动机。

7.3.2　电动机额定电压的选择

【内容导入】

电动机的额定电压应根据额定功率和所在系统的配电电压及配电方式综合考虑，具体应如何选择呢？

【内容分析】

交流电动机额定电压的选择主要按使用场所的供电电压等级选择。一般低压电网为 380 V，因此中小型三相异步电动机的额定电压大多为 380 V（Y 或 △ 连接），220/380 V

(△/Y 连接)和 380/660 V(△/Y 连接)。单相异步电动机的额定电压多采用 220 V，矿山及钢铁企业的大型设备用大功率电动机，可采用高压电动机，这样既减小了电动机的体积，又节约了铜线的用量。

直流电动机的额定电压也要与电源电压相配合。由直流发电机供电的直流电动机额定电压一般为 110 V 或 220 V。大功率电动机可提高到 600～1000 V，当电网电压为 380 V，直流电动机由晶闸管整流电路供电时，采用三相整流可选额定电压为 440 V，单相整流可选额定电压为 160 V 或 180 V。

7.3.3　电动机额定转速的选择

【内容导入】

在选择电动机额定转速时，应综合考虑哪些因素呢？

【内容分析】

电动机的额定转速是根据生产机械传动系统的要求来选择的。在一定功率时，电动机的额定转速越高，其体积越小，重量越轻，价格越低，运行的效率越高，电动机的飞轮矩越小，因此选用高速电动机较经济。但是，若生产机械要求的转速低，如果选择高速电动机，则会使传动机构复杂。因此必须综合考虑电动机与生产机械两方面的因素。选择电动机的额定转速，一般可分下列情况讨论。

（1）电动机很少起、制动或反转。此时可从设备的初期投资、占地面积和维护费用等方面，就不同的额定转速（不同的传速比）进行全面比较，最后确定合适的传速比和电动机的额定转速。

（2）电动机经常起、制动及反转，但过渡过程的持续时间对生产率影响不大，如高炉的装料机械的工作情况即属此类。此时除考虑初期投资外，主要根据过渡过程能量损耗为最小的条件，来选择传速比及电动机的额定转速。

（3）电动机经常起、制动及反转，过渡过程的持续时间对生产率影响较大。属于这类情况的有龙门刨工作台的主拖动。此时主要根据过渡过程持续时间为最短的条件来选择电动机的额定转速。

■ 小结

电动机作为能量转换的装置，在能量转换过程中必然有损耗，并转化为热能。其中一部分损耗被电机吸收提高了电机本身的温度，另一部分散到周围介质中去。根据能量守恒定律，电动机的热平衡方程为

$$Q\mathrm{d}t = C\mathrm{d}\tau + A\tau\mathrm{d}t$$

从热平衡方程可推导出电机在发热和冷却过程中，电动机温升 τ 随时间 t 变化的方程 $\tau = f(t)$。在发热和冷却过程中，τ 随时间按指数曲线变化。从电动机工作时能否达到其额定温升值，可确定电动机的发热条件是否得到充分利用。绝缘材料的等级反映了电动机工作时允许的最高温度值，超过此温度值运行则会使电动机绝缘材料的老化速度加快，甚至烧坏。

电动机按发热特点不同分为连续、短时、断续周期 3 种工作制，电动机的工作制不同，

选择电动机功率的方法也不同。选择电动机功率分 3 个步骤,先计算负载功率,然后预选电动机,最后校验其发热、过载和起动能力。

电动机的选择包括类型选择、额定电压选择、额定转速选择等。

■ 思考与练习

一、填空题

1. 用于电动机制造上的绝缘材料的绝缘等级有 _____、_____、_____、_____、_____。

2. 为便于电动机的系列生产和用户的选择使用,按发热观点将电动机的工作制分为:_____、_____、_____。

二、选择题

1. 某电动机若工作时间 90 s、停歇时间 360 s,则属于(　　)工作制。

A. 连续　　　　　　　　　　B. 短时

C. 断续周期　　　　　　　　D. 无法判断

2. 确定电动机在某一工作方式下额定功率的大小,是电动机在这种工作方式下运行时实际达到的最高温升,应(　　)。

A. 与绝缘材料的允许温升无关　　B. 高于绝缘材料的允许温升

C. 等于绝缘材料的允许温升　　　D. 略低于绝缘材料的允许温升

三、简答题

1. 电动机的发热和冷却过程中,其温升各按什么规律变化?

2. 电机中的绝缘材料分几类? 对应的允许工作温度为多少?

3. 简述 S_1、S_2 及 S_3 三种工作制的电动机及其发热的特点?

4. 负载持续率 FS 表示什么?

5. 电动机额定功率选得过大或不足时会引起什么后果?

四、计算题

1. 一台电动机周期性地工作 15 min,停机 85 min,其负载持续率 FS=15%,对吗?

2. 某生产机械断续周期性地工作,工作时间 120 s,停歇时间 300 s,作用在电动机的负载功率为 8.75 kW。试选择拖动电动机的额定功率。

3. 一台 35 kW、工作时限为 30 min 的短时工作制电动机突然发生故障,现有一台 20 kW 连续工作制电动机,其发热时间常数为 $T=90$ min,损耗系数 $a=0.7$,短时过载能力 $\lambda_m=2$。试问这台电动机能否临时代用?

第8章　控　制　电　机

随着自动控制技术的发展，对电机提出了各种各样的特殊要求。因此，在普通电机的基础上又发展出许多具有特殊功能的小功率控制电机，它们在控制系统中可作为执行元件和测量元件。执行元件主要有伺服电动机、步进电动机等，它们的任务是将输入信号转换成轴上的机械能，以控制机械结构运动；测量元件主要有测速发电机，主要任务是将转角、转速等机械信号转换为电信号，以提高自动控制水平。此外还有一些新型电机，如直线电机，它省去了中间转换机构，直接将电能转换为直线运动以驱动机械。本章主要介绍伺服电动机、步进电动机和测速发电机。

8.1　伺　服　电　动　机

▶▶ 内容导学

如图 8-1 所示是伺服电动机实物图。

控制电机相关知识
与课程思政

图 8-1　伺服电动机实物图

图片中的伺服电动机在生活中哪里会应用到？它有什么特点？查阅资料了解设备的工作原理和基本结构。

▶▶ 知识目标

▶ 掌握直流伺服电动机的工作原理及工作特性；
▶ 了解交流伺服电动机的工作原理及工作特性。

▶▶ 能力目标

▶ 能用直流伺服电动机的工作原理及工作特性分析实际问题；

▶ 能用交流伺服电动机的工作原理及工作特性分析实际问题；

8.1.1 直流伺服电动机

【内容导入】

控制电机与普通电机的区别是什么？直流伺服电动机的结构是怎样的？它是如何工作的？具有哪些特性？你有没有见过直流伺服电动机？

【内容分析】

伺服电动机又称执行电动机，在自动控制系统中，它的转矩和转速受信号电压控制。当信号电压的大小和相位发生变化时，电动机的转速和转动方向将非常灵敏和准确地跟着变化。当信号消失时，转子能及时地停转。伺服电动机主要在系统中作执行元件。为了达到自动控制系统的要求，伺服电动机应具有以下特点：

（1）调速范围宽。伺服电动机的转速随着控制电压的改变能在宽广的范围内连续调整。

（2）机械特性和调节特性线性度好。伺服电动机线性的机械特性和调速特性有利于提高自动控制系统的动态精度。

（3）无自转现象。伺服电动机在控制电压为零时能立即自行停转，消除自转是自动控制系统正常工作的必要条件。

（4）快速响应性好。伺服电动机的机电时间常数要小，相应地要有较大的堵转转矩和较小的转动惯量。这样，电动机的转速能够随着控制电压的改变而迅速地发生相应变化。

伺服电动机按其使用控制电压可分为直流伺服电动机和交流伺服电动机。

一、直流伺服电动机的分类及结构

直流伺服电动机是指使用直流电源的伺服电动机。直流伺服电动机实质上就是一台他励直流电动机，但又具有自身的特点，比如气隙小，磁路不饱和；电枢电阻机械特性软；电枢细长，转动惯量小等。他励直流伺服电动机的控制方式分为电枢控制和磁场控制。采取电枢控制时，控制信号施加于电枢绕组回路，励磁绕组接于恒定电压的直流电源上；采取磁场控制时，控制信号施加于励磁绕组回路，电枢绕组接于恒定电压的直流电源上。由于电枢控制的特性好、电枢控制回路电感小、响应迅速，因此控制系统多采用电枢控制。

直流伺服电动机的结构和普通小功率直流电动机相同，也是由定子和转子两部分组成。直流伺服电动机按励磁方式可分为两种基本类型：永磁式和电磁式。永磁式直流伺服电动机的定子由永久磁铁做成，可看作是他励直流伺服电动机的一种；电磁式直流伺服电动机的定子由硅钢片叠成，外套励磁绕组。

直流伺服电动机按结构可分为普通型直流伺服电动机、盘形电枢直流伺服电动机、杯形直流伺服电动机、无槽电枢直流伺服电动机等。

1. 普通型直流伺服电动机

普通型直流伺服电动机由定子和转子两部分组成，一般为永磁式，伺服电动机的电枢铁心长度与直径之比比普通电机大，气隙也小，常用于没有特殊要求的自动控制系统中。

2. 盘形电枢直流伺服电动机

盘形电枢直流伺服电动机电枢直径远大于长度，电枢是印刷绕组或绕线式绕组，结构简单、启动转矩大、力矩波动小、转向性能好、电枢转动惯量小、反应快，常用于低速、起动频繁、要求薄型安装的场合，如数控车床、机器人等。

3. 杯形直流伺服电动机

杯形直流伺服电动机有内、外定子，外定子用永久磁钢，内定子起磁轭作用，空心杯转子沿圆柱面排列成杯形，具有低惯量、灵敏度高、耗能低、力矩波动小、换向性能好的特点，常用于摄像机、录音机、X－Y函数记录仪等。

4. 无槽电枢直流伺服电动机

无槽电枢直流伺服电动机的电枢铁心是光滑的无槽圆锥体，绕组用环氧树脂固化成形并黏接在铁心上，常用于动作速度快、功率大的场合，如数控机床、雷达天线的驱动等。

二、直流伺服电动机的工作原理

直流伺服电动机的工作原理和普通直流电动机相同。当励磁绕组和电枢绕组中都通过电流并产生磁通时，它们相互作用而产生电磁转矩，使直流伺服电动机带动负载工作。如果两个绕组中任何一个的电流消失，电动机马上静止下来。直流伺服电动机是自动控制系统中一种很好的执行元件。作为自动控制系统中的执行元件，直流伺服电动机把输入的控制电压信号转换为转轴上的角位移或角速度输出。电动机的转速及转向随控制电压的改变而改变。

直流伺服电动机的励磁绕组和电枢绕组分别装在定子和转子上，改变电枢绕组的端电压或改变励磁电流都可以实现调速控制。下面分别对电枢控制和磁场控制这两种控制方法进行分析。

1. 电枢控制

电枢控制为励磁磁通保持不变，改变电枢绕组端电压的控制方式。如图 8－2 所示，电枢绕组作为接收信号的控制绕组，接控制电压 U_K。励磁绕组接到电压为 U_f 的直流电源上，以产生磁通。当电动机的负载转矩不变时，升高电枢电压，电机的转速就升高；反之转速就降低；无控制电压输出时，电动机立即停止转动。

2. 磁场控制

磁场控制为电枢绕组电压保持不变，改变励磁回路的电压的控制方式。如图 8－3 所示，电枢绕组起励磁绕组的作用，接在励磁电源 U_f 上，而励磁绕组则作为控制绕组，受控于电压 U_K。若电动机的负载转矩不变，当升高励磁电压时，励磁电流增加，主磁通增加，电机转速就降低；反之，转速升高。改变励磁电压的极性，电机转向随之改变。

由于励磁绕组进行励磁时消耗的功率较小，并且电枢电路的电感小，响应迅速，所以直流伺服电动机多采用改变电枢绕组端电压的控制方式。

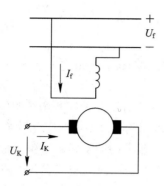

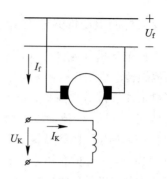

图 8-2 电枢控制方式伺服电动机原理图　　图 8-3 磁场控制方式伺服电动机原理图

三、直流伺服电动机的运行特性

直流伺服电动机的运行特性包括机械特性和调节特性。

1. 机械特性

这里主要说明电枢控制方式的直流伺服电动机的机械特性。当电枢电压等于常数时，转速与电磁转矩之间的函数关系为

$$n = \frac{U_K}{C_e\Phi} - \frac{R_a}{C_e C_T \Phi^2}T = n_0 - \beta T \quad (8-1)$$

由式(8-1)可见，改变电压 U_K，机械特性的斜率不变，因此机械特性是一组平行的直线。电枢控制时，直流伺服电动机的机械特性和他励直流电动机改变电枢电压时的人为机械特性是一样的，如图 8-4 所示。

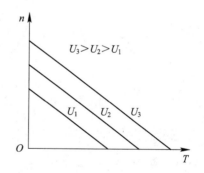

图 8-4 电枢控制方式伺服电动机机械特性

2. 调节特性

调节特性是指电磁转矩一定时，电动机转速与控制电压 U_K 的关系。根据式(8-1)可得到直流伺服电动机的调节特性曲线，如图 8-5 所示，调节特性是线性的，当电磁转矩 T 一定时，U_K 越高，n 也越高。当转速为零时，对应不同的负载转矩可得到不同的起动电压，当电枢电压小于起动电压时，直流伺服电动机不能起动。

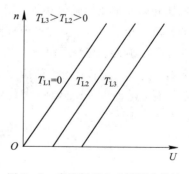

图 8-5 直流伺服电动机调节特性

8.1.2 交流伺服电动机

【内容导入】

交流伺服电动机的结构是怎样的？它的工作原理是怎样的？具有哪些控制方式？你有没有见过交流伺服电动机？

【内容分析】

一、交流伺服电动机的分类及结构

交流伺服电动机分为永磁式同步和异步交流伺服电动机，是由定子和转子两部分组成，与其他旋转电机结构一样。

定子铁心中安放着空间垂直的两相绕组，如图 8-6 所示，其中一相为控制绕组，另一相为励磁绕组。可见，交流伺服电动机就是两相交流电动机。常见的转子结构有鼠笼形转子和非磁性杯形转子。鼠笼形转子交流伺服电动机由转轴、转子铁心和绕组组成。转子铁心由硅钢片叠成，中心的孔用来安放转轴，外表面的每个槽中放一根导条，用两个短路环将导条两端短接，形成鼠笼形转子。导条可以是铜条，也可以是铸铝的，即将铁心放入模型内用铝浇注，将短路环和导条铸成一个整体。

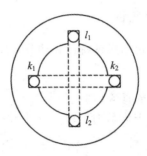

图 8-6　交流伺服电动机的两相绕组

二、交流伺服电动机的工作原理

如图 8-7 所示是交流伺服电动机的工作原理图，$\dot{U}_c$ 为控制电压，$\dot{U}_f$ 为励磁电压，交流伺服电动机工作时，励磁绕组接单相交流电压 $\dot{U}_f$，控制绕组接控制信号电压 $\dot{U}_c$，这两个电压同频率，相位互差 90°。当励磁绕组和控制绕组均加上相位互差 90° 的交流电压时，若控制电压和励磁电压的幅值相等，则在空间形成圆形轨迹的旋转磁场；若控制电压和励磁电压的幅值不相等，则在空间形成椭圆形轨迹的旋转磁场，从而产生电磁转矩，转子在电磁转矩作用下旋转。交流伺服电动机必须像直流伺服电动机一样具有伺服性，当控制信号不为零时，电动机旋转；当控制信号等于零时，电动机应立即停转。如果像普通两相异步电动机那样，电动机一经起动，即使控制信号消失，转子仍继续旋转，这种失控现象称为

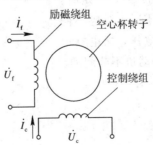

图 8-7　交流伺服电动机的工作原理

自转，是不符合控制要求的。为了消除自转现象，伺服电动机的转子电阻设计得较大，使其在有控制信号时，迅速起动；一旦控制信号消失，就立即停转。交流伺服电动机比普通电机的调速范围宽，不管有无励磁电压，当不加控制电压时，电机的转速应为零。为了拥有好的机械特性，交流伺服电动机的转子电阻也应比普通电机大，转动惯量要小。

交流伺服电动机的控制方法有幅值控制、相位控制和幅值—相位控制 3 种。

1. 幅值控制

始终保持控制电压和励磁电压之间的相位角差 β 为 90°，仅仅通过改变控制电压的幅值来改变伺服电动机的转速，这种控制方式称为幅值控制。

幅值控制通过改变控制电压 U_c 的大小来改变电动机的转速，控制电压和励磁电压之间的相位角差始终保持 90°。当 $U_f = U_N$，$U_c = 0$ 时，控制信号消失，气隙磁场为脉振磁场，电动机不转或停转，$n = 0$；当 $U_f = U_N$，$U_c = U_N$ 时，所产生的气隙磁动势为圆形旋转磁动势，产生的电磁转矩最大，电动机转速最高，即 $n = n_{max}$，$T = T_{max}$；当 $U_f = U_N$，$U_c = (0\sim1)U_N$ 时，控制电压小于励磁电压的幅值，所建立的气隙磁场为椭圆形旋转磁场，产生的电磁转矩减小，控制电压越小，气隙磁场的椭圆度越大，产生的电磁转矩越小，电动机转速越慢。

2. 相位控制

相位控制是保持控制电压和励磁电压均为额定电压，$U_f = U_N$，$U_c = U_N$，通过调节控制电压和励磁电压相位差，实现对伺服电动机的控制。

此时，$U_f = U_N$，当 $\beta = 0°$ 时，控制电压与励磁电压同相位，气隙磁动势为脉振磁动势，故电动机停转，$n = 0$；当 $\beta = 90°$ 时，磁动势为圆形旋转磁动势，电动机转速最高，$n = n_{max}$；当 $\beta = 0\sim90°$ 时，电动机的转速随着角度的增加由低向高变化。

3. 幅值—相位控制

幅值—相位控制是对幅值和相位差的综合控制，即通过改变控制电压的幅值及控制电压与励磁电压间的相位差来控制伺服电动机的转速，幅值—相位控制接线图如图 8-8 所示。当调节控制电压的幅值来改变电动机的转速时，由于转子绕组的耦合作用，励磁绕组中的电流随之发生变化，励磁电流的变化引起电容的端电压变化，致使控制电压与励磁电压之间的相位角也改变，所以这是一种幅值和相位的复合控制方式。这种控制方式是利用串联电容

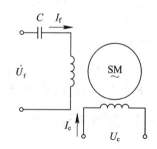

图 8-8 幅值—相位控制接线图

器来分相，不需要移相器，设备简单，成本较低，成为实际应用中最常用的一种控制方式。

三、交流伺服电动机的应用

在实际的伺服控制系统中，交流伺服电动机的控制绕组需要连接到伺服放大器（伺服驱动器）的输出端，放大器起放大控制电信号的作用。伺服放大器将工频交流电源转换成幅度和频率均可调的交流电源供给伺服电动机。伺服驱动器一般通过位置、速度和力矩 3 种方式对伺服马达进行控制，实现高精度的传动系统定位。

交流伺服电动机的输出功率一般为 0.1～100 W，电源频率分 50 Hz、400 Hz 等多种。

它的应用很广泛，如用在各种自动控制、自动记录等系统中。

8.2　测速发电机

▶▶ **内容导学**

如图 8-9 所示是测速发电机。

图 8-9　测速发电机

图片中的测速发电机在生活中哪里会应用到？它有什么特点？查阅资料了解设备的工作原理和基本结构。

▶▶ **知识目标**

- ▶ 掌握直流测速发电机的工作原理及工作特性；
- ▶ 了解交流测速发电机的工作原理及工作特性。

▶▶ **能力目标**

- ▶ 能用直流测速发电机的工作原理及工作特性分析实际问题；
- ▶ 能用交流测速发电机的工作原理及工作特性分析实际问题。

8.2.1　直流测速发电机

【内容导入】

什么是测速发电机？直流测速发电机的作用是什么？它是如何工作的？具有哪些特性？你有没有见过直流测速发电机？

【内容分析】

测速发电机是转速的测量装置，它的输入量是转速，输出量是电压信号，输出量和输入量成正比，反馈到控制系统，实现对转速的调节和控制。即测速发电机是一种测量转速的信号元件，它将输入的机械转速变换成为电压信号输出。为了达到自动控制系统的要求，测速发电机应具有精确度高、灵敏度高、可靠性好等特点，具体要求为以下几方面：

（1）输出电压与转速为线性关系，并保持稳定；

（2）温度变化对输出特性的影响要小；

（3）输出电压的斜率特性要好，即输出电压对转速的变化反应灵敏，输出特性斜率要大；

（4）剩余电压（转速为零时的输出电压）要小；

（5）输出电压的极性和相位能够反映被测对象的转向；

（6）转动惯量和摩擦转矩小，以保证反应迅速。

在实际应用中，对测速发电机的要求因自控系统特点的不同而各有侧重。根据输出电压的不同，测速发电机可分为直流测速发电机和交流测速发电机两种。

一、直流测速发电机的结构与分类

直流测速发电机的结构与普通小型直流发电机相同，也分为定子和转子两部分。按励磁方式可分为永磁式和电磁式两种形式。

1. 永磁式直流测速发电机

永磁式直流测速发电机定子的磁极是用永久磁钢制成的，不需要励磁绕组。永磁式直流测速发电机按其转速可分为普通速度测速电机和低速测速电机。普通速度测速电机的转速通常为每分钟几千转以上，而低速测速电机的转速为每分钟几百转以下。低速测速电机可以和低力矩电动机直接耦合，省去了齿轮传动的麻烦，并提高了系统的精度，所以常用于高精度的自动化系统中。

2. 电磁式直流测速发电机

电磁式直流测速发电机的定子铁心上装有励磁绕组，外接电源供电，产生磁场。因为永磁式直流测速发电机结构简单，不需要励磁电源，使用方便，所以比电磁式直流测速发电机应用面广。

二、直流测速发电机的工作原理

1. 工作原理

直流测速发电机就是一种微型直流发电机。如图 8-10 所示为电磁式直流测速发电机空载时的原理图。根据直流电机理论，在磁极磁通量为常数时，电枢感应电动势为

$$E_a = C_e \Phi n = K_e n \tag{8-2}$$

式中，K_e 为电动势系数，$K_e = C_e \Phi$。

空载时，由于电枢电流 $I_a = 0$，对应的直流测速发电机的输出电压 U_a 和电枢感应电动势 E_a 相等，因而输出电压与转速成正比，即 $U_a = E_a = C_e \Phi n = K_e n$。如图 8-11 所示为电磁式直流测速发电机带负载时的原理图。

带负载时，R_a 为电枢回路的总电阻，如图 8-11 所示，直流测速发电机在负载时的输出电压为 $U_a = E_a - I_a R_a$，负载时的电枢电流为 $I_a = \dfrac{U_a}{R_L}$，则 $U_a = E_a - \dfrac{U_a}{R_L} R_a$，整理得直流测速发电机的输出特性为

$$U_a = \frac{E_a}{1 + \dfrac{R_a}{R_L}} = \frac{C_e \Phi}{1 + \dfrac{R_a}{R_L}} n \tag{8-3}$$

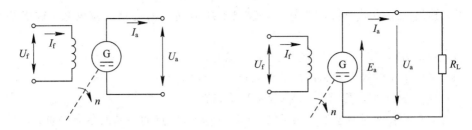

图 8-10　电磁式直流测速发电机空载时的原理　图 8-11　电磁式直流测速发电机带负载时的原理

可见，当励磁电压 U_f 保持恒定时（Φ 亦恒定），若 R_a、R_L 不变，则输出电压 U_a 的大小与电枢转速 n 成正比。这样，发电机就把被测装置的转速信号转变成了电压信号，输出给控制系统。直流测速发电机的输出特性如图 8-12 所示，可以看出，当不考虑电枢反应，且认为 R_a、R_L 保持为常数，斜率也是常数，输出特性为线性关系。对于不同的负载电阻 R_L，输出特性的斜率不同，负载电阻越小，斜率也越小，测速发电机灵敏度降低。如图中实线所示。实际上直流测速发电机的输出特性 $U_a = f(n)$ 并不是严格的线性特性，而是与线性特性之间存在误差，如图中的虚线所示。R_L 越小、n 越大，误差越大。因此，在使用中应使 R_L 和 n 的大小符合直流测速发电机的技术要求。

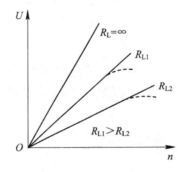

图 8-12　直流测速发电机的输出特性

2. 误差分析

直流测速发电机的输出电压与转速要严格保持正比关系在实际中是难以做到的，造成这种非线性误差的原因主要有以下几个方面：

（1）电枢反应产生的影响。

直流测速发电机带负载时电枢电流会产生电枢反应，为了减小电枢反应的影响，应注意在设计测速发电机时加补偿绕组；增大电机的气隙；直流测速发电机在使用时负载电阻不能小于规定值。

（2）温度变化产生的影响。

如果直流测速发电机长期使用，其励磁绕组会发热，其绕组阻值随温度的升高而增大，励磁电流因此而减小，从而引起气隙磁通减小，输出电压减小。温度升得越高，斜率减小越明显，使特性曲线向下弯曲。为了减小温度变化带来的非线性误差，通常把直流测速发电机的磁路设计为较为饱和状态。当温度变化时，在磁路饱和时 I_f 变化引起的磁通变化要比磁路不饱和时小得多，从而减小非线性误差。

(3) 接触电阻产生的影响。

电枢电路总电阻包括电刷与换向器的接触电阻,由于它们是非线性电阻,会产生压降,从而产生误差。

三、直流测速发电机的应用

直流测速发电机的作用是将机械速度转变为电气信号,在自动控制系统和计算装置中常用作测速元件、检测元件、解算元件、校正元件等。其与伺服电动机配合,广泛使用于许多速度控制或位置控制系统中,如在恒速控制系统中,测速发电动机将速度转换为电压信号作为速度反馈信号,可达到较高的稳定性和较高的精度。

8.2.2 交流测速发电机

【内容导入】

交流测速发电机的作用是什么?它是如何工作的?有哪些特性?

【内容分析】

一、交流测速发电机的结构与分类

交流测速发电机分为同步测速发电机和异步测速发电机两种形式。同步测速发电机的输出电压大小及频率均随转速(输入信号)的变化而变化,一般用作指示式转速计,很少用于控制系统中的转速测量。异步测速发电机输出电压的频率与励磁电压的频率相同且与转速无关,其输出电压的大小与转速成正比,因此,在控制系统中应用广泛。交流异步测速发电机的结构和工作原理与交流伺服电动机一样,交流异步测速发电机的定子也可以制成鼠笼式或空心杯形。鼠笼式测速发电机特性差、误差大、转动惯量大,多用于测量精度要求不高的控制系统中。而空心杯形测速发电机的应用要广泛得多,因为它的转动惯量小、测量精度高。

二、交流测速发电机的工作原理

1. 工作原理

交流测速发电机的工作原理以空心杯形转子异步测速发电机为例进行介绍。空心杯形转子异步测速发电机定子上嵌有空间相差 90°电角度的两相绕组,它们分别是励磁绕组和输出绕组。当转子旋转时,输出绕组的输出电压是和转速成正比的,空心杯形转子异步测速发电机的工作原理图如图 8-13 所示。图中 U_f 是励磁电源的电压,U_2 是电机的输出电压。当励磁绕组中有电流通过时,在内外定子气隙间产生和电源频率相同的脉振磁动势 F_d 和脉振磁通 Φ_d。它们都在励磁绕组的轴线方向上脉振,脉振磁通和励磁绕组及空心杯导体相交链,下面分两种情况讨论:

(1) 当转子静止时,励磁绕组和空心杯转子之间的关系如同变压器的原边与副边。转子绕组中有变压器电动势产生,由于转子短路,有电流流过,产生磁通。该磁通的方向也是沿着励磁绕组轴线方向。输出绕组和励磁绕组在空间正交,没有感应电动势产生,输出电压为零。

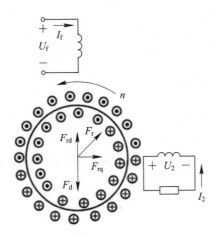

图 8-13　空心杯形转子异步测速发电机的工作原理

　　（2）当转子旋转时，沿励磁绕组轴线方向的磁通 Φ_d 不变，转子要切割该磁通产生电动势。电动势的大小和转速成正比，方向可由右手定则判定。感应电动势在短路绕组中产生短路电流，并产生脉振磁动势 F_r，可把它分解成直轴磁动势 F_{rd} 和交轴磁动势 F_{rq}。直轴磁动势会影响励磁电流的大小，而交轴磁动势产生的磁通和输出绕组交链，从而在输出绕组中产生感应电动势，此电动势的大小和测速发电机的转速成正比，频率是励磁电源的频率。

　　在理想情况下，异步测速发电机的输出特性应是直线，但实际上异步测速发电机输出电压与转速之间并不是严格的线性关系，而是非线性的。造成输出电压与转速成非线性关系的原因是异步测速发电机本身参数是随电机的转速而变化的；其次输出电压与励磁电压之间的相位差也将随转速而变化。此外，输出特性还与负载的大小、性质以及励磁电压的频率与温度变化等因素有关。

　　2. 异步测速发电机的误差分析

　　异步测速发电机的误差主要有非线性误差、幅值和相位误差、剩余电压误差。

　　（1）非线性误差。

　　一台理想测速发电机的输出电压应和其转速成正比，但实际的异步测速发电机输出电压和转速间并非严格的线性关系，而是非线性的，这种直线和曲线之间的差异就是非线性误差。

　　（2）幅值和相位误差。

　　当励磁电压为常数时，异步测速发电机输出电压正比于转速，励磁绕组漏电抗的存在致使励磁绕组电流与外加励磁电压间有一个相位差，随着转速的变化使得幅值和相位均发生变化，造成输出电压的误差。为减小此误差可增大转子电阻。

　　（3）剩余电压误差。

　　电机定、转子部件加工工艺的误差以及定子磁性材料性能的不一致会造成当测速发电机转速为零时，实际输出电压并不为零，这个电压称为剩余电压，剩余电压的存在引起的测量误差即为剩余电压误差。减小剩余电压误差的方法是选择高质量、各方向特性一致的磁性材料，在加工工艺过程中提高精度，并采用电路补偿。

三、交流测速发电机的应用

交流测速发电机的作用是将机械速度转换为电气信号，常用作测速元件、校正元件、解算元件，与伺服电动机配合，广泛应用于许多速度控制或位置控制系统中。例如，在稳速控制系统中，测速发电机将速度转换为电压信号作为速度反馈信号，可达到较高的稳定性和较高的准确度；在计算解答装置中，测速发电机常作为微分、积分元件。

8.3 步 进 电 动 机

▶ 内容导学

如图 8-14 所示是步进电动机实物图。

图 8-14 步进电动机实物图

图片中的步进电动机在生活中哪里会应用到？它有什么特点？查阅资料了解设备的工作原理和基本结构。

▶ 知识目标

▶ 了解步进电动机的结构；
▶ 掌握步进电动机的工作原理；
▶ 了解步进电动机的特性。

▶ 能力目标

▶ 能辨识步进电动机的结构；
▶ 能用步进电动机的工作原理分析实际问题；
▶ 知道步进电动机的实际应用。

8.3.1 步进电动机的分类与结构

【内容导入】

步进电动机的结构是怎样的？它是如何工作的？具有哪些特性？你有没有见过步进电动机？

【内容分析】

一、步进电动机的分类

步进电动机是一种专门用于速度和位置精确控制的特种电机,一种将电脉冲信号转换成相应角位移或线位移的电动机,它的旋转是以固定的角度(称为步距角)一步一步运行的,故称步进电动机,又称脉冲电动机。

步进电动机每转一圈都有固定的步数,在不丢步的情况下运行,其步距角误差不会长期积累,如果停机后某些相绕组仍保持通电状态,还有自锁能力。由于具有以上这些特点,步进电动机在自动控制系统中得到广泛的应用。

按结构和工作原理的不同来分,步进电动机可为反应式步进电动机、永磁式步进电动机和感应式(又叫混合式)步进电动机。

(1)反应式。反应式步进电动机的定子上有绕组,转子由软磁材料组成。这种步进电动机结构简单、成本低、步距角小,但动态性能差、效率低、发热大,可靠性难保证。

(2)永磁式。永磁式步进电动机的转子用永磁材料制成,转子的极数与定子的极数相同。其特点是动态性能好、输出力矩大,但这种电机精度差、步矩角大(一般为 7.5°或 15°)。

(3)混合式。混合式步进电动机综合了反应式和永磁式的优点,其定子上有多相绕组、转子上采用永磁材料,转子和定子上均有多个小齿以提高步矩精度。其特点是输出力矩大、动态性能好,步距角小,但结构复杂、成本相对较高。

步进电动机按相数可分为单相、两相、三相和多相等形式。

二、步进电动机的结构

步进电动机是由转子(转子铁心、永磁体、转轴、滚珠轴承),定子(绕组、定子铁心),前后端盖等组成。定子、转子均由磁性材料构成,都由硅钢片叠成。步进电动机结构图如图 8-15 所示。

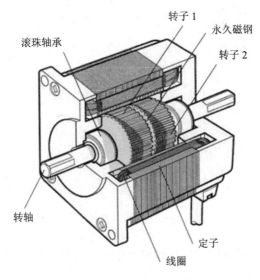

图 8-15　步进电动机结构

8.3.2　步进电动机的工作原理

【内容导入】

步进电动机是如何工作的？其工作原理是什么？

【内容分析】

步进电动机主要由定子和转子两部分构成。以三相反应式步进电动机为例，定子内圆周均匀分布着 6 个磁极，磁极上有励磁绕组，每两个相对的绕组组成一相；三相绕组接成星形作为控制绕组；转子铁心上没有绕组，只有 4 个齿，齿宽等于定子极靴宽。

当电流流过定子绕组时，定子绕组产生一矢量磁场。该磁场会带动转子旋转一个角度，使得转子的一对磁场方向与定子的磁场方向一致。当定子的矢量磁场旋转一个角度，转子也随着该磁场转一个角度。每输入一个电脉冲，电动机转动一个角度前进一步。它输出的角位移与输入的脉冲数成正比、转速与脉冲频率成正比。改变绕组通电的顺序，电机就会反转。所以可用控制脉冲数量、频率及电动机各相绕组的通电顺序来控制步进电动机的转动。

励磁绕组分为三相，分别为 A 相、B 相和 C 相绕组。步进电动机的转子由软磁材料制成，在转子上均匀分布 4 个凸极，极上不装绕组，转子的凸极也称为转子的齿。当步进电动机的 A 相通电，B 相及 C 相不通电时，A 方向的磁通经转子形成闭合回路。若转子和磁场轴线方向原有一定角度，则在磁场的作用下，转子被磁化并被吸引，使转子的位置如图8-16(a)所示，使通电相磁路的磁阻最小，转、定子的齿对齐停止转动。由于 A 相绕组电流产生的磁通要经过磁阻最小的路径形成闭合磁路，所以将使转子齿 1、齿 3 同定子的 A 相对齐。

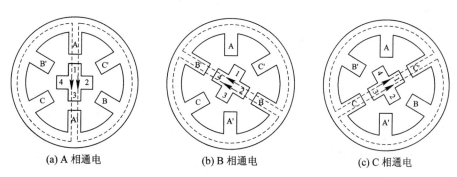

(a) A 相通电　　　　(b) B 相通电　　　　(c) C 相通电

图 8-16　三相反应式步进电动机模型

当 A 相断电，改为 B 相通电时，如图 8-16(b)所示，同理，B 相绕组电流产生的磁通也要经过磁阻最小的路径形成闭合磁路，这样转子顺时针在空间转过 30°电角度，使转子齿 2、齿 4 与 B 相对齐。

当由 B 相改为 C 相通电时，同样可使转子顺时针转过 30°电角度，如图 8-16(c)所示。同理，C 相绕组电流产生的磁通也要经过磁阻最小的路径形成闭合磁路，这样转子顺时针在空间转过 30°电角度，使转子齿 1、齿 3 与 C 相对齐。

如此，按 A→B→C→A 的通电顺序往复进行下去，则步进电动机的转子将按一定速度顺时针方向旋转，步进电动机的转速取决于三相控制绕组的通、断电源的频率。当依照

A→C→B→A 顺序通电时,步进电动机将变为逆时针方向旋转。

在步进电动机中,控制绕组每改变一次通电方式,称为一拍,每一拍转子就转过一个步距角,上述的运行方式每次只有一个绕组单独通电,控制绕组每换接 3 次构成一个循环,故这种方式称为三相单三拍式。这种工作方式,因三相绕组中每次只有一相通电,而且一个循环周期共包括 3 个脉冲,所以称三相单三拍。每来一个电脉冲,转子转过 30°,此角称为步距角。转子的旋转方向取决于三相线圈通电的顺序,改变通电顺序即可改变转向。

三相单双六拍式即按 A→AB→B→BC→C→CA→A 顺序通电,每次循环需换接 6 次,故称为三相六拍,步距角为 15°。因单相通电和两相通电轮流进行,故又称为三相单双六拍式。

三相双三拍与单三拍方式相似,双三拍驱动时每个通电循环周期也分为三拍。每拍转子转过 30°(步距角),一个通电循环周期(3 拍)转子转过 90°(齿距角)。工作方式为三相双三拍时,每通入一个电脉冲,转子也是转 30°。

从以上对步进电动机三种驱动方式的分析可得步距角计算公式为

$$\theta = \frac{360°}{Z_r m} \tag{8-4}$$

式中,θ 为步距角,Z_r 为转子齿数,m 为每个通电循环周期的拍数。

实用步进电动机的步距角多为 3°和 1.5°。为了获得小步距角,电机的定子、转子都做成多齿的。

每输入一个脉冲,电机转过 $\theta = \frac{360°}{Z_r m}$,即转过整个圆周的 $1/(Z_r m)$,因此,每分钟转过的圆周数,即转速为

$$n = \frac{60f}{Z_r m} = \frac{60f \times 360°}{360° Z_r m} = \frac{\theta}{6°}f \quad (\text{r/min}) \tag{8-5}$$

步进电动机具有自锁能力,当控制脉冲停止输入,并使最后一个脉冲控制的绕组继续通电时,电机可以保持在固定位置。

8.3.3　步进电动机的特性

【内容导入】

步进电动机具有什么特性?

【内容分析】

一、步进电动机的基本控制特点

(1)角度控制:每输入一个脉冲,定子绕组换接一次,输出轴就转过一个角度,其步数与脉冲数一致,输出轴转动的角位移与输入脉冲数成正比。

(2)速度控制:各相绕组不断地轮流通电,步进电动机就连续转动。反应式步进电动机转速只取决于脉冲频率 f、转子齿数 Z 和拍数,而与电压、负载、温度等因素无关。

反应式步进电动机分为静态运行状态和动态运行状态,其中,动态运行状态分为单脉冲运行状态和连续脉冲运行状态。

二、步进电动机的运行特性

1. 静态运行特性

在不改变通电情况下,步进电动机处于稳定运行时的特性称为静态运行特性。

首先需要清楚的几个名称:

(1) 初始稳定平衡位置:指步进电动机在空载情况下,控制绕组中通以直流电流时,转子的最后稳定位置。

(2) 失调角 θ:指步进电动机转子偏离初始平衡位置的电角度。在反应式步进电动机中,转子一个齿距所对应的度数为 2π 电弧度或 $360°$ 电角度。

(3) 矩角特性:在不改变通电状态(即控制绕组电流不变)时,步进电动机的静转矩与转子失调角的关系,即 $T = f(\theta)$。

当步进电动机的控制绕组通电状态变化一个循环,转子正好转过一个齿,故转子一个齿对应的电角度为 2π,在步进电动机某一相控制绕组通电时,如果该相磁极下的定子齿与转子齿对齐,那么失调角 $\theta = 0°$,静转矩 $T = 0$,如图 8-17(a) 所示;如果定子齿与转子齿未对齐,$\theta < 0°$,则出现切向磁拉力,其作用是使转子齿与定子齿尽量对齐,如图 8-17(b) 所示;如果定子齿与转子齿未对齐,$0° < \theta < \pi$,出现切向磁拉力,其作用是使转子齿与定子齿尽量对齐,使失调角 θ 减小为负值,如图 8-17(c) 所示;如果为空载,那么反应转矩作用的结果是使转子齿与定子齿完全对齐;如果某相控制绕组通电时转子齿与定子齿刚好错开,即 $\theta = \pi$,转子齿左右两个方向所受的磁拉力相等,步进电动机所产生的转矩为零,如图 8-17(d) 所示。步进电动机的静转矩 T 随失调角 θ 呈周期性变化,变化的周期为转子的齿距,也就是 2π 电角度。反应式步进电动机的矩角特性的表达式为

$$T = - T_m \sin\theta \tag{8-6}$$

式中,T_m 为步进电动机产生的最大静转矩,与控制绕组、控制电流、磁阻大小等有关。

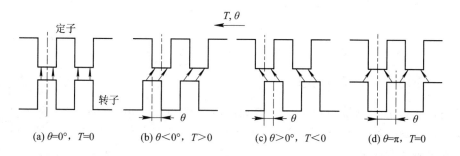

(a) $\theta=0°$, $T=0$ (b) $\theta<0°$, $T>0$ (c) $\theta>0°$, $T<0$ (d) $\theta=\pi$, $T=0$

图 8-17 三相反应式步进电动机的转矩和转角

步进电动机在静转矩的作用下,转子必然有一个稳定平衡位置,如果步进电动机为空载,即 $T_2 = 0$,那么转子在失调角 $\theta = 0°$ 处稳定,即在通电相定子齿与转子齿对齐的位置稳定。在静态运行情况下,如有外力使转子齿偏离定子齿,即 $0° < \theta < \pi$ 或 $\theta < 0°$ 时,则在外力消除后,转子在静转矩的作用下仍能回到原来的稳定平衡位置。当 $\theta = \pm\pi$ 时,转子齿左右两边所受的磁拉力相等而相互抵消,静转矩 $T = 0$,但只要转子向左或向右稍有一点偏离,转子所受的左右两个方向的磁拉力不再相等而失去平衡,故 $\theta = \pm\pi$ 为不稳定平衡点。在两个不稳定平衡点之间的区域构成静稳定区,即 $-\pi < \theta < \pi$,如图 8-18 所示。

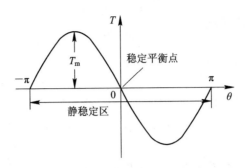

图 8-18 三相反应式步进电动机的矩角特性

2. 步进电动机的起动和起动频率（突跳频率）

若步进电动机静止于某一相的平衡位置上，当一定频率的控制脉冲送入时，电动机就开始转动，但是电动机的转速不是立刻就能达到稳定数值的，有一暂态过程，这就是起动过程。在一定负载转矩下，电动机正常起动时（不丢步、不失步）所能加的最高控制频率称为起动频率或突跳频率，它也是衡量步进电动机快速性能的重要技术指标。

当电动机带着一定的负载转矩起动时，作用在电动机转子上的加速转矩为电磁转矩与负载转矩之差。负载转矩越大，加速转矩就越小，电动机就不易转起来。只有当每步有较长的加速时间（即较低的脉冲频率）时，电动机才可以起动。因此，随着负载的增加，其起动频率是下降的。起动频率随负载转矩下降的规律称为起动矩频特性，如图 8-19 所示。

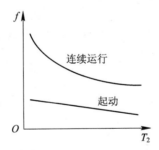

图 8-19 三相反应式步进电动机起动矩频特性

三、步进电动机的驱动电源

步进电动机的控制绕组中需要一系列的有一定规律的电脉冲信号，从而使电动机按照生产要求运行。这个产生有一定规律的电脉冲信号的电源称为驱动电源。

步进电动机的驱动
电源与课程思政

步进电动机的驱动电源主要包括变频信号源、脉冲分配器和功率放大器 3 部分。其方框图如图 8-20 所示。

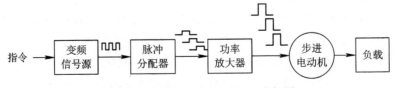

图 8-20 步进电动机驱动电源方框图

四、步进电动机的应用

步进电动机的应用非常广泛，如各种数控机床、自动绘图仪、机器人等。反应式步进电动机主要应用于计算机外部设备、摄影系统、光电组合装置、阀门控制、核反应堆、银行终端、数控机床、自动绕线机、电子钟表及医疗设备等领域中。

■ 小结

本章主要介绍了伺服电动机、测速发电机、步进电动机的工作原理及工作特性。

伺服电动机通常分为直流伺服电动机和交流伺服电动机两大类，是以供电电源是直流还是交流来划分的。直流伺服电动机的励磁绕组和电枢绕组分别装在定子和转子上，改变电枢绕组的端电压或改变励磁电流都可以实现调速控制。常用的直流伺服电动机有普通型直流伺服电动机、盘形电枢直流伺服电动机、杯形直流伺服电动机和无槽电枢直流伺服电动机等。交流伺服电动机用于自动控制系统中，将起控制作用的电信号转换为转轴的转动。控制方法有幅值控制、相位控制和幅值—相位控制 3 种。

测速发电机是转速的测量装置，它的输入量是转速，输出量是电压信号，输出量和输入量成正比。根据输出电压的不同，测速发电机可分为直流测速发电机和交流测速发电机两种形式。直流测速发电机根据励磁方式的不同可分为永磁式直流测速发电机和电磁式直流测速发电机两种形式。交流测速发电机包括同步测速发电机和异步测速发电机两种。

步进电动机是一种将电脉冲信号转换成相应的角位移或直线位移的微电机。它由专用的驱动电源供给电脉冲，每输入一个电脉冲，电动机就移进一步，由于是步进式运动的，故被称为步进电动机或脉冲电动机。步进电动机是自动控制系统中应用很广泛的一种执行元件。步进电动机的种类很多，按工作原理有反应式、永磁式和混合式 3 种。其中反应式步进电动机具有步距小、响应速度快、结构简单等优点，广泛应用于数控机床、自动记录仪、计算机外围设备等数控设备。步进电动机应由专用的驱动电源来供电。主要包括变频信号源、脉冲分配器和功率放大器 3 部分。

■ 思考与练习

一、填空题

1. 直流伺服电动机在低速运转时，由于_____波动等原因可能造成转速时快时慢，甚至暂停的现象。

2. 伺服电动机将输入的电压信号变换成_____，以驱动控制对象。

3. 直流伺服电动机的机械特性指其速度随_____变化的特性，而调节特性是指其速度随_____变化的特性。

4. 在其他因素一定的情况下，直流测速发电机的负载电阻增大，则其输出电压将_____。

5. 直流测速发电机的使用不宜超过规定的_____转速。

二、选择题

1. 直流伺服电动机的结构原理与一般(　　)基本相同。

A. 直流发电机　　　B. 直流电动机　　　　C. 同步电动机　　　　D. 异步电动机

2．步进电动机是利用电磁原理将电脉冲信号转换成（　　　）信号。

A．电流　　　　　　B．电压　　　　　　C．位移　　　　　　D．功率

3．为了减小（　　　）对输出特性的影响，在直流测速发电机的技术条件中，其转速不得超过规定的最高转速。

A．纹波　　　　　　B．电刷　　　　　　C．电枢反应　　　　D．温度

4．按照励磁方式划分，直流测速发电机有（　　　）种励磁方式。

A．1　　　　　　　B．2　　　　　　　C．3　　　　　　　D．4

5．控制电机的主要任务是转换和传递控制信号，下列不属于控制电机的是（　　　）。

A．交流伺服电动机　　　　　　　　　B．直流伺服电动机

C．测速发电机　　　　　　　　　　　D．单相异步电动机

6．影响交流测速发电机性能的主要原因是（　　　）。

A．存在相位误差　　B．有剩余电压　　C．输出斜率小　　D．以上三点

7．步进电动机是利用电磁原理将电脉冲信号转换成（　　　）信号。

A．电流　　　　　　B．电压　　　　　　C．位移　　　　　　D．功率

8．步进电动机的步距角是由（　　　）决定的。

A．转子齿数　　　　　　　　　　　　B．脉冲频率

C．转子齿数和运行拍数　　　　　　　D．运行拍数

三、简答题

1．交流伺服电动机常用的控制方式有哪些？

2．交流测速发电机在理想的情况下为什么转子不动时没有输出电压？转子转动后，为什么输出电压与转子转速成正比？

自 测 题

试 卷 一

一、填空题(30分,每空1分)

1. _____不同的变压器禁止并联运行。

2. 直流电机电刷的作用是_____。电枢铁心一般用0.5 mm的_____叠压而成。

3. 直流电动机改变转向有两种办法,一是_____,二是_____。通常采用_____来改变电动机的转向。

4. 普通变压器一、二次绕组间只有_____的耦合,而没有_____的联系。

5. 变压器是利用_____原理工作的。

6. 直流发电机的励磁方式分为_____、_____、_____、_____4种方式。

7. 异步电动机定子三相绕组可接成_____或_____。

8. 异步电动机就转子绕组结构来说有_____式和_____式两种。

9. 发电机与无穷大电网并联运行,欲调节发电机输至电网的无功功率,应调节_____电流。

10. 同步发电机按转子结构可分为_____式和_____式两种。

11. 发电机负载运行时,气隙磁场是由励磁磁动势和_____磁动势两者共同产生的。

12. 变压器的空载损耗可近似为_____损耗,短路损耗可近似为_____损耗,空载试验通常在_____压侧进行,短路试验通常在_____压侧进行。

13. 变压器绕组可分为_____式和_____式两种。

14. 变压器的主磁通起_____作用,而漏磁通不能传递能量,仅起_____压降的作用。

15. 同步发电机处于"过励"状态时发出无功功率的性质为_____性。

二、选择题(10分,每小题1分)

1. 直流电动机电枢绕组中流过的电流是(　　)。

A. 直流　　　　B. 交流　　　　C. 脉冲　　　　D. 非正弦

2. 直流并励电动机起动时,励磁回路的电流值应调节到(　　)。

A. 任意值　　　B. 中间值　　　C. 零值　　　　D. 最大值

3. 自耦变压器电磁容量与额定容量的关系是(　　)。

A. 大小相等

B. 额定容量大于电磁容量

C. 额定容量小于电磁容量

D. 升压时，额定容量大于电磁容量；降压时，额定容量小于电磁容量

4. 中小型异步电动机的气隙一般为（ ）mm。

A. 0.1～0.5　　　B. 0.2～1.0　　　C. 0.2～2　　　D. 2～5

5. 变压器型号 SL—1000/10 中的 1000 表示的是（ ）。

A. 1000 kVA　　　B. 1000 V　　　C. 1000 A　　　D. 1000 W

6. 凸极同步发电机参数 X_d 与 X_q 的大小关系是（ ）。

A. $X_d > X_q$　　　B. $X_d = X_q$　　　C. $X_d < X_q$　　　D. 无法比较

7. 发电机带对称负载稳定运行，其 $\cos\varphi = 0.8(\varphi > 0)$，此时电枢反应性质是（ ）。

A. 直轴去磁电枢反应

B. 既有直轴去磁，又有交轴电枢反应

C. 既有直轴助磁，又有交轴电枢反应

D. 既有直轴电枢反应（去磁、助磁不定），又有交轴电枢反应

8. 电动机起动后，随着转速的增高，转差率（ ）。

A. 增大　　　B. 不变　　　C. 减小　　　D. 不定

9. 电压互感器二次侧不允许（ ）。

A. 开路　　　B. 短路　　　C. 接电压表　　　D. 接地

10. 同步发电机短路特性是一条直线的原因是（ ）。

A. 励磁电流较小，磁路不饱和

B. 电枢反应去磁作用，使磁路不饱和

C. 短路时电机相当于一个电阻为常数的电路运行，所以 I_k 和 I_f 成正比

D. 励磁电流较大，磁路饱和

三、判断题（打√或×）（10 分）

1. 如果把直流发电机电枢固定，电刷和磁极同时旋转，则电刷间输出交流电压。

（　　）

2. 异步电动机转子上的铝条起电路的作用。　　　　　　　　　　（　　）

3. 三相异步电动机的定子绕组是对称三相绕组。　　　　　　　　（　　）

4. 三相异步电动机，电源频率为 60 Hz，极对数是 1，磁场转速为 3600 转/分。

（　　）

5. 变压器基本铁耗只是铁心中的磁滞损耗。　　　　　　　　　　（　　）

6. 直流他励电动机改变励磁绕组的电源方向后转向不变。　　　　（　　）

7. 同步发电机的功率因数角取决于发电机自身的参数。　　　　　（　　）

8. 电动机的电磁转矩和空载转矩是阻碍电机旋转的制动转矩。　　（　　）

9. 三相异步电动机的转子和定子频率相同。　　　　　　　　　　（　　）

10. 汽轮发电机的气隙是不均匀的，水轮发电机的气隙是均匀的。　（　　）

四、简答题（20 分）

1. 变压器并联运行的理想条件是什么？（5 分）

2. 叙述三相异步电动机的工作原理。（5 分）

3. 画出三相异步电动机 Y-△ 起动的接线图，并简述其起动原理。（5 分）

4. 试写出隐极式同步发电机有功功率的功角特性方程，画出功角特性曲线，并标出一

个稳定工作点，说明稳定运行的区域。(5分)

五、计算题(30分)

1. 某他励直流电动机，$R_a = 0.45\ \Omega$，$n_N = 1500\ \text{r/min}$，$U_N = 220\ \text{V}$，$I_N = 30.5\ \text{A}$。电动机拖动负载 $T_L = 0.85 T_N$ 电动运行，保持励磁电流不变，要把转速降到 $1000\ \text{r/min}$。求：

(1) 若采用电枢回路串电阻调速，应串入多大电阻？(7分)

(2) 若采用降压调速，电枢电压应降到多大？(3分)

2. 有一台 $S_N = 5000\ \text{kVA}$ 的三相电力变压器，采用 YN, d 连接，$U_{1N}/U_{2N} = 220/10.5\ \text{kV}$，求：

(1) 额定电流 I_{1N} 和 I_{2N}。(2分)

(2) 变压器一、二次侧额定相电压 U_{1P} 和 U_{2P}。(2分)

3. 一台绕线式三相异步电动机，其额定数据为：$P_N = 750\ \text{W}$，$n_N = 720\ \text{r/min}$，$U_N = 380\ \text{V}$，$I_N = 148\ \text{A}$，$\lambda = 2.4$，$E_{2N} = 213\ \text{V}$，$I_{2N} = 220\ \text{A}$，拖动 80% 的额定负载运行在 $n = 540\ \text{r/min}$ 状态下，若：

(1) 采用转子回路串电阻，求每相电阻值。(6分)

(2) 采用变频调速，保持 U/f 为常数，求频率与电压各为多少。(4分)

4. 一台汽轮同步发电机，定子绕组为 Y 连接，$U_N = 18\,000\ \text{V}$，$P_N = 100\ \text{MW}$，$\cos\varphi_N = 0.8$(滞后)，已知 $X_t = 1.15\ \Omega$(不饱和值)，定子绕组电阻可忽略不计。试求在额定负载下运行时的：

(1) 额定电流 I_N。(3分)

(2) 电动势 E_0。(3分)

试　卷　二

一、填空题(20分，每空1分)

1. 直流电动机的调速方法有_____、_____和_____3种。

2. 改善直流电机换向的最有效的办法是_____。

3. 直流电动机的电枢线圈中的电流方向是交变的，但外加电源是直流，这正是由于有_____和_____的原因。

4. 变压器的主磁通的磁路是_____，而漏磁通磁路还包括_____。

5. 短路阻抗标幺值不等的变压器并联运行，当短路阻抗标幺值大的变压器满载运行时，短路阻抗标幺值小的变压器已_____载；当短路阻抗标幺值小的变压器满载运行时，短路阻抗标幺值大的变压器却处于_____。

6. 自耦变压器的输出功率由两部分组成，一部分是通过电磁感应传递的，叫作_____，另一部分是通过串联绕组传输的，叫作_____。

7. 异步电动机定子三相绕组为_____绕组，流过交流电流后可形成_____磁场。

8. 异步电动机转子绕组自成封闭回路，产生感应电动势后就会形成_____电流。

9. 同步发电机与无穷大电网并联运行，欲调节发电机输出电压的频率，应调节原动机的_____。

10. 绕线式转子绕组通过_____和_____与外电路相连。

11. 同步发电机的静稳定判据为 _____ 。

12. 一台同步发电机与无穷大电网并联运行，如果只是调节发电机输出至电网的有功功率，应调节 _____ 角。

二、选择题（10 分，每小题 1 分）

1. 自耦变压器比同等容量的普通变压器体积（　　）。

A. 大　　　　　　　　B. 小　　　　　　　　C. 相等　　　　　　　　D. 不确定

2. 直流电动机电枢电动势和电磁转矩的性质分别为（　　）。

A. 电源电动势、驱动转矩　　　　　　　　B. 电源电动势、制动转矩

C. 反电动势、驱动转矩　　　　　　　　D. 反电动势、制动转矩

3. 一个有铁心的线圈，电阻为 2 Ω，接入 110 V 交流电源，测得输入功率为 22 W，电流为 1 A，则铁心中的铁损耗为（　　）。

A. 10 W　　　　　　　B. 20 W　　　　　　　C. 30 W　　　　　　　D. 40 W

4. 变压器铁心中的主磁通 Φ 按正弦规律变化，绕组中的感应电动势（　　）。

A. 正弦变化、相位一致　　　　　　　　B. 正弦变化、相位相反

C. 正弦变化、相位滞后 90°　　　　　　　D. 正弦变化、相位与规定的正方向无关

5. 一般来说，交流绕组线圈的节距 y_1 的大小和极距 τ 比较接近，若（　　）则称线圈为整距线圈。

A. $y_1 = \tau$　　　　　　B. $y_1 > \tau$　　　　　　C. $y_1 \leqslant \tau$　　　　　　D. $y_1 < \tau$

6. 并联于无穷大电网上的同步发电机，当电流落后于电压运行时，若逐渐增大励磁电流，则电枢电流（　　）。

A. 增大　　　　　　　　　　　　　　B. 减小

C. 先增大后减小　　　　　　　　　　　D. 先减小后增大

7. 电流互感器二次侧不允许（　　）。

A. 开路　　　　　　　B. 短路　　　　　　　C. 接电压表　　　　　　D. 接地

8. 三相异步电动机拖动额定恒转矩负载运行时，最大电磁转矩为 T_m，若电源电压下降了 10%，则电动机的最大电磁转矩 T_m' 变为（　　）。

A. $T_m' = 0.81 T_m$　　　　　　　　　　B. $T_m' = 0.9 T_m$

C. $T_m' = T_m$　　　　　　　　　　　D. $T_m' = 1.1 T_m$

9. 将单相变压器副边短路，用万用表欧姆挡在原边可以测量到（　　）。

A. R_m　　　　　　　B. R_k　　　　　　　C. $R_1 + R_m$　　　　　　D. R_1

10. 三相异步电动机制动方法中需要外接直流电源的是（　　）。

A. 能耗制动　　　　　　　　　　　　B. 电压反接制动

C. 倒拉反转制动　　　　　　　　　　D. 回馈制动

三、判断题（打√或×）（10 分）

1. 发电机的电磁转矩和空载转矩是阻碍电机旋转的制动转矩。　　　　　　（　　）

2. 三相异步电动机处于发电运行状态时，其转差率 $0 < s < 1$。　　　　　（　　）

3. 隐极同步发电机通常用于火力发电，凸极同步发电机用于水电站。　　　（　　）

4. 一台三相异步电动机，电源频率为 50 Hz，极数是 4，这台电动机的旋转磁场转速

为 3000 r/min。 （　　）

5. 异步电动机正常旋转时，其转速高于同步转速。 （　　）

6. 直流电动机串电阻分级起动时，每切除一级电阻，电枢电流都将突变。 （　　）

7. 绕线式异步电动机转子绕组串接电阻后可以使最大转矩增大。 （　　）

8. 他励直流电机接线方法与并励电机相同，主磁极绕组与电枢绕组并联。 （　　）

9. 交流绕组中的等元件绕组的节距和极距相等。 （　　）

10. 同步发电机的功角和功率因数角意思一样。 （　　）

四、简答题（30分）

1. 异步电动机转子铁心的作用是什么？为什么要用很薄、表面涂绝缘漆的硅钢片制造铁心？（5分）

2. 如果变压器的一、二次绕组匝数相等，还能改变电压吗？（5分）

3. 同步发电机的额定值有哪些？（5分）

4. 同步发电机的"电枢反应"的定义是什么？（5分）

5. 画出变压器的 T 形等效电路，并标注各元件参数的符号。（5分）

6. 为什么现代同步发电机都做成旋转磁极式？直流电机是旋转磁极式吗？（5分）

五、计算题（30分）

1. 一台他励直流电动机的额定电压 $U_N = 110$ V，额定电流 $I_N = 234$ A，电枢回路电阻 $R_a = 0.04$ Ω，求：

（1）采用直接起动时，起动电流 I_{st} 是额定电流 I_N 的多少倍？（5分）

（2）限制起动电流为 $1.5 I_N$，电枢回路应串入多大的起动电阻 R_{st}？（5分）

2. 一台三相变压器，$S_N = 750$ kVA，$U_{1N}/U_{2N} = 10\,000/400$ V，采用 Y，d 连接，$f = 50$ Hz。空载试验在低压侧进行，额定电压时的空载电流 $I_0 = 65$ A，空载损耗 $p_0 = 3700$ W；短路试验在高压侧进行，额定电流时的短路电压 $u_k = 450$ V，短路损耗 $p_{kN} = 7500$ W（不考虑温度变化的影响）。试求折算到高压边的参数，假定 $R_1 = R_2' = \frac{1}{2} R_k$，$X_{1\sigma} = X_{2\sigma}' = \frac{1}{2} X_k$。（10分）

3. 一台异步电动机，$n_N = 1470$ r/min，$f_N = 50$ Hz。试求：

（1）异步电动机的磁极对数 p。（2分）

（2）额定转差率 s_N。（2分）

4. 有一台 500 MW 汽轮发电机，$U_N = 10.5$ kV，$\cos\varphi_N = 0.85$，$X_t = 1.05$ Ω（不饱和值），$f_N = 50$ Hz，试求：

（1）发电机的额定电流 I_N。（3分）

（2）不饱和励磁电动势 E_0。（3分）

自测题参考答案

参 考 文 献

[1]　刘玫，孙雨萍. 电机与拖动[M]. 2 版. 北京：机械工业出版社，2016.

[2]　汤天浩，谢卫. 电机与拖动基础[M]. 3 版. 北京：机械工业出版社，2017.

[3]　刘学军. 电机与拖动基础[M]. 北京：中国电力出版社，2016.

[4]　汤蕴. 电机学[M]. 5 版. 北京：机械工业出版社，2014.

[5]　阎治安，苏少平，崔新艺. 电机学[M]. 3 版. 西安：西安交通大学出版社，2016.

[6]　张晓江，顾绳谷. 电机与拖动基础上、下册[M]. 5 版. 北京：机械工业出版社，2016.

[7]　汤天浩. 电机与拖动基础[M]. 3 版. 北京：机械工业出版社，2017.

[8]　方大午，朱征涛. 实用电动机速查速算手册[M]. 北京：化学工业出版社，2013.

[9]　陈道舜. 电机学[M]. 武汉：武汉大学出版社，2013.

[10]　黄国治，傅丰礼. 中小旋转电机设计手册[M]. 2 版. 北京：中国电力出版社，2014.

[11]　万英. 电工手册[M]. 北京：中国电力出版社，2013.

[12]　周斐，张会娜. 电机与拖动[M]. 南京：南京大学出版社，2012.

[13]　张广溢，祁强. 电机与拖动基础[M]. 北京：中国电力出版社，2011.

[14]　李发海，王岩. 电机与拖动基础[M]. 4 版. 北京：清华大学出版社，2012.

[15]　唐介，刘娆. 电机与拖动[M]. 3 版. 北京：高等教育出版社，2014.

[16]　刘启新，盛国良. 电机与拖动基础[M]. 4 版. 北京：中国电力出版社，2018.

[17]　孙建忠，刘凤春. 电机与拖动[M]. 3 版. 北京：机械工业出版社，2016.

[18]　王步来，张海刚，陈岚萍. 电机与拖动基础[M]. 西安：西安电子科技大学出版社，2016.

[19]　谢宝昌. 电机学[M]. 北京：机械工业出版社，2017.

[20]　李光中，周定颐. 电机及电力拖动[M]. 北京：机械工业出版社，2013.

[21]　单海鸥，王立岩，刘权中，等. 电机与拖动基础[M]. 北京：机械工业出版社，2018.